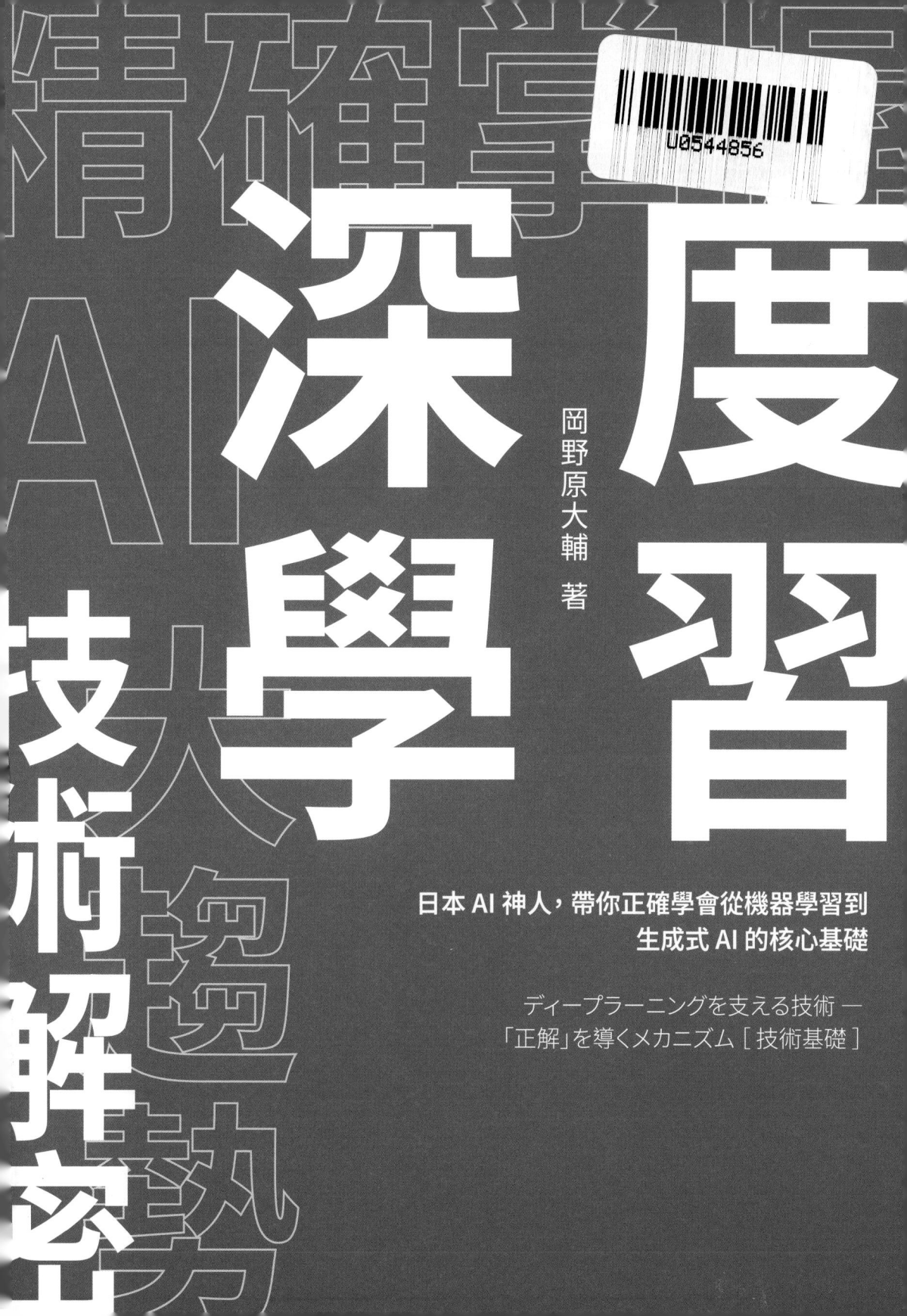

# 深度學習

岡野原大輔 著

日本 AI 神人，帶你正確學會從機器學習到生成式 AI 的核心基礎

ディープラーニングを支える技術 ―
「正解」を導くメカニズム［技術基礎］

感謝您購買旗標書，
記得到旗標網站
www.flag.com.tw
更多的加值內容等著您…

● FB 官方粉絲專頁：旗標知識講堂

● 旗標「線上購買」專區：您不用出門就可選購旗標書！

● 如您對本書內容有不明瞭或建議改進之處，請連上旗標網站，點選首頁的 聯絡我們 專區。

若需線上即時詢問問題，可點選旗標官方粉絲專頁留言詢問，小編客服隨時待命，盡速回覆。

若是寄信聯絡旗標客服email，我們收到您的訊息後，將由專業客服人員為您解答。

我們所提供的售後服務範圍僅限於書籍本身或內容表達不清楚的地方，至於軟硬體的問題，請直接連絡廠商。

學生團體　訂購專線：(02)2396-3257 轉 362
　　　　　傳真專線：(02)2321-2545

經銷商　　服務專線：(02)2396-3257 轉 331
　　　　　將派專人拜訪
　　　　　傳真專線：(02)2321-2545

國家圖書館出版品預行編目資料

精確掌握 AI 大趨勢！深度學習技術解密：日本 AI 神人，帶你正確學會從機器學習到生成式 AI 的核心基礎 /
岡野原大輔 作；王心薇、施威銘研究室 合譯．
-- 臺北市：旗標科技股份有限公司，2024.8　面；　公分

ISBN 978-986-312-801-4　（平裝）

1.CST: 人工智慧 2.CST: 機器學習

312.83　　　　　　　　　　　　113010068

作　　者／岡野原大輔

翻譯著作人／旗標科技股份有限公司

發行所／旗標科技股份有限公司
台北市杭州南路一段 15-1 號 19 樓

電　　話／(02)2396-3257( 代表號 )

傳　　真／(02)2321-2545

劃撥帳號／1332727-9

帳　　戶／旗標科技股份有限公司

監　　督／陳彥發

執行編輯／劉樂永・黃馨儀

美術編輯／陳慧如

封面設計／陳憶萱

校　　對／劉樂永・黃馨儀・留學成

新台幣售價：630 元

西元 2025 年 7 月 初版 2 刷

行政院新聞局核准登記 - 局版台業字第 4512 號

ISBN　978-986-312-801-4

DEEP LEARNING O SASAERU GIJUTSU: "Seikai" o michibiku mechanism "Gijutsu kiso"

By Daisuke Okanohara

Copyright © 2022 Daisuke Okanohara

All rights reserved.

Original Japanese edition published by Gijutsu-Hyoron Co., Ltd., Tokyo

This Complex Chinese edition is published by arrangement with Gijutsu-Hyoron Co., Ltd., Tokyo in care of Tuttle-Mori Agency, Inc., Tokyo

本著作未經授權不得將全部或局部內容以任何形式重製、轉載、變更、散佈或以其他任何形式、基於任何目的加以利用。

本書內容中所提及的公司名稱及產品名稱及引用之商標或網頁，均為其所屬公司所有，特此聲明。

# 關於本書

本書的目標是由「深度學習」的機制與原理，解說這項技術的基礎概念到最新發展。

深度學習是當前「人工智慧」（AI）的發展核心，在各種應用與服務上都已邁向實用化，且在未來的人工智慧發展中也依然會作為重要的技術，持續研究與開發。舉例來說，深度學習在影像辨識、語音辨識、自然語言處理（如機械翻譯、問答系統）、機器人技術、自動駕駛、材料探索、藥物研發、異常檢測、最佳化、程式設計輔助等眾多領域都有顯著的成果。

在人工智慧中，從資料獲取知識或規則的技術稱為「機器學習」；而在機器學習中，使用層數多且寬度大的「神經網路」模型的做法就稱為「深度學習」。

神經網路以大量簡單的函數來表現複雜的函數，其本質就是一個巨大的合成函數。各個函數都會有各自的特徵參數，只要改變這些參數就可以改變函數的行為。神經網路為了達成目標任務，需要有個機制可以根據局部的交互作用資訊來快速調整大量的參數，這個機制就是誤差的反向傳播。有了反向傳播，神經網路就能以同樣的模型處理各種不同的題目。

深度學習可以學會資料或題目的表示方法／特徵，也就是達成所謂的「特徵學習」，因此兼具過去機器學習不曾的達到的高性能與靈活度。

深度學習的使用環境在近年也逐漸完善。只要用深度學習框架建立開發環境，再準備已訓練完成的模型，就可以輕鬆地試驗和使用深度學習。

不過，實際把深度學習應用於現實的問題時，還是會遇到各種狀況。這時如果對機器學習或深度學習的機制和原理有所瞭解，就能確實掌握問題，並加以解決或迴避。

除了本書之外，現在市面上也有許多討論深度學習的書籍。和其他書籍相比，本書具備以下幾項特點：

第一，本書並非像型錄一般，只是列舉各種做法與概念，而是以背後的原理、原則、思考方式為主軸來解說，深入介紹各種做法。藉由這樣的介紹，期望能讓讀者瞭解貫串機器學習與深度學習的核心問題及其解方。

第二，深度學習領域仍持續高速進化，本書也涵蓋了近年備受矚目的技術，兼備深度與廣度。尤其是學習的 3 大發明，「ReLU 等激活函數」、「跳躍連接」、「正規化的做法」，為何能有效改善學習的成果，本書提供了直觀和理論兩種面向的說明。還有，用於 Transformer 等技術、未來將在深度學習佔有重要地位的「注意力機制」，也會有詳細的介紹。

第三，本書內容包含人工智慧發展至今的歷史脈絡、深度學習當今的定位以及未來的展望。人工智慧是個尚在發展途中的技術，現在已解決的問題、尚未解決的問題、今後可能的發展，都會在本書中提及。

為了瞭解急遽發展的深度學習及其相關領域，筆者在這 10 年來每天都會閱讀數篇論文，目前已經累積了上千篇。「這麼簡單的做法竟然能帶來這麼好的效果」、「這個機制顛覆了眾人一直以來的理解」，每天都有像這樣的驚嘆。此外，也曾經實作其中幾種做法、進行實驗、或是在公司裡實裝以解決現實中的問題，累積了許多成功和失敗的經驗。

本書就是以這樣的經驗為基礎所完成的。可以預期以後的軟體開發會有更多使用深度學習的機會。深度學習可能會作為服務 / 應用的主要機能，也可能只作為一部分的機能來使用。另外，使用者直接接觸深度學習的機會應該也會增加。

期望不論是剛開始認識深度學習的讀者，或是已經有所瞭解並使用過的讀者，都能藉由本書更瞭解深度學習的基本構造與魅力，進而對未來的深度學習和最先進的人工智慧懷有更大的興趣。

# 關於先備知識

閱讀本書並沒有必要的先備知識，不過如果有以下的基本瞭解，讀起來會更加容易。

- 數學：線性代數、微分、機率
- 資訊科學：處理器、記憶體、平行運算、複雜度

前半部（第 1 章到第 2 章）的解說主要以文字和圖片呈現，盡量避免使用數學。後半部（第 3 章到第 5 章）則會最低限度地以數學知識來幫助讀者精確理解觀念。如果想要更深入理解，或是稍微忘了過去學過的內容，也可以參考附錄的說明。

# 謝辭

首先要感謝土井編輯，在本書執筆期間不離不棄的支持與合作。寫作企劃始於 2014 年（一開始是不同的主題），2017 年在筆者的建議下將主題改為深度學習，之後雖然多次中斷，最終還是在編輯的堅持與鼓勵之下完成了本書的撰寫。

再來要感謝在學界、業界投入於研究與開發，對深度學習的發展做出貢獻的人們。也要感謝筆者在 Preferred Networks 的同事們，為本書的初稿提供意見。由於後來還有再經過修改，因此本書中若有錯誤，責任皆在於筆者。

最後，這本書是在每天清晨一點一點寫出來的，也要感謝支持這樣不規律的生活的家人。

# 目錄

## 第1章 深度學習與人工智慧
### 為何深度學習能夠成功

### 1.1 何謂深度學習？什麼是人工「智慧」？ ... 1-2
以一種方法解決各種問題的「深度學習」 ... 1-2
深度學習：從「資料」中學習解決方法 ... 1-3
何謂智慧？何謂人工智慧？ ... 1-4
博藍尼悖論 ... 1-5
人類無意識的複雜運算 ... 1-5
系統1與系統2 ... 1-6
以不同的途徑實現智慧 ... 1-7
人腦與電腦的專長不同 ... 1-8
為何人工智慧不易實現？ ... 1-9
人類可以累積經驗習得許多能力 ... 1-12
融合有意識與無意識的思考 ... 1-13

### 1.2 深度學習迅速發展的背景 ... 1-14
[快速發展的背景❶] 電腦性能的指數成長 ... 1-14
深度學習的專用晶片相繼登場 ... 1-16
智慧型手機的晶片 ... 1-17
硬體性能是發展人工智慧的重點 ... 1-17
[快速發展的背景❷] 資料的爆發性增長 ... 1-18

### 1.3 深度學習的計算資源 ... 1-20
與人類的學習相比 ... 1-20
大量的資料與計算資源的必要性 ... 1-20

### 1.4 人工智慧的歷史 ... 1-22
達特茅斯會議 ... 1-22
符號式與非符號式 ... 1-23
未來須整合符號式與非符號式 ... 1-24
AI樂觀主義與現實的衝突 ... 1-25
第五代電腦　與AI的寒冬時期 ... 1-25
機器學習時代 ... 1-27

　　　　機器學習：從資料中習得規則與知識 ............................................. 1-27
　　　　深度學習時代 ................................................................................. 1-29
　　　　神經網路的基礎　基本架構、梯度下降法、架構設計 ....................... 1-29
　　　　令人驚艷的深度學習登場　AlexNet 帶來的衝擊 ............................ 1-30

## 1.5　未來將如何應用深度學習？ ............................................... 1-35
　　　　自動駕駛、先進駕駛輔助系統 ........................................................ 1-35
　　　　機器人 .............................................................................................. 1-36
　　　　醫療／保健 ...................................................................................... 1-38
　　　　人類與人工智慧的共存 ................................................................... 1-39
　　　　[補充] 從數字看深度學習的現況 ................................................... 1-41

## 1.6　本章小結 ............................................................................... 1-43

# 第 2 章
# 機器學習入門
## 何謂電腦的「學習」？

## 2.1　機器學習的背景知識 ........................................................... 2-2
　　　　演繹法與歸納法 ............................................................................... 2-2
　　　　機器學習與傳統程式設計 ............................................................... 2-2
　　　　機器學習的簡單範例　氣溫與冰淇淋銷量 ..................................... 2-3

## 2.2　模型、參數與資料 ................................................................. 2-4
　　　　模型與參數　可擁有「狀態」或「記憶」............................................ 2-4
　　　　資料 .................................................................................................. 2-5
　　　　獨立同分佈 (i.i.d.)　資料皆從同一分佈獨立取樣之假設 ............... 2-6
　　　　避免因訓練資料的偏誤推導出錯誤結論 ........................................ 2-7
　　　　從資料推測出模型的參數　從資料中「學習」................................. 2-8

## 2.3　普適能力 — 能否處理未知資料？ .................................... 2-9
　　　　硬背所有資料 ................................................................................... 2-9
　　　　普適能力　根據有限的訓練資料預測無限的可能性 ...................... 2-11
　　　　過度配適　普適能力與迷信 ........................................................... 2-12
　　　　為何會出現過度配適　找到只是剛好符合訓練案例的錯誤模型 ... 2-13
　　　　神經網路的參數數量雖多，卻具有普適性 .................................... 2-15

## 2.4 學習的方法 — 監督式學習、非監督式學習與強化式學習......2-16
[代表性學習方法 ❶] 監督式學習......2-16
參數模型......2-18
由訓練階段與推論階段構成......2-18
[代表性學習方法 ❷] 非監督式學習......2-19
藉由深度學習進行「特徵學習」　自監督式學習......2-21
[代表性學習方法 ❸] 強化式學習......2-23
監督式學習與強化式學習的差異為何？......2-26

## 2.5 問題設定的分類學......2-27
設定學習問題的 3 個主軸......2-28
[設定學習問題的基準 ❶] 訓練資料是窮舉或取樣......2-28
[設定學習問題的基準 ❷] 單樣本或序列......2-30
[設定學習問題的基準 ❸] 學習回饋為監督式或評估式......2-31
3 項基準的運用方式　學習方法的分類／整理......2-32

## 2.6 機器學習的基本 — 了解機器學習的各種概念......2-33
利用監督式學習進行影像分類......2-33
利用機器學習進行「學習」　特徵萃取的重要性......2-34
❶ 準備訓練資料......2-35
❷ 準備要學習的模型　元素、權重與偏值......2-37
[小結]從 ❶ 輸入到 ❷ 學習模型......2-40
❸ 設計損失函數　為模型的學習做準備......2-41
可作為損失函數的函數範例......2-43
❹ 導出目標函數　訓練誤差......2-48
❺ 解決最佳化問題　梯度下降法與梯度......2-50
梯度下降法　朝著梯度的負方向逐步更新參數......2-51
隨機梯度下降法......2-54
常規化　提升普適性能......2-55
❻ 評估學習後的模型　普適誤差......2-57
評估模型與準備資料的注意事項......2-59

## 2.7 以機率模型理解機器學習......2-60
最大概度估計、最大事後估計與貝氏推論......2-60
以機率框架看待學習問題的優點　貝氏神經網路......2-63

## 2.8 本章小結......2-64

# 第 3 章
## 深度學習的技術基礎
### 組合資料轉換的「層」實現特徵學習的效果

**3.1 特徵學習**　「標示特徵」的重要性及挑戰 ............................................. 3-2
　　該如何標示資訊的特徵　機器學習的重要課題 ........................................ 3-2
　　文件的特徵標示問題 ................................................................................ 3-3
　　影像的特徵問題　BoVW ........................................................................ 3-6
　　傳統由專家設計的特徵工程／特徵方法 .................................................. 3-6
　　深度學習的高性能來自於成功實現特徵學習 .......................................... 3-6

**3.2 深度學習的基礎知識** ................................................................................ 3-7
　　何謂深度學習 ............................................................................................ 3-7
　　神經網路受到「大腦機制」的啟發 .......................................................... 3-8
　　神經網路可以根據需求改變行為 ............................................................ 3-10
　　利用神經網路處理複雜問題　必須使用大量的函數組合與訓練資料 ...... 3-10

**3.3 神經網路是什麼樣的模型？** ................................................................. 3-11
　　簡單的線性分類器範例 ............................................................................ 3-11
　　擴展線性分類器　處理多個線性關係 .................................................... 3-11
　　堆疊線性分類器，建立出多層神經網路 ................................................ 3-12
　　模型的表現力　模型可以表現多少函數 ................................................ 3-12
　　在中間加入非線性的激活函數，提升模型的表現力 ............................ 3-13
　　層與參數 .................................................................................................. 3-14
　　神經網路的其他理解方式 ...................................................................... 3-15

**3.4 神經網路的學習** ...................................................................................... 3-18
　　何謂學習？　藉由「參數調整」修正行為 ............................................ 3-18
　　實作神經網路的「學習」　最佳化問題與目標函數 ............................ 3-18
　　對學習的最佳化問題求解　如何達成最佳化 ........................................ 3-19

**3.5 反向傳播**　有效率地計算梯度 ............................................................... 3-22
　　梯度的計算方法　偏微分 ...................................................................... 3-22
　　以反向傳播提升計算梯度的效率 ............................................................ 3-22
　　導入反向傳播　大型系統中遠距離變數間的交互作用 ........................ 3-23
　　合成函數的微分　由組成函數的微分乘積計算整體的微分 ................ 3-24
　　以動態規劃提升速度　反向計算微分乘積的效率更高 ........................ 3-25

共用的微分計算 ..................................................................................... 3-25
　　　在神經網路上應用反向傳播 .................................................................... 3-27
　　　[小結 ❶]學習與反向傳播　有效率地求出各變數的偏微分 ............................. 3-28
　　　[小結 ❷]大量輸入與參數連結至單一輸出　共用、加速與計算誤差梯度 ............. 3-28
　　　在含有 1 層隱藏層的神經網路中進行反向傳播 ............................................. 3-28
　　　只要定義前向計算，深度學習框架就能自動實作反向傳播 ................................ 3-31

## 3.6　神經網路的主要組成元素 .......................................................... 3-33
　　　神經網路的組成元素　張量、連接層、激活函數 ........................................... 3-33
　　　[主要組成元素 ❶]張量　結構化的資料 .......................................................... 3-34
　　　[主要組成元素 ❷]連接層　描述神經網路行為的特徵 ......................................... 3-34
　　　全連接層　Fully Connected Layer ............................................................ 3-35
　　　卷積層　Convolutional Layer ................................................................. 3-36
　　　卷積層與卷積神經網路 ............................................................................ 3-42
　　　[卷積層與全連接層的差異 ❶]鬆散的連接 ...................................................... 3-42
　　　[卷積層與全連接層的差異 ❷]權重共用 ......................................................... 3-42
　　　參數數量顯著減少 ................................................................................. 3-43
　　　可處理任意尺寸的影像和語音　FCN ........................................................... 3-43
　　　池化運算與池化層 ................................................................................. 3-44
　　　循環層　Recurrent Layer ...................................................................... 3-44
　　　循環神經網路：可處理任意長度輸入的自動機 ............................................... 3-46
　　　閘控機制 ............................................................................................. 3-49
　　　長期短期記憶　廣泛使用的閘控機制 ........................................................... 3-50
　　　閘控循環單元 ....................................................................................... 3-52
　　　[主要組成元素 ❸]激活函數　激活函數的 3 個必要性質 ................................... 3-53
　　　ReLU　有如開關的激活函數 ..................................................................... 3-54
　　　sigmoid 函數 ...................................................................................... 3-56
　　　Tanh 函數 .......................................................................................... 3-58
　　　Hard Tanh 函數 .................................................................................. 3-59
　　　LReLU ............................................................................................... 3-60
　　　Softmax 函數 ..................................................................................... 3-61
　　　各種激活函數　ELU、SELU、Swish 等 ....................................................... 3-62

## 3.7　本章小結 ..................................................................................... 3-64

# 第4章
## 深度學習的發展
### 改善學習與預測的 正規化層／跳躍連接／注意力單元

### 4.1 將「學習」由理論化為現實的基礎技術
　　類似 ReLU 的激活函數 ................................................ 4-2
　　[重新認識] ReLU：保留激活值與誤差的激活函數 ........................ 4-2

### 4.2 正規化層
　　正規化函數與正規化層　激活值的正規化 ................................ 4-3
　　為何激活值的正規化對學習如此重要？ .................................. 4-3
　　批次正規化 .......................................................... 4-6
　　層／實例／群正規化 ................................................. 4-13
　　權重正規化 ......................................................... 4-15
　　權重標準化 ......................................................... 4-16
　　[進階介紹] 白化 .................................................... 4-17

### 4.3 跳躍連接
　　跳躍連接的機制　跳過變換,連接至輸出 ................................ 4-20
　　梯度消失問題　誤差為何在反向傳播的過程中消失 ....................... 4-21
　　跳躍連接就像傳遞資訊與誤差的直達車 ................................. 4-22
　　跳躍連接可以實現循序推論 ........................................... 4-23
　　跳躍連接不會遺失資訊,適用於瓶頸設計 ................................ 4-24
　　跳躍連接的變體 ..................................................... 4-25

### 4.4 注意力單元　根據輸入,動態改變資料傳遞方式
　　注意力單元的基本概念 ............................................... 4-27
　　「注意力」的重要功能與注意力單元　選擇／過濾 ........................ 4-28
　　[注意力單元的功能 ❶] 提升表現力 ................................... 4-29
　　[注意力單元的功能 ❷] 提升學習效率 ................................. 4-30
　　[注意力單元的功能 ❸] 提升普適能力 ................................. 4-32
　　「時間尺度」不同的記憶機制 ......................................... 4-32
　　神經網路的記憶方法 ................................................. 4-32
　　代表性的注意力單元 ................................................. 4-36
　　最早的注意力單元 ................................................... 4-36
　　自注意力單元／Transformer ......................................... 4-41
　　由編碼與解碼組成的「Transformer」 .................................. 4-46
　　位置編碼 ........................................................... 4-48
　　打造更有效率的自注意力單元　自注意力單元的致命缺陷 ................. 4-50

### 4.5 本章小結 ........................................................ 4-51

# 第 5 章
## 深度學習的應用技術
### 大幅進化的影像辨識、語音辨識、自然語言處理

5.1 **影像辨識** ............................................................. 5-2
　　影像分類 ............................................................. 5-2
　　影像分類的發展歷史 ............................................. 5-5
　　AlexNet ............................................................. 5-5
　　VGGNet ............................................................. 5-9
　　GoogLeNet　Inception 模組 ................................ 5-10
　　ResNet　跳躍連接的引入 .................................... 5-12
　　DenseNet ......................................................... 5-12
　　SENet　注意力機制的先驅 .................................. 5-13
　　ILSVRC 之後 ..................................................... 5-15
　　ViT、MLP-Mixer ................................................ 5-15
　　[分類以外的功能] 影像檢測、語意分段 .................. 5-16
　　影像檢測 ........................................................... 5-17
　　語意分段 ........................................................... 5-18
　　Mask R-CNN　影像檢測與實例分段的實作範例 ...... 5-20
　　影像辨識的加速 .................................................. 5-24

5.2 **語音辨識** .......................................................... 5-29
　　語音辨識的 3 步驟 .............................................. 5-29
　　神經網路與語音辨識 ........................................... 5-31
　　LAS 語音辨識 .................................................... 5-32
　　LAS 的基礎知識 ................................................. 5-33
　　Listener ........................................................... 5-34
　　Speller ............................................................. 5-35
　　處理學習與推論分布不同的情況 ........................... 5-36
　　推論 ................................................................. 5-37

5.3 **自然語言處理** ................................................... 5-38
　　語言理解　利用語料庫「預先學習」 ..................... 5-38
　　BERT　推測遮住的單詞 ...................................... 5-39
　　GPT-2 / GPT-3 ................................................... 5-42

5.4 **本章小結** ......................................................... 5-43

# 附錄 A
## 精選基礎
### 深度學習所需的數學概念

### A.1 線性代數 .................................................. A-1
純量、向量 .................................................. A-1
矩陣 .......................................................... A-2
張量 .......................................................... A-3
四則運算 ...................................................... A-4
廣播（broadcast） ........................................... A-5
內積 .......................................................... A-5
矩陣乘法 ...................................................... A-5
線性函數與矩陣乘法 ........................................ A-6
矩陣的各種性質 .............................................. A-7
方陣 .......................................................... A-8
轉置 .......................................................... A-8
對角矩陣與單位矩陣 ........................................ A-8
反矩陣 ........................................................ A-9
對稱矩陣 ...................................................... A-9
正交矩陣 ...................................................... A-9
奇異值分解 .................................................. A-10
特徵值分解、特徵值、特徵向量 ........................ A-10
向量之間的距離、相似度 ................................ A-10

### A.2 微分 ..................................................... A-11
微分與梯度 .................................................. A-11
微分入門 .................................................... A-11
微分的公式 .................................................. A-12
微分的線性性質 ............................................ A-13
乘積法則 .................................................... A-13
連鎖律　合成函數的微分 ................................ A-14
偏微分 ...................................................... A-14
對向量的微分與「梯度」 ................................ A-15

### A.3 機率 ..................................................... A-16
機率入門 .................................................... A-16
聯合機率 .................................................... A-17
條件機率 .................................................... A-17
貝氏定理 .................................................... A-17

xiii

# 第 1 章

# 深度學習與人工智慧

## 為何深度學習能夠成功

**圖 1.A** 從數字看深度學習——深度學習的發展

### 訓練資料量

**語言模型**
- RNN-based  100 萬個單字（2011）
- GPT-3  5,000 億個 token（2020）

編註：Meta Llama 3 使用 15 萬億個 token 訓練（2024）

**影像辨識**
- AlexNet ImageNet（2012）  100 萬張
- SEER（2021）  10 億張

### 訓練時間

- AlexNet（2012）  5～6日/2 個 GPU
- OpenAI Five（2019）  10個月 1,500 個 GPU
  團隊對戰遊戲（5 對 5）

編註：Meta Llama 3 訓練時間為 97 天 / 16,000 個 GPU (2024)

**深度學習**（deep learning）是目前**人工智慧**發展的核心，在影像辨識、語音辨識及自然語言處理等多種領域，皆有非常顯著的進展。

讓電腦從資料「**獲取規則或知識**」（**學習**），就是所謂的**機器學習**（machine learning）。而在機器學習之中，使用稱為**神經網路**的模型進行**特徵學習**（representation learning）的方法，又稱為「**深度學習**」。本書的主題就是針對深度學習，從基礎知識講解到實際應用，介紹人工智慧的進展歷程。而本章則是會說明：究竟何謂人工智慧（而智慧又是什麼）？至今為止做過哪些實現人工智慧的嘗試？其中為何是深度學習最為成功？圖 1.A。

## 模型大小（參數數量）

- DALL-E　　120 億個參數（2021）
- Switch Transformer　1.6兆個參數（2021）
  - 自然語言處理

從文字生成影像　PROMPT:avocado IMAGES:

編註：華為 盤古 PanGu-Σ 為 1 兆個參數 (2023)，而 Meta 最新的 Llama 3 400B 版本 (2024)，只有 4000 億個參數，性能甚至更好。可以想見目前發展趨勢不再追求模型參數數量，而要考慮訓練成本，在有限的參數規模下達到更好的效能。

## 層數

- AlexNet　　11（2012）
- AlphaFold　1,500（包含重複）（2021）
- Deep Equilibrium Model　實質上無限（2019）

預測蛋白質結構

## 硬體設備

- Tesla Dojo 1.8EFLOPS（用於自動駕駛）（2021）　5,760 個 GPU
- 微軟/OpenAI　10,000 個 GPU（2020）

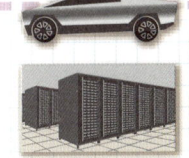
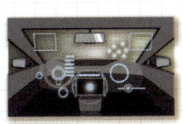

編註：微軟/OpenAI 訓練 GPT-4 時，使用 20,000 個 GPU (NVIDIA A100)。而目前已有包括 Tesla、OpenAI 在內，多間企業計畫建構超過 100,000 個 GPU (NVIDIA H100) 的硬體環境來訓練 AI 模型。

1-1

## 1.1 何謂深度學習？什麼是人工「智慧」？

所以，深度學習是什麼呢？又或者說到頭來，智慧和人工智慧是什麼呢？本節就讓我們一起來思考看看吧！

### 以一種方法解決各種問題的「深度學習」

**深度學習**（deep learning）是目前**人工智慧**的主流技術之一。做法是以名為**神經網路**（neural network）的模型，從資料中學習規則與知識，再用學習完的模型進行預測、辨識及生成等各種任務。

目前深度學習能夠完成的任務種類，可說是多到驚人！舉例如下：

辨識相機拍攝的畫面、判斷何處有人類或物體，分類後預測接下來的移動方向。現在還可以即時互動描述周遭環境，甚至引導盲人行進。

從麥克風收音取得的波形資料中，將說話內容轉成文字，並以專業級的準確率，翻譯成超過 100 種語言，也可以識別出語氣中的情緒變化。

理解教科書的內容、回答問題、做摘要，並搜尋必要資訊，還可以幫忙出題和解題。

搜尋新的材料與候選藥物，改良為所需的性質，並推導出設計方法。

控制機器人於凹凸不平的地面上四處走動，還能抓取和操作物品。

製作出能在圍棋、將棋、西洋棋等領域勝過頂尖選手的系統。

根據素描生成出逼真的畫作，並讓畫作「動起來」，甚至還可以自動配樂。

以上各種任務，皆可藉由深度學習達成。

## 深度學習：從「資料」中學習解決方法

這麼多的問題，居然都能靠同一種方法來解決，真的是非常神奇！

過去如果要以電腦解決這些問題，必須針對每一個問題設計出專用的演算法，並規劃其中的每一個步驟。

但現在只要能夠提供**訓練用的資料**，**深度學習**就能得出對應各種問題的解決方法。而且它建立出來的系統在準確率與性能上，皆遠遠超越人類思考所能及。目前在影像辨識、語音辨識及自然語言處理等領域，即使是匯集全球研究人員與工程師的智慧，花費數十年絞盡腦汁所得出的方法，深度學習也只需要數小時便能超越。

---

### Column

### 何謂模型

**模型**（model）一詞在本書中，將以各種不同的形式登場。

模型最原始的定義是將目標物或目標系統的資料，以概念化的方式表現出來。也可以說是將目標系統中感興趣的部分抽取出來加以簡化，易於處理又保留本質之成果。

機器學習中的模型，指的是用來處理目標問題的「分類器」或「預測器」；也可以視為一個給定輸入後，會傳回輸出的函數。但不限於單純的函數，有些也可能含有狀態或記憶。此模型所指的通常都是以**參數**為特徵的**參數模型**（parametric model），但也有像「k 最近鄰演算法（k-nearest neighbor algorithm, k-NN）」這種沒有參數，只由資料構成的模型。

其他還有像語言習得所需的**心理模型**（psychological model），將人類的心理狀態概念化後進行模擬，以系統或函數來表現人類感受到什麼、有什麼樣的情緒，以及對輸入有什麼反應等等。另外，**強化式學習**（reinforcement learning）中使用的**世界模型**（world model），則是用來模仿「環境」，表現環境在 agent（代理人）採取動作後會產生何種變化。

# 第 1 章　深度學習與人工智慧

在**機器學習**中，針對「**從資料中習得規則與知識**」的研究原本就有相當悠久的歷史，也在許多領域都相當成功。但其進展速度之所以能夠提升，是因為出現了**深度學習**這種具有前所未見之靈活度與學習能力的模型。

---

要了解深度學習的厲害之處，就必須先談到智慧究竟是什麼、為什麼會難以創造，以及截至目前為止經歷過哪些嘗試。這些接下來都會依序說明。

## 何謂智慧？何謂人工智慧？

**人工智慧**（Artificial Intelligence，縮寫為 **AI**）是以電腦實作人類**智慧**的一種嘗試。但說到頭來，「智慧」到底是什麼呢？

其實時至今日，專家間對於智慧的定義仍有不同的見解。舉例來說，Shane Legg 和 Marcus Hutter 曾經整理過專家提出的 70 種不同的人工智慧定義[註1]。其中包括「適應環境變化並學習的能力」、「提升認知複雜度的能力」、「抽象思考與運用語言的能力」，以及「在多樣化的環境中達成各種目標的能力」等說法。

這些定義看起來都相當合理，也未出現明顯的偏題。但就是還沒出現一種能夠將這些多樣化的定義統整起來的理論。

一般談到智慧會想到的，大概就是在學校考試中考取高分，或在智力測驗中找出圖形與圖案背後的規律，並加以應用的能力。但智慧其實不只限於解決這些特殊問題的能力。**日常生活當中所有不經意的動作與判斷的瞬間，都會使用到智慧** 圖1.1。

---

[註1] ● 參考：Shane Legg, Marcus Hutter「A Collection of Definitions of Intelligence」（Frontiers in Artificial Intelligence and Applications, Vol. 157, pp. 17-24, 2007）

## 1.1 何謂深度學習？什麼是人工「智慧」？

圖1.1　何謂「智慧」

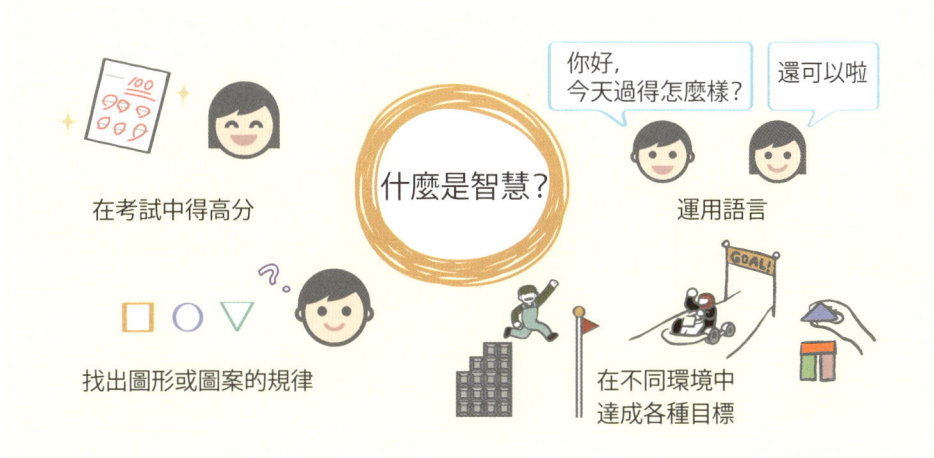

## 博藍尼悖論

　　而且重點是，這些**智慧大部分都是在幾乎未被意識到的情況下使用的**。人類在日常生活中，可以輕鬆完成目前電腦還無法執行的龐大且高階的程序。這個現象被匈牙利出身的科學家 Michael Polanyi 描述為「我們知道的比我們所能表達的還多」[註2]，而這種理解與表達之間的矛盾，便稱為「博藍尼悖論（Polanyi's Paradox）」。

　　換句話說，人類其實**在不知不覺之間就進行了**很多**資訊處理**，而且連人類自己都沒意識到那些處理有多困難。

## 人類無意識的複雜運算

　　人類會不斷地整合由眼睛、耳朵、鼻子、舌頭及肌膚獲得的感官資訊，辨識外部世界 圖1.2 。這些資訊並不會被視為個別獨立的體驗，而是會被整合成**一個體驗**；而且也不會被視為許多片段的瞬間感覺，而是會被當作**具有連貫性且經過整合的感覺**來處理。此外，人類會從辨識結果中自動回想

---

註2　•參考：「The Tacit Dimension」（Michael Polanyi 著，University of Chicago Press，1980）

起自己過往的經驗與知識，相互比較後，再依結果採取行動。如此龐大且高階的處理，即使是目前的電腦也無法達成，但人類卻能在無意識下瞬間完成。

除此之外，**語言的運用**、推測他人心思並配合執行的**合作行動**，以及由經驗中**推測因果關係**等複雜的處理，也都可以無意識地輕鬆完成。

**圖 1.2** 　整合後的感覺

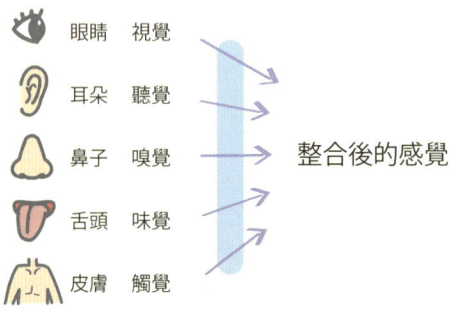

## 系統 1 與系統 2

心理學家兼經濟學家 Daniel Kahneman 教授主張，人類的決策是「系統 1」（快思）與「系統 2」（慢想）2 種機制所組成[註3]。

**系統 1** 會在處理熟悉問題的時候啟動，直觀、快速且自動自發，幾乎不需要費力思考，可以平行處理，也擅長聯想。相對地，**系統 2** 則是在系統 1 無法順利執行，或需要處理初次遇到的問題時啟動；雖然可以處理未知問題，但需要逐步推理且緩慢，必須使用注意力思考，因此時間一長就會疲倦，特徵是一次只能處理一件事情。

註3 ● 參考：「快思慢想（新版）」（Daniel Kahneman，天下文化，2018）

何謂深度學習？什麼是人工「智慧」？ 1.1

舉例來說，在一條熟悉的道路上開車是由系統 1 來進行，能夠平行處理，所以可以同時和旁邊的人交談；但若要在一條未知的道路上開車，就必須注意一切，沒有餘裕與乘客交談（系統 2）。這 2 種功能會自動切換，通常會兩者並用來解決問題。

所以智慧並不是由某個單純的機制實現，而是**由各種能力集結而成的綜合能力**。而且正如博藍尼悖論及系統 1、2 的理論所述，這是由無意識的直覺式處理，與有意識的邏輯式處理錯綜複雜地交織而成。

## 以不同的途徑實現智慧

這樣的智慧已經由人腦實現，並非憑空想像的目標。人類的存在本身就證明了智慧是可以實現的，只是其中的實作機制大部分都尚未釐清。但即使不知道人腦的實作方式，還是可以嘗試在電腦上以其他方法實作出相同的功能。

人腦與電腦相比，在硬體特徵上有相當大的不同。因此即使了解人腦的實作方式，要在電腦上實作出來也並不容易。不過反過來說，人類不擅長、電腦卻能輕鬆做到的事情也很多。比如說，電腦可以準確無誤地執行大量的記憶與計算，也可以在瞬間將儲存於某台電腦裡的資訊複製到另一台電腦。

這種情況，就像人類參考鳥類飛行方式發展飛機的過程。即使目前的科學技術無法製造出鳥類的翅膀與胸肌，但飛機仍可以使用機翼、螺旋槳和引擎等不同的機制取代，達到在同一片天空中飛翔的目標。

同樣地，人工智慧的實作過程雖然也是以人類智慧為參考，但不需要將所有機制都重現出來，而是可以利用半導體及各種設備所組成的電腦，以其他機制嘗試實作出智慧 圖1.3。

> 圖1.3　以其他硬體實作出人類與生物擁有的能力

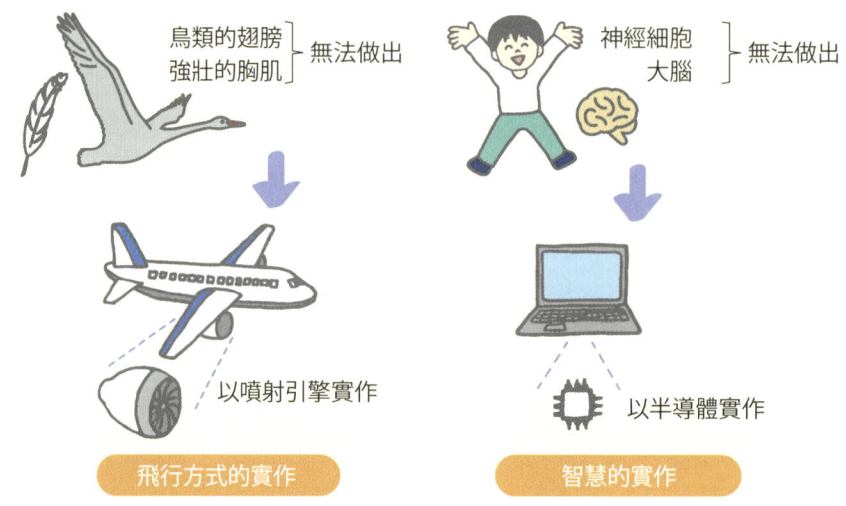

## 人腦與電腦的專長不同

對人類而言簡單／困難的任務，並不一定對電腦而言就是簡單／困難的任務 圖1.4 。

> 圖1.4　電腦擅長與（目前還）不擅長的事情

編註：看似做得到，實則跟人類相比還差得遠。

但如先前所述，人類無法意識到自己所解決的任務有多複雜，因此將目前的人工智慧應用到各種問題時，就會遭遇意想不到的挑戰。而這個落差，就是讓深度學習不易應用在現實世界的原因。

因此，本書的目的就是從技術層面說明深度學習的現況，包含其運作機制、適用之問題，與今後發展的前景。

## 為何人工智慧不易實現？

接下來，我們來看看為何人工智慧不易實現？究竟是碰到了哪些問題呢？

人類可以利用電腦和程式建立出非常複雜的系統，像現在的作業系統與 Web 服務，都可以算是世界上最複雜、精巧的系統之一。這麼說來，人工智慧應該也一樣，只要將人類擁有的知識編寫成程式，應該就可以實作出來了吧？其實，這種做法已經嘗試了數十年，目前也未能完成，仍在進行中。

到底為什麼那麼困難呢？原因正如博藍尼悖論所述，因為人類是**無意識地使用自身的智慧**，**無法意識到智慧是如何實現**。因此人類嘗試在電腦上實作智慧時，其實並不知道該採用什麼樣的步驟來實作。

● ──────  人類如何學會語言？

我們先以**語言習得**為例，來思考看看吧！雖然個人情況多少有點差異，但多數人類只需要持續聽其他人說話，到大約 2、3 歲就可以學會說話了；等到上了小學，甚至連一些較困難的措詞也都可以順利運用。我們在習得母語的過程中，不需要像學習外語一樣瞭解單字的含意或文法，就可以獲得使用語言的能力。

而且使用語言的能力不只限於**解釋和生成字句**，還包括將單字、片語和句子等**符號與現實世界的現象、概念連結在一起**的能力。這稱為**符號接地問題**（symbol grounding）。此外，人們在對談時，還需要**心理模型**與**溝通能力**來想像他人知道什麼、在思考什麼，並以此為基礎進行適當交流。

人類不只毫不費力地就能取得這些神奇的語言能力，而且取得後，還能每天無意識地以驚人的準確率來執行這項功能。但不知該說幸還是不幸，我們在學習外語時，就可以體驗到這種語言處理的能力到底有多複雜，又有多難取得了。使用外語時，有可能會聽不懂對方說的話，也可能難以順利表達自己想說的事情。而且文法和單字的使用方式也學無止境。即使花費非常多年努力學習，要達到母語者的程度也幾乎是不可能的。

這樣說明，各位應該就能了解，即使是毫不費力即可近乎完美使用的母語，也很難說明是根據什麼樣的規則來使用。語言學家花了很長的時間研究，也還未能掌握其規則全貌。若能完全瞭解，應該就能在電腦上重現語言，打造出說起話來毫無破綻的電腦。

> 編註：微軟於 2024 年發展出來的 VALL-E 2 的文字轉語音模型，號稱可以生成跟真人說話一樣的語音，目前擔心可能遭到濫用而無法全面公開，說起話來毫無破綻的 AI 看來不遠了。

● ─── **人類如何辨識影像？**

第 2 個例子來看看**影像辨識**吧！假設現在的問題是指定一張影像，要回答者猜出畫面中是狗還是貓，相信大多數的人類都可以毫不費力地正確回答。

那麼人類看到影像時是如何分類狗與貓的呢？可以列舉出分類規則嗎？請各位讀者也花點時間思考看看。

其實這是個相當困難的問題 圖1.5 。狗與貓之間雖然有相異之處，但也很難用鬍鬚長度或眼睛形狀這種單一特徵來區分。而且貓狗的外觀也相當多樣化，要一一列舉出能夠涵蓋整體的規則，恐怕也非常困難。比如說，要找出能夠正確描述柴犬、貴賓狗、三花貓與暹羅貓各有什麼特徵，又有哪些相同與相異之處，是極為困難的。而且隨著分類規則增加，新增的規則就有可能與其他規則發生衝突。這種尋找特徵、列出規則來描述共通點與相異點的工作，其實就相當於在電腦上描述狗與貓。

所以說，人類雖然能夠輕輕鬆鬆以接近 100% 的正確率將狗與貓分類，卻不知道這是如何辦到的。

圖 1.5　有能力分類，卻不知道分類方法

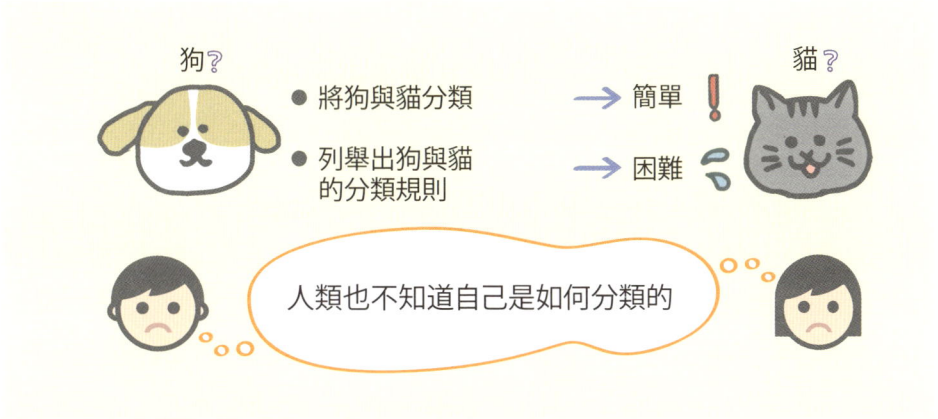

而且不只狗與貓，其他如判斷生物或非生物、食物看起來好吃或不好吃、物體是朝上或朝下等等，都是雖然自己能夠判斷，卻很難說明實作方法的問題。

● **人類可以從影像重建三維資訊**

另一個與影像有關的例子，則是影像的<mark>語意分段</mark>（semantic segmentation）問題。人類可以從看到的風景中正確分辨樹木、地面、山脈、河川與人類等構成元素，還能推測這些元素分別是什麼、呈現什麼狀態，以及彼此間的關係（樹木在地面上、人類在河川前）。而且即使元素互相重疊，或只能看見一部分，也能推測出整體（連同隱藏部分）的情形。

此外，影像是沒有深度的二維資訊，照理來說是不足以恢復成三維的，無法單憑影像就斷定確切的三維資訊。但人類只要看到二維影像，就可以輕鬆推測出三維資訊。這種能力甚至還會反過來導致我們推測出實際上並不存在的三維資訊，這種現象稱為<mark>視錯覺</mark>（optical illusion）。

# 人類可以累積經驗習得許多能力

這些運用語言或影像辨識的能力並非人類與生俱來，但<mark>任何人都可以透過累積經驗自然而然地學會</mark>。

這種在無意識之間取得的能力還有很多。例如<mark>抽象思考、聯想記憶、物理模式</mark>（物體的運動方式、飛行軌跡）和<mark>心理模式</mark>（說這些話會讓對方的心情產生何種變化）等。

當然，<mark>需要透過努力和反覆練習才能獲得的能力</mark>也很多。例如騎乘自行車、拉單槓、演奏小提琴或鋼琴、紙筆計算、數學或物理的解題能力、烹飪技巧、寫出淺顯易懂文章的能力、團隊經營的能力與管理能力等，必須努力才能學會的事情還是很多。這些需要努力學習的能力，雖然相對而言較能用言語表達及系統化，但要全部<mark>明確地以規則或電腦程式的形式表達</mark>，<mark>仍然相當困難</mark>。

---

### Column

### 通用人工智慧（AGI）

本章介紹的重點是目前人工智慧與人類智慧之間的差異。本書會談論的<mark>人工智慧</mark>是以深度學習為核心的類型，只是人工智慧領域的一部分。此外還有一類人工智慧，能完成各種人類擅長的任務，稱為<mark>通用人工智慧</mark>（Artificial General Intelligence, <mark>AGI</mark>），是目前許多研究人員與企業致力研究的目標。但研究人員對於通用人工智慧能否實現，仍持有不同意見；即使認同可以實現，對於所需的開發時間也尚無定論。

本書不會詳細介紹 AGI。目前的人工智慧與深度學習，距離 AGI 都還相當遙遠，還需要很多突破才能實現。不過現在的技術也已經在許多任務中達到了與人類同等級，甚至是超越人類的能力。

編註：有許多專家學者嘗試將 AI 能力進行分級，近期 OpenAI 也將 AI 的發展區分為 5 個等級：
等級 1 Chatbots：對話機器人，依照指示處理任務。
等級 2 Reasoners：推論者，具備博士程度的知識水準，可以解決一般性的問題。
等級 3 Agents：代理人，可以應付日常的例行任務採取適當的作為。
等級 4 Innovators：創意發想者，可以協助創作不同的發見或發明。
等級 5 Organizations：統籌者，可以獨自完成一個團隊不同類型的工作。
目前 ChatGPT 還屬於等級 1，不過已經即將邁向等級 2 了。

## 融合有意識與無意識的思考

人類智慧是透過**無意識的處理**與**有意識的思考**之間**複雜的交互作用**來完成的。其中有意識的思考只是冰山一角，底下還藏著大量無意識的處理 圖1.6。

圖1.6　有意識的思考與無意識的處理

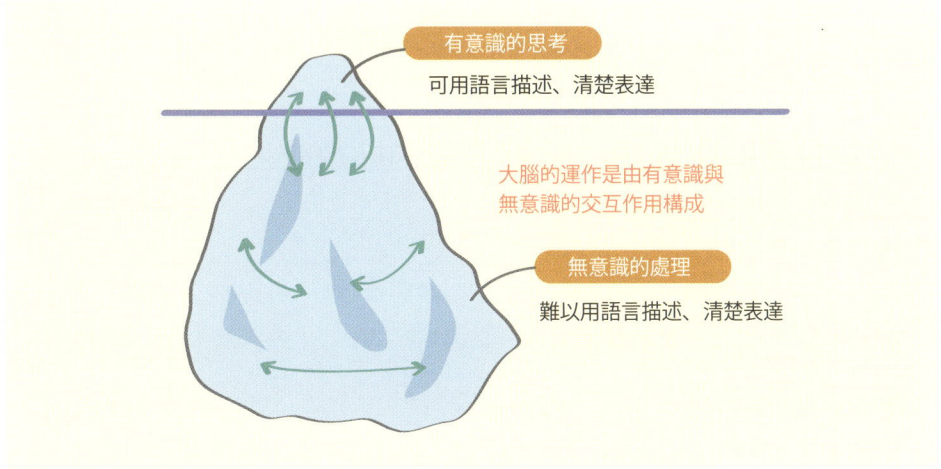

有意識的思考比較容易透過語言來明確表達。而無意識的處理並非刻意為之，所以我們既不了解運作方式，也不清楚要如何取得這種能力。

另外無意識的處理大部分都是平行進行的，而且這些平行的處理程序也不是個別獨立，而是互相配合完成。這種平行處理的方式，也是我們難以把腦內的運作規則化、以言語表達的原因。

如上所述，大多的工作都是由無意識的處理與有意識的思考，經過複雜的交互作用之後完成的。例如，某些數學問題只要加上輔助線或整理算式，就可以簡單解決。畫輔助線、整理算式、套用公式這些技巧，使用的都是有意識且可以明確描述的智慧。但加入輔助線或整理算式的方式**有無限多的可能性**，即使利用電腦也很難全部列舉出來。可是人類卻只需要直覺，就能找出以什麼方式整理算式會比較好。

換句話說，**智慧解決問題的方式難以言喻**，所以才會如此難以重現。

# 第1章 深度學習與人工智慧

## 1.2 深度學習迅速發展的背景

深度學習在近幾年飛速的發展，原因除了各種創新技術的出現之外，還包括**指數成長的電腦性能**，與**爆發式增加的資料**。我們會在第 2 章之後陸續介紹新技術，現在先來看看電腦與資料方面的發展吧！

### [快速發展的背景 ❶] 電腦性能的指數成長

過去數十年來，半導體的性能都依循著名的摩爾定律，每 1.5 ～ 2 年就會提升 1 倍。這件事有多驚人呢？以往必須耗資數百億在大型機構裡架設的超級電腦，20 年後只要一片價值數萬圓的晶片就可以達到一樣的效能！

雖然因為運算類型不同，不能夠直接比較，不過 2001 年在超級電腦性能排名 TOP 500 中取得第 1 名的 IBM ASCI White，可以執行每秒 7.2 兆次浮點數運算[註4]；而 2021 年搭載於智慧型手機的 Apple A14 Bionic，裡面的神經網路引擎（Neural Engine）卻能執行每秒 11 兆次 AI 需要的運算。只經過 20 年，當時全球最頂尖的超級電腦就進化成任何人都可以取得、只有手掌大小的程度了[註5]。這種**指數性的成長**，是在其他領域都看不到的。

> **編註：** 以 2024 年超級電腦排名來做對比，由 NVIDIA 建造並捐給台灣的超級電腦 Taipei-1，其運算能力已達每秒 22300 兆次浮點運算 (TFLOPS)，2024 年 6 月排在全球第 38 名，而排名第 1 是美國國家實驗室的 Frontier，其運算能力是 Taipei-1 的 54 倍之多。

● ········ **性能以指數提升，化不可能為可能**

這種**指數提升的性能**，使得過往因為運算能力限制而無法解決的問題，也在某個瞬間突然變得能夠解決。由於機器學習和深度學習都需要大量運算，因此一直到最近，才終於能夠以實際可行的成本與時間來執行。

---

註4　URL https://www.top500.org/lists/top500/2001/06/
註5　本書執筆時世界排名第 1 的超級電腦「富岳」，到了 2040 年，可能也已經進到手錶之類的裝置裡面了。

1-14

## 1.2 深度學習迅速發展的背景

此外，半導體的性能提升不單只是改善處理效能，也大大降低了取得與儲存資料的成本。處理資料的門檻也隨著**雲端運算**（cloud computing）的出現而急速降低。人類耗費一生也看不完的影像、影片和文字，現在都可以用合乎現實的成本與時間來處理。

### ● GPU：深度學習的核心技術

**GPU** 在深度學習中發揮了相當重要的功能[註6] 圖1.7 。

圖1.7　深度學習與 GPU

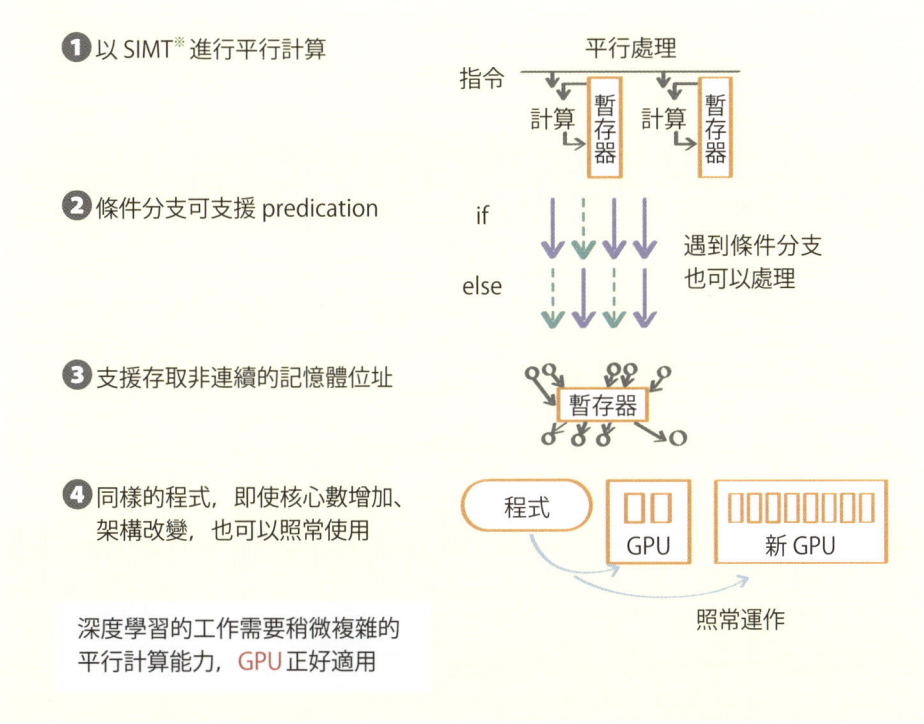

※ SIMT 是「Single Instruction, Multiple Threads（單指令多執行緒）」的縮寫，是平行計算的執行模型之一，可以用單一指令平行執行多個執行緒。Predication 是讓處理器在條件判斷時預先執行分支的功能，可以有效利用檢驗條件耗費的時間。

---

註6　「［增補改訂］GPUを支える技術──超並列ハードウェアの快進撃［技術基礎］」（Hisa Ando 著，技術評論社，2020）

由於深度學習必須執行大量高平行度但**稍微複雜的平行計算**,如條件分支、非固定長度的輸入,或非連續記憶體位址的存取等,因此 GPU 相當適合用於深度學習。

此外,由於 GPU 在開發時的設計就是「即使核心數量或網路架構發生變化,也可以繼續使用同樣的程式」,因此雖然目前半導體微型化的腳步開始趨緩,我們還是可以藉由增加搭載核心的數量或大膽改進網路架構,來達到大幅提升性能的效果。

> **GPU** *Note*
>
> 從 **GPU** 的全名「Graphics Processing Unit(圖形處理器)」就可以看得出來,它其實原本是一種 CG(Computer Graphics,電腦圖形)專用的繪圖裝置。由於 CG 有許多內容**互相獨立、可平行計算**,如像素(pixel)、多邊形(polygon)及光線(ray)等,因此 GPU 便具備專門**快速執行這種平行計算的機制**。
>
> 此外,目前用來編寫平行程式的開發環境,如 NVIDIA 的 **CUDA** 等,也都相當完善。

## 深度學習的專用晶片相繼登場

近來由於影像辨識及語音辨識等**深度學習的工作**都已相當固定,因此也出現了為其量身打造的專用晶片(**ASIC**)與**客製化 SoC**。因為如果能在設計晶片時,就把功能限定在特定範圍之內,就有可能提高性能與改善耗電量。

> **ASIC 與客製化 SoC** *Note*
>
> **ASIC**(Application-Specific Integrated Circuit,特殊應用積體電路)是專為特定用途製造的晶片,目前影像處理與訊號處理的專用晶片都使用得相當廣泛。深度學習也有專門設計的晶片。
>
> **SoC**(System-on-a-chip,單晶片系統)是將各種電路整合至 1 個晶片上,獨立運作的 1 個系統。智慧型手機上使用的就是為各種型號設計的客製化 SoC。

舉例來說，深度學習中經常需要用小**卷積核**（kernel）進行卷積運算（參見 p.3-41 頁），因此在設計專用晶片時，就可以針對**小型矩陣的乘法運算**（例如大小為 4 x 4 的矩陣）來加速。而另一方面，傳統 CPU 必須具備的條件分支預測（branch prediction）等功能則都可以移除。Google 的 **TPU**（Tensor Processing Unit）、Graphcore 的 **IPU**（Intelligence Processing Unit）和（筆者所屬的）Preferred Networks 的 **MN-Core** 等，都是捨棄部分常用的功能，專注於強化深度學習相關的機能，藉此大幅提升性能。

GPU 也可以在晶片上採用專門執行 4×4 矩陣運算的 **Tensor Core**（NVIDIA）等，提高深度學習的性能表現。

## 智慧型手機的晶片

機器學習與深度學習的處理程序，大致可分為兩個階段。除了前面提到的，從資料中學習規則和知識的**訓練**階段之外，另一個是利用訓練完的模型進行預測或分類的**推論**階段。

由於**智慧型手機**中使用的幾乎都是**推論階段**，因此搭載的晶片通常也特別加強推論。順帶一提，智慧型手機上的 AI 晶片，主要是用在處理相機拍攝的照片與影片上，從感測器到輸出照片、影片為止的許多步驟，都會使用到深度學習與機器學習。

因為對於智慧型手機來說，**相機拍攝出來的照片或影片的品質**，已經是**產品的差異化因素**，所以若能提升畫面品質，就等於回收了設計晶片的成本。

## 硬體性能是發展人工智慧的重點

**硬體性能的提升**在人工智慧的發展過程中扮演著非常重要的角色。從過往長期的歷史來看，甚至可以說提升硬體性能所帶來的效果，比直接改善人工智慧還要大。

因此也有很多人認為，比起開發人工智慧的技術，還不如開發更高性能的硬體，才是發展人工智慧的捷徑，而且這種想法也確實帶動了新的硬體研發。

## [快速發展的背景 ❷] 資料的爆發性增長

目前**資料正以爆發性的速度持續增長當中**。根據 IDC（國際數據資訊）的推測，2020 年全球生成、取得與複製的資料總量為 64 ZB[註7]，而且未來至少 5 年內，都將持續以每年 23% 的速度增加[註8]。主要原因包括網路的普及、智慧型手機等個人裝置普及、運用使用者資料的 Web 服務增加，以及感測器與通訊成本降低。

### ● 影片資料與基因資料的快速增長

這些資料包括由個人、企業與研究活動所產生的資料，類型則包含文字、語音、影像、影片、感測器與 GPS 活動紀錄等。其中資料量增加最顯著的領域，則是「影片資料」與「基因資料」。

以**影片資料**來說，HD（高畫質）網路攝影機在本書執筆時，售價還不到 1,000 日圓。智慧型手機搭載的攝影機，性能已經可以媲美、甚至是超越傳統數位單眼相機等高性能相機，每天都有許多人不斷地在拍照。至於**基因資料**，目前讀取人類基因體的機器——基因體定序儀（genome sequencer），完成單次讀取的價格也正在急速下降。舉例來說，2001 年執行**人類基因體計畫**（Human Genome Project）時，一共歷經了十多年，耗資 27 億美元，才終於完成人類基因體的最終定序；但現在只要不到 1 小時就可以完成，價格還低於 100 美元。

---

註7　Zettabyte，等於 1 兆 GB（Gigabyte）。
註8　編註：資料發布於 2021 年 3 月，原始網頁已經被撤下。

## 1.2 深度學習迅速發展的背景

### ● 以大量的訓練資料為基礎

不論是磁碟還是快閃記憶體，累積資料的**儲存費用**都越來越便宜了。而且如前所述，**雲端**的出現也讓我們能夠省去不必要的初期投資，**輕鬆、安全地累積大量資料**。加上自從人們發現資料本身即可創造價值之後，就陸續出現了許多可以免費儲存資料的服務。這些轉變都使我們得以利用**大量且多樣化**的資料來訓練機器學習的模型，再驗證訓練完的模型。

但深度學習能達到目前的發展，還是多虧了 **ImageNet** 收集數百萬張影像，並為其中一百萬張加上標籤。ImageNet 同樣是抱持著「大量資料比技術更能推動研究發展」的信念建立而成。目前機器學習的開發／研究中有一種「成功模式」：只要先將模型調整為「增加訓練資料，即可提升準確率」的狀態，再持續增加訓練資料，便能解決問題。

而在使用這種做法時，如何建立與取得訓練資料，就是整體成功的關鍵。舉例來說，Tesla 為了實現自動駕駛的目標，就建立了一套機制，從實際行駛的車輛中自動收集行車資料，由數千名人工半自動化地標註標準答案，再透過模擬來生成更多標準答案，建立出大規模且多樣化的訓練資料集[註9]。

### ● 由傳統機器學習轉變為深度學習

以往 Google 的搜尋系統與 Amazon 的推薦系統等，都是使用機器學習，而這些系統改用深度學習之後都增強許多。

比如說，Google 的搜尋服務在使用了第 5 章的 **BERT** 自然語言處理模型之後，就有了大幅度的改善，因為它能掌握語意上的細微差異、理解前後文，再提供搜尋結果；而且還能分析搜尋到的文件與網頁實際呈現的畫面，找出最佳搜尋結果。Amazon 則是將深度學習運用在無人商店 **Amazon Go** 的人類行為辨識與影像辨識等，藉此推動新服務的開發。

---

註9 • 參考：「Tesla AI Day」 URL https://www.youtube.com/watch?v=j0z4FweCy4M

## 1.3 深度學習的計算資源

**目前的機器學習和深度學習**都必須使用**大量的訓練資料**與**計算資源**。但大概需要到什麼程度?又為何有這麼大量的需求?

### 與人類的學習相比

相較於當前的機器學習或深度學習,人類的學習效率可說是壓倒性的高。無論是騎乘自行車,還是在山坡上滑雪,頂多都只需要數次到數十次的試驗次數就可以學會。至於辨識物體,也只需要 1 個範例就可以認得。

相對的,目前機器學習和深度學習都必須經過數百萬次的試驗(換算成人類的時間,相當於數十年);即使目標只有 1 種物體,也必須提供數百個到數千個範例,才能學會辨識。換句話說,如果要進行 1,000 個類別的分類,就必須準備 100 萬個範例。而且過程中必須要一遍又一遍提供這些資料,**逐漸調整參數**,才能夠順利學習。

### 大量的資料與計算資源的必要性

為何現在的機器學習與深度學習,相較於人類的學習,**必須使用這麼大量的資料與計算資源**呢?關於其**理由**,目前有幾種假設。

#### ● [假設 ❶] 人類會應用與重複利用學習結果

第 1 種假設是,人類在學習時,通常都是在**重複利用**已經學習過的成果,而非從零開始學習。比如說人類在學習騎自行車時,會先具備走路、爬樓梯與取得平衡的能力,才開始學習騎乘方式,所以不需要太多嘗試即可學會。

相對地，目前機器學習和深度學習幾乎都是**從零開始學習**，所有的技能都必須從資料中取得。

### ●⋯⋯[假設 ❷] 人類同樣也使用大量資料

第 2 種假設則是，人類其實也在不知不覺中以大量資料進行非監督式學習與自監督式學習（兩者都會在之後說明）。而因為這些學習都已經完成了，所以就能較有效率地進行任務導向的學習。

舉例來說，人類在幼兒時期，即使看不清楚物體，也還不會說話，還是會一直觀看週遭環境、傾聽附近的聲音，並藉此學習環境的模型。即使 2 年之內都只觀察周圍環境，假設以 10 fps（frame per second，每秒 10 幀）的速度預測下一幀，也會有 10 fps × 36,000 秒／天（假設觀察環境 10 小時）× 365 天 × 2 年 = 2.6 億張圖，可做為自監督式學習使用的影像。

### ●⋯⋯[假設 ❸] 人類的大腦具有強大且節能的計算能力

第 3 種假設是，**人類大腦擁有非常強大的計算能力，目前的電腦仍然追趕不上**。我們在衡量人類大腦計算能力時，雖然會因為選擇的計算模型、是否包含目前仍未完全理解的神經迴路（如樹突上的計算迴路）等因素，而出現不小的差異，但一般都認為至少有數十 PFLOPS（Peta FLoating-point Operations Per Second）的能力[註10]。不僅如此，人類大腦還只需要 20 W 左右即可運作，就像一台超高效率的電腦[註11]。

由於有強大的計算能力，又可以利用資料進行非監督式學習，事先做好準備，因此之後在學習新的技能時，就能以非常少的範例學會。

⋯⋯⋯⋯⋯⋯⋯⋯⋯⋯⋯⋯⋯⋯⋯⋯⋯⋯⋯⋯⋯⋯⋯⋯⋯⋯⋯⋯⋯⋯⋯⋯

當前的機器學習與深度學習都**必須使用大量的「資料」與「計算資源」**，這是貫穿主題的重點。

---

**註10** 10 PFLOPS 為每秒 1 京（$10^{16}$）次的浮點運算。
**註11** 人類大腦每日消耗的能量推測約為 600 大卡，換算成清醒時間的電力為 20 W（瓦特）。

## 1.4 人工智慧的歷史

我們在前面已經介紹過什麼是智慧，以及為何會難以用人工實作出智慧。但一直以來，還是有相當多的研究人員與工程師在挑戰這個難題，致力於創造人工智慧。

本節將簡單介紹人工智慧發展至今的歷程。其實人工智慧這個概念，早在電腦出現之前就已經被提出了；其中代表性的例子之一是 Ada Lovelace 於 1840 年代所提出的想法[註12]。以下就來看看「人工智慧」領域自 1950 年左右確立以來的歷史吧！

### 達特茅斯會議

「人工智慧」這個名詞與這個領域，都是在 1956 年的「Dartmouth Summer Research Project on Artificial Intelligence」(**達特茅斯會議**) 上提出的。這場會議的與會者除了後來引領人工智慧發展的 John McCarthy 與 Marvin Minsky 之外，提倡資訊理論的 Claude Elwood Shannon 等多位當代計算科學與人工智慧的代表性研究者，也都參與其中。

達特茅斯會議的計畫書中寫道，「若能在 2 個月之中讓代表各領域的研究者集思廣益，應能在語言的使用、人類的抽象思考，與目前唯有人類可解決之任務上，取得大幅度的進展！」

但事與願違，該會議未能取得亮眼的成果，反倒清楚顯示出：光是要理解人工智慧這個題目，都相當的困難。不過雖然未能取得任何成果，本次會議的參與者之後也仍然持續在各大學與研究機構中，主導人工智慧的研究。

---

註12 • 參考：「創新者們：掀起數位革命的天才、怪傑和駭客」(Walter Isaacson，天下文化，2015)

## 符號式與非符號式

在 1950 年到 1960 年間，人工智慧分為「符號式」與「非符號式」兩種派別，各自發展。

● **符號式派**　以符號處理來解決問題

**符號式**（symbolic）的做法，是希望透過**符號處理**（symbolic processing）來解決問題。在**定理證明**（theorem proving）與**遊戲**的領域中，透過專家建立的資料庫進行推論以解決問題。

為了以符號處理來實作人工智慧，各式各樣的程式語言相繼登場。人類可以用這些程式語言，直接將知識寫為程式的形式。

而其中最受關注的，就是由 John McCarthy 開發的 LISP。LISP 中的一切皆以列表（list）表示[註13]，操作列表即可解決各種問題，就連函式都是儲存於列表中的值（lambda）。而且程式本身也以列表編寫，因此程式本身就可以操作程式，有辦法自我修改。LISP 的後繼者，如 Scheme 等，直到現在也仍被持續使用。

● **非符號式派**　以模式處理來解決問題

而**非符號式**（non-symbolic）則是以**模式識別**（pattern recognition）為基礎，進行**語音處理**及**影像處理**系統的研究開發。其中因為過去的軍事用途，影像處理在 1960 年代就已達到實用等級，可由空拍影像中自動發現戰車[註14]。

除此之外，以電腦分析文字等語言資訊的**自然語言處理**（Natural Language Processing, NLP）也有所發展，進行了機器翻譯與問答系統的研究與商業化。

---

註13　例如元素序列以 (1, 2, 3) 表示，運算式 a*b+c*d 則以 (+ (* a b) (* c d)) 表示。
註14　參考：「The Quest for Artificial Intelligence」（Nils. J. Nilsson 著，2010）
　　　URL https://ai.stanford.edu/~nilsson/QAI/qai.pdf（網路版）

## 第1章　深度學習與人工智慧

● ……… **非符號式派的代表範例**　感知器

　　非符號式的派別中，使用<mark>神經網路</mark>的研究也相當廣泛，之後神經網路也應用在深度學習。

　　而當中特別受到矚目的，是由 Frank Rosenblatt 於 1957 年所提出的<mark>感知器</mark>（perceptron）。感知器是將人類的學習、辨識與記憶建立為模型的<mark>神經網路</mark> 圖1.8 ①。

**圖1.8**　感知器（早期的神經網路）

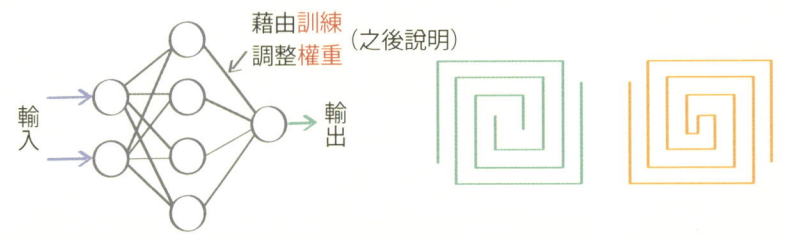

❶ Frank Rosenblatt 將視神經的機制模型化，提出與現代神經網路相關的「感知器」

❷ Marvin Minsky 等人出版的書中表明，感知器無法判斷給定之圖形是否有連接

## 未來須整合符號式與非符號式

　　順帶一提，在現代人工智慧的領域中，以深度學習為代表的非符號式派所提倡的模型，看來似乎是成功的。也就是說，模式處理能夠解決所有的問題（包括語言及圖形等符號式擅長的領域）。

　　但若將之前稍微提過的系統 1 和系統 2，與人工智慧未來的發展方向放一起考量的話，今後的重點應該是<mark>將符號式派所提出的抽象化知識納入其中處理</mark>，才能解決更困難的問題。只是做法不是像符號式派直接操作符號，而是在非符號式派建立的<mark>模型上進行操作</mark>。

## AI 樂觀主義與現實的衝突

回到過去的歷史，雖然當時全世界對於人工智慧（AI）的期待越來越高，但電腦的能力及技術皆尚未充分開發，因此人工智慧的實力仍然非常有限。舉例來說，Marvin Minsky 曾於 1969 年出版一本名為《Perceptrons》（感知器）的書[註15]，書中證明了 1 層神經網路無法解決圖形是否連接的問題（之前的 圖1.8②）。這使得原本期望人工智慧無所不能的人們，發覺它連這種問題都無法解決，而大失所望[註16]。

此外，美國為發展機器翻譯，曾於 1964 年成立一個用於評估機器翻譯的委員會 ALPAC（Automatic Language Processing Advisory Committee，自動語言處理顧問委員會），但其報告指出「無法預見實用性機器翻譯之前景」，導致機器翻譯的研發預算被大幅刪減。其後，機器翻譯的研究開發便明顯趨緩，許多利用人工智慧的公司也面臨困境。

不過即便如此，已紮根在各大學與研究機構的人工智慧研究社群仍然持續發展，也逐漸提出實用化的成果。

## 第五代電腦　與 AI 的寒冬時期

接著，從 1975 年到 1985 年，全世界又掀起了一波 AI 的浪潮。而這股浪潮的中心，就是當時經濟呈現飛躍性成長的日本。尤其是 1982 年，當時的通商產業省主導了一項為期十年、預算總額超過 500 億日圓的「第五代電腦」計畫。對日本經濟成長感到震驚的美國與歐洲，也都為了與其對抗而推出類似的計畫。

第五代電腦的目標是以大型資料庫與知識庫為基礎來推導，做出可以用自然語言和人類溝通的人工智慧。

---

**註15** • 參考：「Perceptrons: an introduction to computational geometry」（Marvin Minsky、Seymour Papert 著, MIT Press, 1969）

**註16** 其後，已知透過反向傳播訓練多層神經網路，至少可判斷是否有連接。

順帶一提，之所以取「第五代」這個名稱，是因為第一代電腦使用**真空管**、第二代使用**電晶體**、第三代使用**積體電路**（integrated circuit，縮寫為 IC，又稱為晶片）、第四代使用**超大型積體電路**（Very Large-Scale Integration，縮寫為 VLSI），第五代則使用大量的**平行處理器**（parallel processor）。

第五代電腦所使用的程式語言，是邏輯程式語言 PROLOG，因為這很適合使用在邏輯推導與自然語言處理。

其實第五代電腦原本的目的是要「製造出能夠平行推導的處理器」，但世人都期待能夠進一步實作出人工智慧。

後來這項計畫的確做出預期中的處理器，達成了最初目的。但用這個處理器所進行的各項研究，都未能進展到有效的應用階段。而且 PROLOG 原本就不適用於平行處理，因此開發出來的平行計算機（parallel computer）也無法發揮效用。

就連其性能，也輸給了在這段期間飛躍性成長的商用工作站與個人電腦（Personal Computer, PC）。

> **Note**
> **當時電腦的演進**
> 1979 年，PC-8001（NEC）的 CPU（與 Z80A 相容）時脈為 4 MHz、RAM（隨機存取記憶體，Random Access Memory）為 16 KB。而 1992 年登場的 PC-9801A（NEC）的 CPU（386）時脈約為 16 MHz、RAM 為 1.6 MB。在這 10 年內，PC 的計算性能就提高了數倍，RAM 的容量也增加了約 100 倍。

雖然第五代電腦迎接了巨大的挑戰，也培養出許多人才，但終究還是沒能實作出萬眾期待的人工智慧。在那之後，全世界都進入了「AI 的寒冬時期」。

> 編註：關於第五代電腦，在學術上的論述非常分歧，比較多人贊同的說法第五代電腦就是 AI 人工智慧，但僅止於概略的敘述，硬體上沒有明確的定義。由於日本政府曾經發展名為「第五代電腦」的大型研究計畫，此處作者是引用該計畫的細節來介紹。

## 1.4 人工智慧的歷史

## 機器學習時代

即便是在這種情況，電腦仍依循**摩爾定律**[註17]呈現指數性的成長，可利用的資料量也迅速增加。因此一種名為「機器學習」的技術，便逐漸嶄露頭角。

## 機器學習：從資料中習得規則與知識

相對於人類直接把規則與知識輸入進電腦的做法，**機器學習**（machine learning）是由人類提供**訓練用的資料**，並**讓電腦自己從資料中獲取規則與知識**。

此處的**規則**，在符號式 AI 系統中指的是會根據輸入來做輸出或判斷的**運算式**，或是編寫於程式內的**步驟**等；而**知識**則是關於處理對象的資訊。舉例來說，過去在自然語言處理（構詞分析、語法分析、文件分類）與機器翻譯的領域當中，每一個單字或片語的意思都要以字典的形式寫入；中文、日文、英文的文法，還有從文法解析出含意的規則，也都是人類編寫的。

### ● 機器學習不需要專家、可應用於各種問題

這些**規則與知識**原本都需要「多位專家花費數年時間建立」，無論是**建立**的工作，還是建立後的細部更改等**維護**作業，都需要耗費**大量成本**。尤其是規模擴大之後，為了維持一致性、確保規則與知識不會出現矛盾，必須付出更多努力來整合。

但是這些作業若改採**機器學習**，則只需要提供**訓練資料**給機器，並等待數小時至數天，即可**自動完成**。

另外，過去還有一種困擾，就是各種規則與知識都只能應用在特定的**領域**（domain）。**針對特定領域的模型**就只能應用在特定問題上，無法應用於其他問題。相對地，機器學習的優點就是只要能夠提供訓練資料，就可以使用同樣的模型與訓練演算法**應用於各種領域**。

---

**註17** 關於半導體技術發展所提出的預測：「積體電路上可容納的電晶體數目，每隔 1.5 到 2 年就會增加 1 倍」

## ● 1990 年代登場的諸多機器學習方法

1990 年代後半，開始出現許多不同的機器學習方法，比如說簡單貝氏法、最大熵模型、邏輯斯迴歸模型、自適應增強、支援向量機與條件隨機場等，都相當受到矚目 表1.1 。

表1.1　建議認識的機器學習方法

| 方法名稱 | 簡介 |
| --- | --- |
| 簡單貝氏法<br>(naive Bayes) | 基於機率的分類器，假設輸入的各個特徵都相互獨立，以貝氏定理進行分類。可透過分析獲得模型並快速訓練，要逐步更新也很容易 |
| 最大熵<br>(maximum entropy) 模型 | 在滿足限制（特徵出現的期望值等）的機率分佈中，找出最大熵（度量資訊量的標準、期望值）之模型 |
| 邏輯斯迴歸<br>(logistic regression) 模型 | 使用對數線性模型的機率模型。如果單層感知器使用 Softmax（之後會說明）的話，就等同於最大熵模型 |
| 自適應增強<br>(adaptive boosting) | 結合弱學習器，建立出強分類器。可利用少數特徵集建立分類器 |
| 支援向量機<br>(Support Vector Machine, SVM) | 用來求出最大間隔的超平面（hyperplane）。加上核方法（kernel method）就能進行非線性分類 |
| 條件隨機場<br>(conditional random field) | 分類目標可以表示為隨機變數組成的無向圖（undirected graph）時，就能定義各結果的機率。常用於自然語言處理及影像處理 |

## ● 機器學習的應用大幅影響商業界

在自然語言處理與影像辨識等多種領域中，這些機器學習方法的性能都不輸傳統方法（以規則設計，或是只能用於特定領域），甚至是大幅超越，因此受到廣泛的應用。

進入 2000 年代之後，開始逐漸出現在商業應用上有重大影響的機器學習系統，例如 Google 的搜尋系統、搜尋廣告以及 Amazon 的推薦系統（recommender system / recommendation system）。

那些掌握使用者活動紀錄等大量資料的企業，可以利用這些資料進行機器學習，開發出其他企業無法模仿、準確又有特色的系統，製造巨大的實力差距。

## 深度學習時代

接下來，就是本書主題——**深度學習**的登場了。深度學習也是機器學習的方法之一，使用的技術是一種名為**神經網路**的模型。

### 神經網路的基礎　　基本架構、梯度下降法、架構設計

神經網路會先使用一種稱為**連接層**的參數對**輸入**進行「**線性**」變換，再加上稱為**激活函數**的「**非線性**函數」，串連多個連接層反覆進行這個過程之後，根據輸入計算出預測結果。

**神經網路的特色**是**將簡單的函數結合成複雜的函數**。上一層的所有輸入值經過許多函數的計算之後，得出的所有結果即為下一層的輸入。神經網路是由數萬到數億個簡單的函數所組成，簡直像是一隻函數組成的怪獸一樣。不過雖然裡面的函數如此複雜，我們還是可以藉由調整參數，把神經網路訓練成我們所期望的樣子。

具體做法就是在**訓練**時計算**預測結果與標準答案之間的誤差**，再透過一種名為**反向傳播**的方法求出可以縮小誤差的**參數更新方向**（也就是函數的**梯度**），並往這個方向逐步修改。

這種**反覆計算誤差，往縮小誤差的方向逐步修改參數**，直到誤差足夠小的方法，稱為**梯度下降法**。

我們必須針對每一個問題設計出適合的「神經網路架構」（neural network architecture）。以往機器學習的重點是要預先進行**特徵工程**，以領域知識將輸入的資料轉換為機器可以處理的特徵；但在**神經網路**中，預先以領域知識進行架構設計才是重點。

## ●⋯⋯ 神經網路在過去並未受到太多關注

雖然神經網路在人工智慧的黎明期便已存在，但與之前提到的機器學習方法相比，受到的關注度一直以來都比較低。原因是神經網路與其他機器學習方法相比，不只**性能較差**，而且**難以進行理論分析，使用起來較為困難**。

之所以性能較差，是因為當時的可用資料量與模型大小還未能使神經網路有效運作，而且也沒有足夠的計算能力。另外也是後來才發現，比起小型的神經網路，大型神經網路反而還比較容易訓練，普適性也較高。

此外，之前列舉的機器學習方法，大多是處理容易進行理論分析的**凸函數最佳化**（convex optimization）**問題**，這種問題保證可以進行最佳化（訓練）或可以收斂至最佳解；但神經網路處理的**不是凸函數最佳化問題**，理論上就連能否訓練成功都無法保證[註18]。

> **凸函數、非凸函數與最佳化** Note
> 凸函數指的是函數圖形向下凸出、二階導數非負的函數。相反則為非凸函數。若最佳化問題的目標函數為凸函數，則局部極小值（小於周圍其他值的值）就會是全域上的最小值，保證可以用梯度下降法找到最小值。

## 令人驚艷的深度學習登場　　AlexNet 帶來的衝擊

但 2006 年時，多倫多大學（University of Toronto）的 Geoffrey Hinton 教授提出發表，宣稱已成功訓練出一個層數比以往更多的神經網路，並命名為**深度學習**（deep learning）。此時，深度學習在機器學習的社群中，仍是一個較次要的存在。不過以 Hinton 教授、紐約大學的 Yann LeCun 教授及蒙特婁大學的 Yoshua Bengio 教授等 3 人做為核心，深度學習的進展還是穩定向前邁進（他們也因這段期間的成就與其他貢獻，而共同獲頒圖靈獎。請參考 p.5-8）。

---

[註18] 保證神經網路可以訓練成功的理論已在 2019 年左右被提出，但仍在發展中。

接著在 2012 年的一場名為「ImageNet Large Scale Visual Recognition Challenge」(**ILSVRC**)的泛用影像辨識競賽當中，使用深度學習的方法[19]大幅凌駕於傳統方法，獲得了壓倒性的勝利，震撼了整個社群。主辦該競賽的史丹佛大學李飛飛教授，最初在收到結果報告時，也為其準確率感到訝異，表示「沒想到不是用新的做法，而是用我早就知道的神經網路辦到的。[20]」

這種做法不只是準確率高而已，之後準確率的提升速度還越來越快，後續 5 年內，ILSVRC 每年都以錯誤率減半的速度驚人成長。而且幾乎同一時期，語音辨識、化合物活性預測與自然語言處理等方面，也都出現了遠遠超越傳統方法的成果。

● **實習生成為深度學習的重要推手**

這些成果很快地開始被企業積極採納，契機則是企業的實習生，他們來自最早投入深度學習的研究室。比如說 Hinton 教授就曾經說過，Google 之所以會開始關注，是因為他的學生 Navdeep Jaitly 將他們在多倫多大學建立的系統帶到 Google，讓他們見證這個系統的性能已經超越傳統的語音辨識系統[21]。

否則在那之前，研究人員與企業其實都還對深度學習抱持著懷疑的態度，沒想到實習活動招募到的年輕人所開發的系統，居然能夠大幅度超越傳統系統的性能。而在證明了實用性之後，深度學習的重要性也得到認可，開始有大量的研究資金投入。

---

[19] • 參考：A. Krizhevsky, I. Sutskever, G.E. Hinton「ImageNet Classification with Deep Convolutional Neural Networks」(NIPS'12, 2012)
[20] • 參考：「The Robot Brain Podcast」(Ep. 20)
　　　URL https://shows.acast.com/the-robot-brains/episodes/fei-fei-li-on-revolutionizing-ai-for-the-real-world
[21]　URL https://www.reddit.com/r/MachineLearning/comments/2lmo0l/ama_geoffrey_hinton/clyjgbf/

## 深度學習的性能超越現有方法

以往被認為難度過高，不可能以電腦解決的一般物體辨識及語音辨識，現在都已經達到了人類的水準，甚至在特定條件下能夠超越人類。對話型 AI 可以準確理解文章，並回應合適的內容。而在機器翻譯的領域中，英中及英德翻譯的準確率已達到超越專業人士的水準；在一百多種語言之間翻譯的能力，也超越了絕大多數人類的能力。此外，在圍棋與（需要合作的）多人遊戲等方面，電腦也開始可以贏過頂級玩家了。

目前深度學習的應用領域仍持續快速增加，除了能夠預測化合物的各種特性，還可以控制機器設備、透過外觀檢查找出瑕疵品、創作畫作和音樂。

> **傳統的機器學習與深度學習**　　　　　　　　　　　　　　Note
>
> 機器學習是從「資料」中習得規則與知識。想要習得的**函數或知識**可以表示為**目標函數**，而**解決這個目標函數的最佳化問題，就能完成所謂的學習**，這點之後第 2 章會再詳細說明。而如前所述，深度學習是機器學習的其中一種方法，因此深度學習除了使用**神經網路**模型的部分比較不同，其他還是有很多共通之處。
>
> 兩者最大的差別還是在於，傳統機器學習是由**人類**進行**特徵工程**（將輸入轉換為向量的函數），擷取出問題的特徵；深度學習則是**從資料中學習特徵**，並由**人類**負責**設計網路架構**。由於這些特徵的組合可以看作是「資料的表現方式」，因此深度學習也可以說是在學習資料的表現方式。其中也要考慮問題的不變性與等變性（輸入的變化會造成輸出產生同樣的變化）來設計網路架構。
>
> 機器學習的專家會投注大量時間來設計給電腦學習的**特徵**，而深度學習則是要設計**網路架構**，讓神經網路能夠找出適合的特徵或表現方式。因此從這個角度來看，深度學習在處理的，可說是比傳統機器學習還要再高一層級的問題。

## 深度學習和強化式學習的結合

後來，DeepMind Technologies（DeepMind）[註22] 更推動了強化式學習與深度學習的結合。2016 年，電腦圍棋程式 AlphaGo 與圍棋頂尖棋士李世乭對弈所獲得的勝利，也象徵人工智慧的進步。

---

註22　URL https://www.deepmind.com

### 小編補充

## 深度學習和生成式 AI

目前生成式 AI 的發展奠基於 Transformer 和 Diffusion 兩個模型。Transformer 模型採用了「編碼器-解碼器」的架構，編碼器負責消化輸入資料、濃縮資訊，而解碼器則負責生成內容。這樣的運作原理跟人類的思維很類似，當我們看到一段話時，會吸收、理解這句話，再根據我們理解的內容說出回覆，編碼器-解碼器架構就是在模擬這個過程。第 4、5 章會再進一步說明細節。

而 Diffusion 模型的概念是將一張原始圖像加上一點點的雜訊，然後逐步不斷增加雜訊，直到最後整張圖像變成一整片的隨機雜訊；接著反過來，將雜訊一次一次的過濾掉讓原來的圖像慢慢顯示出來，直到最後變得跟原始圖像一樣清晰。過程中，模型會獲取圖像特徵或結構的重要資訊，收集足夠的特徵資訊後，就可以重新組合生成具有相似風格、主題和細節的新圖像。目前多數的 AI 繪圖應用，都是以這類模型為基礎逐步發展出來的。

擴散模型就像是雕刻家，在訓練過程慢慢學習哪些資料是雜訊，一刀一刀剔除不需要的部分，就可以生成接近完美的圖像

當然，生成式 AI 技術仍在持續發展中，例如 OpenAI 公布的最新生成式 AI 模型 Sora，使用者只要輸入文字就能得到高品質的影片，其背後採用的就是新型的 Diffusion Transformer (DiT) 模型，這是一種結合了 Diffusion 模型和 Transformer 注意力模型的新架構，具有更強的影片生成能力。

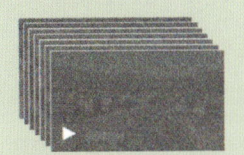

Sora 的影片生成示意圖 (圖片來源：openai.com)

## 研究領域的關注

深度學習在研究領域也同樣備受矚目。過去 10 年之間，人工智慧的研究社群急速擴大，幾個主要學會每年的投稿量都呈現倍數成長，開放式論文典藏庫 arXiv 一天就能收到 100 篇以上的論文投稿。若以評估期刊重要性的 h5 指數來看，電腦視覺相關的 CVPR、深度學習相關的 ICLR 及人工智慧相關的 NeurIPS 等學會的論文，都已經能與 Nature、Science、Lancet 等科學領域的頂尖期刊並列。同時也出現了有許多以人工智慧為基礎的新創公司。

總結來說，人工智慧雖經歷過幾次寒冬時期，但仍持續發展至今，近期生成式 AI 的發展十分引人注目，其背後的技術基礎就是以深度學習為核心。下一節我們將針對這項發展的背景，再做進一步的介紹。

---

### Column

### 大數據、機器學習與深度學習

**大數據**（big data）指的是比以往更大規模、更複雜的資料分析領域，而這些資料的收集、篩選、累積、搜尋與分析等任務也同樣受到矚目，在 2010 年左右開始形成一股趨勢。典型的資料包括影片資料、文字資料、網路服務的使用者活動紀錄、以 RFID 等收集到的資料、科學領域的資料與基因資料等等。

但資料光是收集是沒有價值的，還要以某種形式加以利用才行。**機器學習**就正好可以利用這些資料進行訓練，並以訓練完的模型來「分析」資料，進而採取行動。這就是典型的由資料創造出價值的做法。

除了「分析」任務之外，「收集」任務也可以使用機器學習來自動分類、篩選、填補缺漏，「搜尋」任務則可計算搜尋結果與實際值之間的相似度，並自動為影像或影片加上標籤。從機器學習的角度來看，資料越多，模型的性能就能改善得越好，可以解決的任務也就越多。因此大數據與機器學習搭配起來的效果很好，實際上也經常一起使用。

由於大數據的資料量龐大，所以過去較常用計算量較少的**簡單分類器**與**線上處理**（online machine learning）來分析。但目前 **GPU**（之後說明）等硬體的性能已經提升許多，因此**也開始可以利用深度學習等高階模型進行分析**。

## 1.5 未來將如何應用深度學習？

如前所述，深度學習在目前已經有許多實際應用，例如網路搜尋與推薦，以及可以語音辨識的介面等。在傳統機器學習時代中，主要的分析對象都是預先整理好、儲存於資料庫的**結構化資料**。但深度學習的出現，讓我們也可以處理如影像、影片、語音、基因及訊號資料等**非結構化的資料**。

今後可以期待看到更多的應用。本節將會舉出 3 個例子，並介紹深度學習在其中的運用方式。

### 自動駕駛、先進駕駛輔助系統

首先，第 1 個例子是**自動駕駛與先進駕駛輔助系統**。目前使用深度學習的系統已經可以辨識環境、擬定最佳動作並進行控制，逐漸能夠準確地輔助人類駕駛。

#### 人類駕駛時會運用高階的辨識與預測能力

介紹深度學習在駕駛系統的應用之前，我們先來想想人類究竟是如何開車的吧！人類開車時，其實會使用**非常高階的辨識與預測能力**。舉例來說，假設現在有個汽車駕駛在十字路口準備左轉，對向車雖然停下來禮讓了，但可以看到後面露出一截機車的車尾，駕駛因此感受到危險，而放慢車速。在這段過程中，駕駛的腦海裡進行了以下幾項處理。

首先是在只有看到機車車尾的情況下，辨識出那是機車的一部分（**遮蔽處理**／occlusion handling）。接著是想到那台機車應該會直行（**預測模型**），而且很有可能沒有看到正要左轉的自己（**心理模型**）。最後是從這些結果當中，預測出自己的路線很可能與機車的路線交叉，判斷提前減速能降低彼此碰撞的風險，最後實際執行減速的動作。

這些步驟所處理的資訊全都伴隨著不確定性，而且必須考慮大量的例外。比如說，若自己的車輛後面緊跟著其他車輛，減速就有可能造成危險。這種情況下，減速就不會是最佳動作。此外，車輛行駛的環境也極為多樣化，有可能出現天氣變化、逆光、隧道、不同的路面狀態，或是有行人、自行車穿越道路。

● ……… **感測器與辨識技術的發展**

但即便是如此多樣化與複雜的環境，也逐漸可以用新型感測器與辨識技術來辨識。目前除了可以透過行車記錄器或 LIDAR（Light Detection and Ranging，光學雷達）註23 進行辨識之外，還能利用過往大量的行車資料來預測行人與車輛的移動方式，評估風險程度，進行最佳的控制與干預。不過我們對於自動駕駛的期望，是車輛能在接收人類的指令時更有彈性。比如說，雖然目的地是車站，不過如果會經過便利商店，希望也能夠順道停靠一下。或許未來的車輛為了掌握人類的指令，會需要向人類說明情況，以進行確認也不一定。

當搭載這些技術的汽車增加之後，除了減少交通事故的發生，或許還能促成無人駕駛載送人員或貨物的服務出現。現在已經有許多企業與研究機構正朝著這個方向努力。

## 機器人

第 2 個例子是**機器人**。現在除了工廠或物流所使用的工業機器人之外，也出現提供導覽、接待與保全服務的機器人了。這些機器人可以完美重複動作、處理人類無法處理的物品（危險、過重、太大或太小），還能持續工作而不疲倦，所以相當普及。

---

註23 利用雷射雷達大量測量與周圍環境距離的感測技術。

## 1.5 未來將如何應用深度學習？

目前對於這些機器人的期待，是能適用於更多樣化的環境、更容易接收指令，並可執行目前還無法達成的高階任務。

● [任務範例] 閱讀說明書與組裝家具的必要技能

我們來看看如果要將買回來的家具組裝起來，會需要執行哪些任務吧！圖1.9。

圖1.9　機器人必須執行許多任務才能閱讀說明書並組裝家具

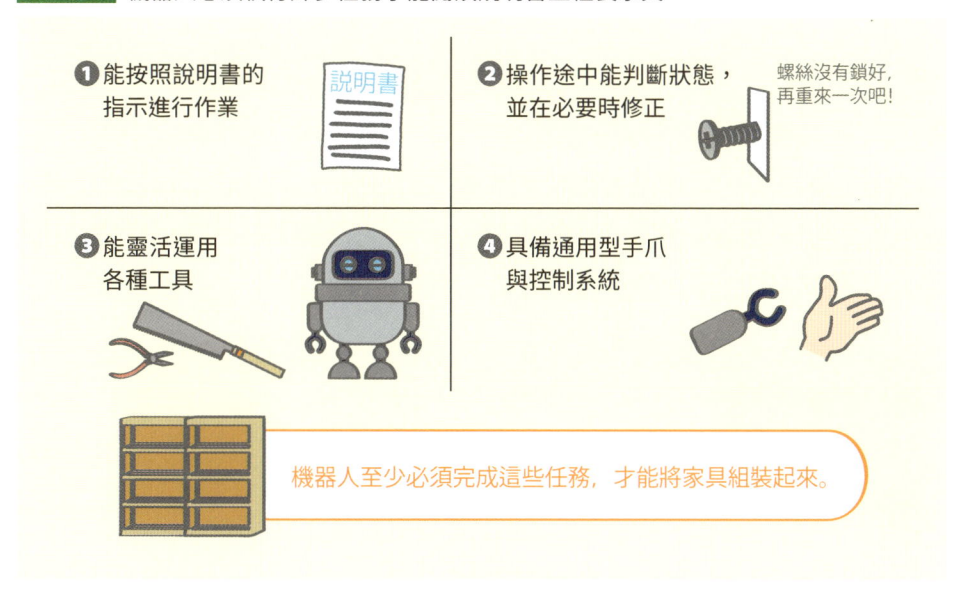

❶ 能按照說明書的指示進行作業

❷ 操作途中能判斷狀態，並在必要時修正
螺絲沒有鎖好，再重來一次吧！

❸ 能靈活運用各種工具

❹ 具備通用型手爪與控制系統

機器人至少必須完成這些任務，才能將家具組裝起來。

人類在組裝家具時，會閱讀以影像及文字編寫的說明書，並使用螺絲起子等適當的工具來進行組裝。但說明書只會列出過程中的某幾個步驟，所以作業時必須自己推測出步驟與步驟間應該會是什麼樣的狀態。另外在組裝過程中，也必須透過視覺或觸覺等，判斷是否已確實完成指示，如果覺得不太對勁，就必須重新來過或進行調整。

● ┈┈ **理解指令、辨識、控制與規劃，都必須使用深度學習**

這個過程如果要靠機器人完成的話，會需要執行哪些任務呢？首先我們必須下達指示，使機器人執行任務。但是如果要對過程中的每個狀態都下達指令，會非常耗費成本，所以理想的狀況是只要提供與人類版本差不多的說明書即可執行。或是如果能模仿人類操作過程的影片來執行，應該也很不錯。此外，機器人必須能夠靈活地使用工具。操作過程中，也必須透過影像辨識或力矩感測器等，檢查是否已正確完成指令。不過目前世界上尚未有通用型的手爪，能夠執行與人類同等的精細作業。要製造出耐用又低成本的硬體本來就很困難，更何況即使製造得出來，目前也還沒有系統能夠控制如此靈活的手爪。

目前已經有各式各樣深度學習的系統，為了解決這些問題而陸續登場。例如以文字、影像及示範執行的任務指示、影像辨識、視覺回饋，以及利用強化式學習等進行的高階手爪控制。

再加上機器人的硬體價格也正在下降，若能搭上這班順風車，相信未來的應用範圍會迅速擴大。

## 醫療／保健

最後一個例子，要談的是**醫療與保健**。目前在醫療／保健領域中，可利用的資料正呈現爆發性的增長。除了一直以來使用的問診與血液檢查等檢測結果之外，今後還會再加上基因檢測、電子健康紀錄、電腦斷層掃描與MRI（Magnetic Resonance Imaging，磁振造影）影像等資料。如果連過去取得的資料及文獻資訊也能有效利用的話，或許能做出更有效果的診斷。

我們現在已經可以從身體上的各個部位，取得一些以往無法檢測的重要資料。比如說，我們可以利用總體基因體學從糞便中分析腸道菌叢。還有可以輕鬆採集血液的簡便工具包，或是可以檢測血糖值的隱形眼鏡。智慧

型手錶等裝置，除了可以測量血壓及心跳之外，也可以利用光源反射量等方式即時測量血糖值。另外像飲食和睡眠，也都可以利用智慧型手機的應用程式轉換成資料。

還有預測藥物等化合物的性質、在人體內的變化，就可以進一步預測在生物體內發揮重要作用的蛋白質的立體結構。這樣的開發工具有機會在更短的時間內，開發出效果更好、副作用更少的藥物或疫苗。

● **為診斷與醫學的進步做出貢獻**

但要從如此龐大的資訊中診斷出一個人的各種健康風險，就必須更加倚重深度學習的技術。比如說，現在已經可以從醫學影像中發現病灶，並進行分類與分析；從基因檢測的結果中，不僅能夠分析出未來罹病的風險，或許還能推測出藥物的療效以及副作用。而且不光只是生病時，今後在**預防醫學**與**後續照護**的技術上，應該也都能看到更多的發展。

人體與生命都極為複雜，每瞭解一層構造之後，就會再發現更多、更複雜的系統。因此深度學習對於解析人體與生命的機制，也能發揮相當重要的作用。比如說在找到新的基因或蛋白質之後，可以利用深度學習來預測對哪些部分會產生什麼影響。

在結合人類與深度學習各自的強項之後，相信這個領域將能獲得豐碩的成果。

## 人類與人工智慧的共存

目前電腦在許多方面的能力都比人類優異，例如同時處理大量資訊、正確記憶，並將資訊瞬間傳送給許多對象。只要將這些已經很優異的能力結合人工智慧，就能處理人類無法達成的各種任務。

像是在網路搜尋時，先從輸入的關鍵字推測出使用者的意圖，再搜尋相符的網頁並提供建議。

網路搜尋的對象是數千億、甚至是更多的網頁，人類即使耗盡一生也不可能瀏覽完或記住。所以我們不可能找得到一個像圖書館員一樣，對網頁的一切瞭如指掌，能夠查詢並推薦網頁的人。

但電腦擁有強大的**計算能力**、**記憶能力**以及**處理能力**，因此只要用人工智慧理解使用者的意圖與網頁內容，再進行匹配，即可完成人類無法提供的網路搜尋服務。

### ● 充分利用只有電腦才擁有的能力

電腦可以輕輕鬆鬆地複製（duplicate）、彙整（aggregation），或反過來廣為散播（broadcast）經驗與知識。

人類雖然可以藉由言談或文章，在某種程度上分享自己擁有的經驗與知識，但卻不可能將經驗或知識原原本本地分享出去。我們也不可能將數千個人的能力彙整到一個人身上，或反過來將一個人的能力分享給數千個人。但這些對電腦來說都非常容易。

舉例來說，大多數人都不曾經歷重大交通事故，經歷過的人也不太可能再次遭逢事故。所以要從這種稀有的經驗中學習教訓並活用，是很困難的。

相反地，就算是稀有事件，電腦也能從大量的裝置上彙整，再從這些豐富的經驗中學習到應對方法。

### ● 結合人類與電腦的判斷

人類的直覺會在無意識下整合並處理大量資訊，並不是無憑無據；但直覺不一定能做出最好的判斷，有時候可能會帶有**偏見**（bias）、有時候會因疲倦而出錯。而且也有論點指出，很多直覺其實是錯誤的。

而電腦則可以根據資料做出不含個人意見的穩定判斷。但若問題的假設不成立（例如訓練時和使用時的資料分佈不同），也有可能無法導出最佳結果；甚至最差的情況，還可能導出近乎毫無道理的結論。此外，資料本身

也不一定都能提供真實、準確的結果。在某些情況下，資料本身就會含有不正確的資訊或偏見，這時若電腦仍公正地提取資訊，得到的就會是不正確或含有偏見的結果。

現實世界中，除非是嚴格管控的環境，否則無法得知是否能從資料中得出正確結果。而且結果的正確與否，還是只能以人類的視角驗證。

---

未來即使深度學習的性能繼續提升，也不會只是「將人類的所有工作都改由深度學習的系統處理」這麼簡單。就像汽車和電腦雖然在某些方面已經超越人類，卻仍然與人類共存，並被人類善加利用一樣，今後以深度學習為核心的人工智慧也會繼續與人類共存，使人類的能力及活動範圍都有更寬廣的揮灑空間。

## [補充] 從數字看深度學習的發展

以下是圖 1.A「從數字看深度學習——深度學習的發展」補充說明。

隨著深度學習的發展，資料量、計算資源與模型大小，皆持續地增長。

以**訓練資料量**來說，在自然語言處理的初期，大約只使用了 100 萬個單詞（Penn treebank 資料庫，簡稱 PTB）；但目前規模最大的訓練模型之一的 GPT-3[註24] 所使用的訓練資料，是由 5,000 億個 token 所組成[註25]。**影像辨識**的方面也是，AlexNet（請見 5.1 節）所使用的 ImageNet 含有 100 萬張影像；但 Facebook 發布的 SEER[註26] 在自監督式學習（自監督式特徵學習）使用的是 Instagram 上張貼的 10 億張影像。

---

註24 • 參考：T. B. Brown et al.「Language Models are Few-Shot Learners」(NeurIPS, 2020)
註25 主流做法並不是以單字為單位，而是以其他方式切割。
註26 • 參考：P. Goyal et al.「Self-supervised Pretraining of Visual Features in the Wild」(CVPR, 2021)

**訓練時間**也持續增加中。傳統機器學習（2000 年代）曾有數十台至數百台電腦，訓練一到數週的案例；深度學習最早期的 AlexNet 則在透過 GPU 大幅提升速度後，訓練了將近一週的時間。藉由強化式學習挑戰即時戰略遊戲 Dota 2 的 OpenAI Five[註27]，使用了 1,500 個 GPU，耗費 10 個月的訓練時間，並在訓練過程中執行了幾次稱為「手術」的模型改進。

**模型大小**（參數數量）也同樣在擴大。神經網路可以看作是由大量函數結合而成，其中**參數數量越多**（正確來說是可在學習過程中調整權重的單元數）就表示**結合的函數數量越多**。用輸入文字生成影像的 DALL-E[註28] 使用了 120 億個參數，而自然語言處理中最大的模型 Switch Transformer[註29] 則是由 1.6 兆個參數所組成。由於模型無法單靠一台電腦或 GPU 來組成，因此必須拆解到多台電腦與 GPU 上處理。

**層數**在深度學習出現之前，大約也只有 5 層左右。雖然 AlexNet 有 11 層，但現在使用數百層至 1,000 層以上的已不少見。用胺基酸序列預測蛋白質結構的 **AlphaFold**[註30]，就在輸入到輸出之間使用了 1,500 層。還有像 **Deep Equilibrium Model**[註31] 可以在無窮層數的運算裡找出合適的結果。

訓練 AI 的**硬體**也逐漸增強。初期只會使用 1 到數個 GPU，而目前 Tesla 使用的超級電腦則有 5,760 個 GPU，整體具備 1.8 EFLOPS（exaFLOPS，半精度浮點數）的性能，並預計導入使用自家晶片 **Tesla Dojo** 的超級電腦（本書執筆時，尚未公布 Tesla Dojo 的細節）[註32]。微軟／OpenAI 也公開目前使用的超級電腦，其中有 10,000 個 GPU[註33]。

---

註27　URL https://openai.com/five/
註28　• 參考：A. Ramesh et al.「Zero-Shot Text-to-Image Generation」（CVPR, 2021）
註29　• 參考：W. Fedus et al.「Switch Transformers: Scaling to Trillion Parameter Models with Simple and Efficient Sparsity」（arXiv:2101.03961, 2021）
註30　• 參考：J. Jumper et al.「Highly accurate protein structure prediction with AlphaFold」（Nature, 2021）
註31　• 參考：S. Bai et al.「Deep Equilibrium Models」（NeurIPS, 2019）
註32　編註：目前第一代 Tesla Dojo 系統已經啟用，硬體規格細節仍不明朗，只知道採用模組化設計，而每個訓練單元（Training Tile）由 25 個 Tesla D1 晶片組成，藉由整合多個訓練單元，Dojo 系統預計在 2024 年 10 月運算能力將超過 100 EFLOPS。
註33　編註：2024 年 Tesla、OpenAI 都計畫建構包含 100,000 個 GPU 的超級電腦，用來訓練 AI 模型。

## 1.6 本章小結

本章介紹了深度學習與人工智慧的基礎知識。

由於深度學習的領域正在迅速發展，曾經有效的方法立刻就被淘汰的例子也不少見，因此本書不會逐一列舉所有最新的做法，而是會將重心放在背後的原理、原則以及概念的解說，再適時搭配各種做法的介紹。

......................................................

由於深度學習如前所述，是**使用神經網路的機器學習**，因此下一章我們就從「何謂機器學習」開始說明吧！

# 第 2 章
# 機器學習入門

何謂電腦的「學習」？

**圖2.A** 本章整體概念

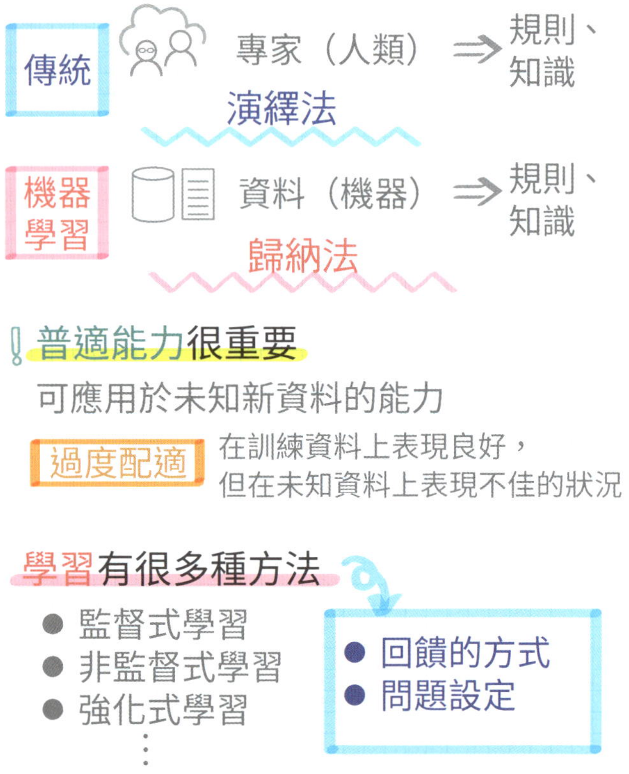

傳統：專家（人類）⇒ 規則、知識
演繹法

機器學習：資料（機器）⇒ 規則、知識
歸納法

⚠ **普適能力**很重要
可應用於未知新資料的能力
過度配適：在訓練資料上表現良好，但在未知資料上表現不佳的狀況

**學習**有很多種方法
- 監督式學習
- 非監督式學習
- 強化式學習
  ⋮

- 回饋的方式
- 問題設定

機器學習是**讓電腦**自己從「資料」中獲取規則與知識，而非由人類直接提供給電腦。

如果規則與知識難以傳授，或其實人類也無法明確理解任務所需的規則與知識，那機器學習就會是一種強而有力的問題解決方法。

本章將針對機器學習的基礎概念進行說明 圖2.A。

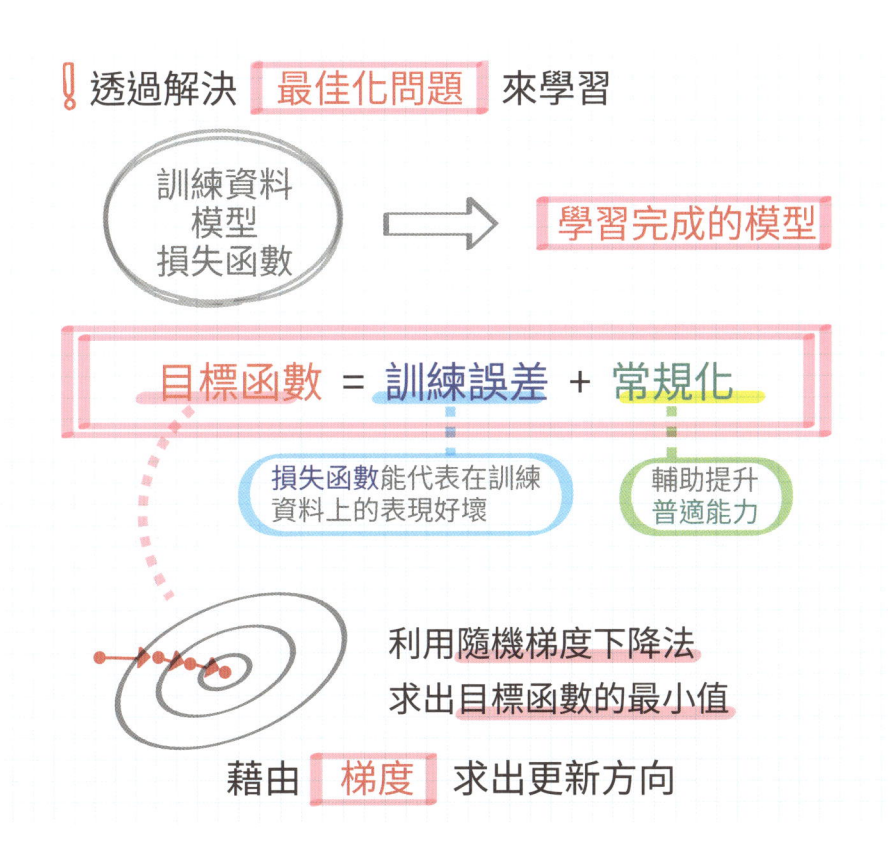

❗ 透過解決 最佳化問題 來學習

訓練資料
模型　　 ⇨ 學習完成的模型
損失函數

目標函數 = 訓練誤差 + 常規化

損失函數能代表在訓練資料上的表現好壞　　輔助提升普適能力

利用隨機梯度下降法求出目標函數的最小值

藉由 梯度 求出更新方向

# 2.1 機器學習的背景知識

本節的主題是「機器學習的背景知識」，我們將比較機器學習與傳統程式設計之間的差異，並介紹一個極為簡單的範例。

## 演繹法與歸納法

**人類平常就會使用規則或知識來解決各式各樣的任務**。這些規則或知識若能以數學算式或邏輯算式表達，就能編寫成程式、儲存在資料庫中使用了。

但正如第 1 章所提到的博藍尼悖論：「我們知道的比我們所能表達的還多。」實際上有很多問題都無法明確地表示為規則與知識。如果遇到這種問題，人類就無法直接傳授規則或知識給機器了。因此我們必須改變做法，**提供「資料」給電腦，讓電腦自己從中尋找出「規則與知識」來**。

這種做法不同於從通用規則或知識中推導出個別處理方式的**演繹法**，而是從個別事件中尋找出通用規則的**歸納法**。

## 機器學習與傳統程式設計

傳統程式設計是由程式或參數來表現出人類擁有的知識或技術訣竅。而相對地，機器學習則是以學習系統從訓練資料中自動建立出相當於程式的**模型** 圖2.1。

## 圖2.1　傳統程式設計與機器學習

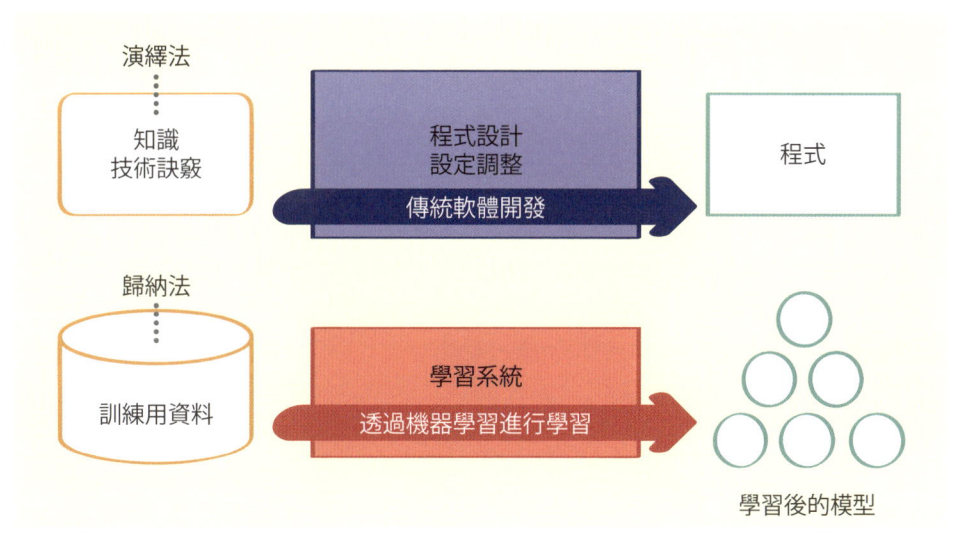

**演繹法**
知識 技術訣竅 → 程式設計 設定調整（傳統軟體開發）→ 程式

**歸納法**
訓練用資料 → 學習系統（透過機器學習進行學習）→ 學習後的模型

## 機器學習的簡單範例　氣溫與冰淇淋銷量

我們先來看個簡單的機器學習範例吧！這次的目標是從氣溫推測冰淇淋的銷量變化。相信各位都能想像，冰淇淋銷量會在氣溫升高時變好，下降時則變差。但實際上要正確地推測出氣溫改變 1°C 時，銷量會出現多少變化，還是相當困難。

如果我們能夠拿到一組記錄許多過去氣溫 $x$ 與當時冰淇淋銷量 $y$ 的資料 $D=\{(x_1, y_1), (x_2, y_2), ...\}$，就能用一次方程式 $y=wx+b$ 建立出以氣溫 $x$ 來預測銷量 $y$ 的模型 $f(x; w, b)$，並求出能使預測模型盡可能吻合過去資料的**參數** $w^*$ 與 $b^*$。

這類型的參數可以透過「解開最佳化問題」來求出。所謂**最佳化問題**（optimization problem），指的是在給定變數 $w$、$b$ 與目標函數 $L(w, b)$ 時，**找出可使目標函數值最小**（或最大）**的變數** $(w^*, b^*)$。在上述預測冰淇淋銷量的問題當中，若以預測值與實際值之差的平方和

$$L(w, b) = \sum_i (y_i - f(x_i; w, b))^2$$

# 第2章　機器學習入門

為目標函數，求出能讓這個函數的值最小的參數，即可找出接近目標的參數。這種計算差的最小平方和來使函數擬合資料的方法，稱為**最小平方法**（least squares）。

求出參數 $w^*$, $b^*$ 之後，就可以用 $y_{new} = w^* x_{new} + b^*$ 來推測新氣溫 $x_{new}$ 的銷售量了。

這就是用資料來計算出氣溫與銷量對應規則的機器學習 圖2.2。

**圖2.2** 利用線性迴歸，從氣溫預測銷量的模型

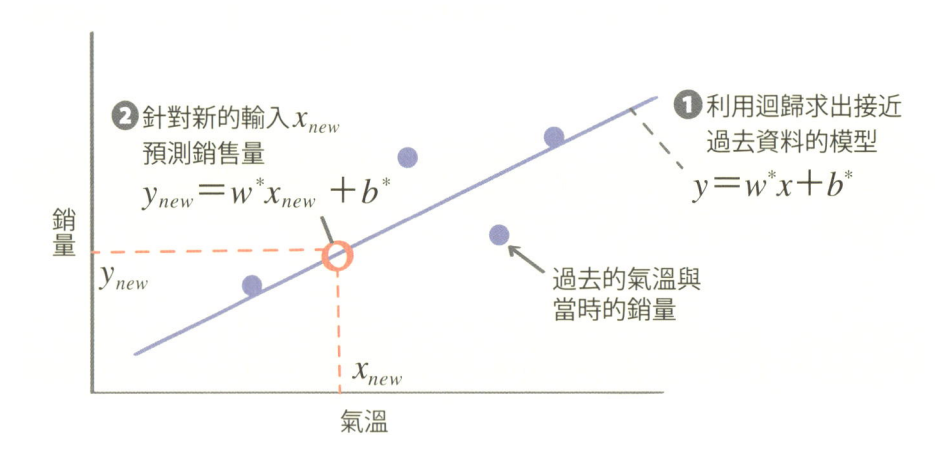

❶ 利用迴歸求出接近過去資料的模型
$y = w^* x + b^*$

❷ 針對新的輸入 $x_{new}$ 預測銷售量
$y_{new} = w^* x_{new} + b^*$

過去的氣溫與當時的銷量

銷量／氣溫

## 2.2 模型、參數與資料

上一節的說明提到了幾個機器學習的重要概念：**模型**、**參數**與**資料**。接下來，本節將再針對這些概念進行更詳細的說明。

### 模型與參數　可擁有「狀態」或「記憶」

在機器學習的領域當中，所謂的**模型**指的是想要從目標問題中取得答案的分類器、預測器或生成器等，也可視為根據輸入來計算輸出的函數。但

它並不是單純的函數，而是**可以擁有「狀態」或「記憶」**（記住過去的輸入或處理結果等）的函數（後續會說明）。

本書中提及的模型，幾乎都是以**參數**描述特徵的**參數模型**（parametric model）$f(x;\theta)$。也就是說，可以透過指定參數的方式來決定模型的行為。

> **Note**
>
> **模型的類型**
>
> 用於預測的模型稱為**預測模型**，（例如：輸入氣溫可預測冰淇淋銷量）用於生成的模型則為**生成模型**（例如：輸入文字描述可生成一張圖片）。此外，在預測模型中預測類別值的是**分類模型**（例如：預測是貓或狗的圖片），預測連續值的則為**迴歸模型**（例如：預測冰淇淋銷量）。

> **Note**
>
> **參數與符號表示法**
>
> 本書所提及的參數大多是連續值、有多個參數的情形。
>
> 用於表示**參數**的符號除了 $\theta$ 之外，還有 $w$ 與 $b$ 等符號。
>
> 當參數為最佳值（例如：可使目標函數達到最小值的參數）時，參數上方會加上「*」，表示為 $\theta^*$；當參數為估計值時，則加上「^」，表示為 $\hat{\theta}$。

## 資料

**資料**可說是機器學習的重點。因為機器學習就是要先輸入資料與模型，藉由參數估計來進行學習，才能得出學習後的模型。

資料類型除了影像、語音及影片之外，也包括由感測器取得的時間序列資料、人類編寫的文字資料、從基因讀取到的基因體資料，以及 GPS 紀錄等經過離散化的資料。

資料有可能是**離散值**（如 1、2、100、-1000），也可能是**連續值**（如 3.1415926、1.02），其中離散型的資料有可能是文字或基因之類的序列，也可能是化合物之類的圖形結構。

機器學習**必須先有資料，才能訓練模型**，而**取得高品質且數量充足的資料**，更是達成良好學習效果的必要條件（同時也需要使用良好的模型與學習方法）。

另外，**資料能夠涵蓋到問題的多少面向**，也是一個重點。目前的機器學習，很遺憾的還不像人類一樣，可以面對完全不同的資料或問題仍快速對應，因此學習成功的先決條件就是收集到符合實際使用情形且數量充足的資料。

但收集資料不只困難，也很消耗時間與成本，而且還有很多資料是原本就不易觀察到，或基於道德而不得收集的（如醫療相關的資料）。

## 獨立同分佈（i.i.d.）　　資料皆從同一分佈獨立取樣之假設

另外說到資料，幾乎所有機器學習的問題設定都**假設觀察到的資料**（用於訓練的資料、用於評估的驗證資料與測試資料，和推論時處理的資料）**都具有相同的機率分佈**。或者更正確的說法是，將觀察到的資料視為從某一個機率分佈取樣的結果。訓練資料和測試資料會被視為從同一個機率分佈中取樣而來，且各樣本之間互相獨立 圖2.3。

圖2.3　　獨立同分佈（i.i.d.）

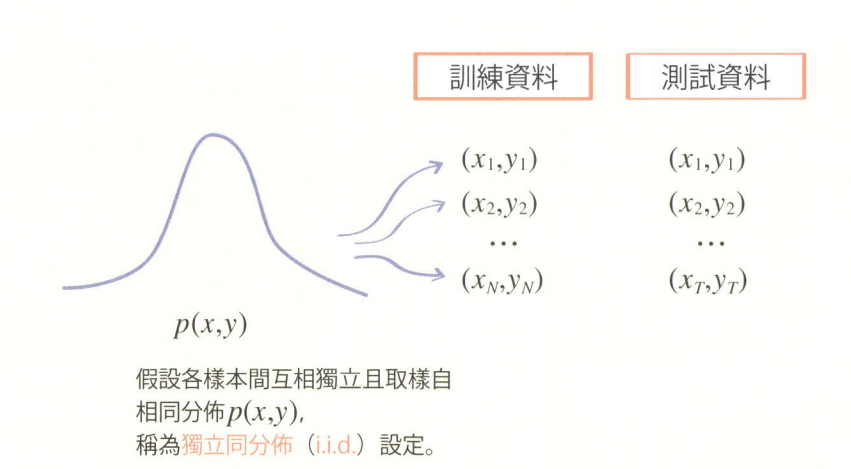

| 訓練資料 | 測試資料 |
|---|---|
| $(x_1, y_1)$ | $(x_1, y_1)$ |
| $(x_2, y_2)$ | $(x_2, y_2)$ |
| ... | ... |
| $(x_N, y_N)$ | $(x_T, y_T)$ |

$p(x, y)$

假設各樣本間互相獨立且取樣自相同分佈 $p(x, y)$，稱為獨立同分佈（i.i.d.）設定。

這種分佈稱為**獨立同分佈**（independent and identically distributed, **i.i.d.**）。雖然這種假設在現實世界中未必成立，大多數情況下都只是大膽簡化而已，但能讓問題更容易預測、進行邏輯分析。

### 非 i.i.d. 環境

不過由於 i.i.d. 在實際問題中通常並不成立，因此意識到當中的差異是很重要的。

舉例來說，以下兩者都是非 i.i.d. 的例子：

- 訓練資料中只含有部分種類，因此帶有偏誤
- 訓練資料與測試資料的分佈之間存在差異（取得的位置、條件、時間不同）。

而**倖存者偏誤**也是個很典型的例子。倖存者偏誤的意思是，若用來分析與判斷的資料已經先由某個條件篩選過，就會因為遺漏掉被篩除的資訊，而推導出錯誤的結論。

例如，假設有資料顯示許多 80 歲以上的長者都會在早上吃酸梅，於是由此推測吃酸梅就能長壽，這就是倖存者偏差。因為資料中未提及非長壽者的習慣。或許非長壽者吃的酸梅就和長壽者一樣多，甚至還更多（實際情形未知）。

## 避免因訓練資料的偏誤推導出錯誤結論

這個例子是因為提出假說時使用的資料帶有偏誤，進而推導出錯誤結論。為了避免這種情況發生，我們必須做到 2 件事：

- 盡量使訓練資料與測試資料呈現相同的分佈
- 若已知分佈不同，則採取符合實際情況之做法（例：若比例不同，則在訓練時加上適當權重）。

> **因果推論** Note
> 
> 如果想讓假說在資料背景發生變化之後仍可成立,那麼除了傳統機器學習所處理的相關性之外,也必須進行**因果推論**(causal inference)來尋找原因與結果之間的關係。由於篇幅有限,本書無法詳細說明,但近幾年已經有人提出在非 i.i.d. 環境當中仍可普適化的因果推論方法。

## 從資料推測出模型的參數　　從資料中「學習」

現在我們可以用**資料**、**模型**和**參數**這 3 個概念來解釋「什麼是學習」了。所謂「**從資料中學習**」,就是**從資料推測出模型的參數**。

說到「推測參數」,感覺起來好像跟人類的學習很不一樣,但實際上人類也是靠著調整大腦內部神經迴路的參數(突觸的權重或神經元內的動作)來學習的。

### ● 參數的數量與模型的表現力

而這個**推測參數的過程,也可以看作是從眾多模型的假設中挑選出 1 個模型**。

舉例來說,若模型的參數 $\theta$ 是要從 {-1, 0, 1} 中取一個值,則此選擇也可看作是從 $\theta = -1$ 的模型、$\theta = 0$ 的模型和 $\theta = 1$ 的模型等假設當中挑選出一個。如果**模型的假設數量**很多,可以從各種不同的假設中選擇,則稱此**模型的表現力很高**。

實際上,由於每個參數都是連續值,有無限多種可能的值,因此無法直接比較假設的數量。但即使參數為連續值,還是可以判斷模型表現力的高低。最簡單的例子就是參數數量較多的模型,會比參數數量較少的模型擁有更多的假設,也因此可以說其表現力較高。

## 2.3 普適能力 — 能否處理未知資料?

> **Note：模型的表現方法**
>
> 本書會以運算式或圖形來表示這些模型。但在電腦上操作時,模型通常都會用深度學習框架上的**程式還有包含參數的資料來表現**,或是用不需要特定程式的**計算圖**(computational graph)[註a]和相關的**參數資料構成的概略表現**來處理。
>
> 註a 計算圖是一種有向圖(directed graph),以函數為點(node)、輸入為指向該頂點的邊(edge)、輸出為該點指出的邊。

## 2.3 普適能力 — 能否處理未知資料?

**普適能力**是理解機器學習的一個重要概念,取得普適能力也是機器學習的重要目標之一。為了理解普適能力的重要性,我們先從不具普適能力的「記憶」法開始看起吧!

### 硬背所有資料

在之前的冰淇淋範例當中,我們是以過去的資料建立出迴歸模型($y=w^*x+b^*$),並以其預測對應至新輸入 $x_{new}$ 之值 $y_{new}$。

但仔細想想,或許我們也不需要特地建立出迴歸模型,只要從過去資料當中找出類似值來直接套用就可以了吧。畢竟電腦和人類不同,可以毫不出錯地記憶大量資訊。因此與其費時費力建立出可以預測未知資料的模型,不如直接收集能夠涵蓋所有可能發生事件的資料,全部「硬背」下來,等到需要預測時,再從過去資料中找出與目前輸入一致的資料,直接以當時的結果為預測結果即可。

像這種學習過程中直接完整記憶所有資料,再套用到預測的做法,稱為**記憶法**(memorization)。能夠用記憶法解決的問題,其實就不必特地使用機器學習了。以上述根據氣溫預測銷售量的範例來說,當要根據新的氣溫

預測銷售量時，只要搜尋與該氣溫最接近的輸入，再以對應的值做為預測值即可。 圖2.4

**圖2.4** 基於記憶的做法

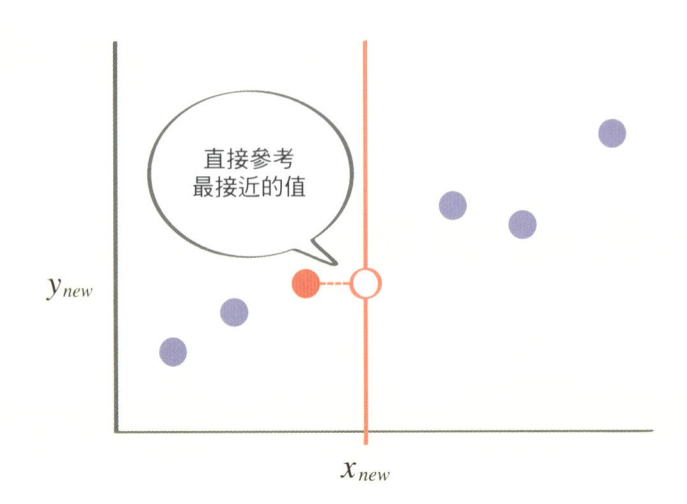

*直接參考最接近的值*

$y_{new}$

$x_{new}$

● ········ **世界上的資料類型有無限多種，不可能全部硬背**

不過世界上有很多問題的輸入種類非常多，無法事先列舉出所有情況，也無法全部記住。

尤其當輸入為**高維資料**或**連續值**時，要列出所有情況根本就是不可能的事情。

---

**高維資料、連續值與離散值**　　　　　　　　　　　　　　　　Note

　**高維資料**就是像影像、語音或時間序列資料等，有一長串值的資料。例如，若將解析度為 400 x 600 的影像資料中，每 1 個像素都當成 1 個維度，則整張影像的資料就會是 400 x 600 = 240,000 維。

　**連續值**就是如 0.1 或 3.14159265... 等實數資料。在電腦上會以 float 或 double 等型態，以有限的位元（bit）數來表示。與其相對的**離散值**則是整數（1、100）或類別值（"a"、true / false）等。

## 2.3 普適能力 — 能否處理未知資料？

舉例來說，假設我們的輸入資料是影像，水平及垂直方向各 32 個像素，各像素都可能是黑、白 2 種值之一，要來判斷影像中的文字為何 圖 2.5 。

**圖 2.5　高維資料的資料種類數量**

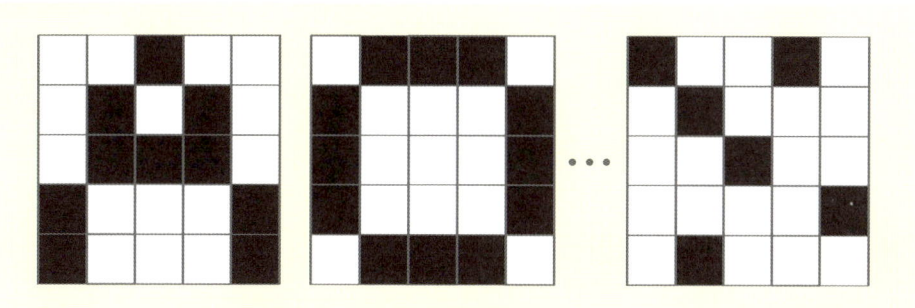

影像等<u>高維資料</u>的可能種類非常多。
以此圖為例，若 5×5 中的每一格都可以是黑色或白色，
就會有 $2^{25}$（3,300 萬種以上）種影像模式。
➡ 若維度再增加（如 100×100 的影像），
　即使電腦也無法記住所有內容。

在此情況中，可能的影像種類共有 $2^{32 \times 32} = 2^{1024}$ 種，約為 300 位數，是非常大的數字。無論我們使用多強大的電腦，都不可能列舉出所有可能性。同樣地，語音、語言、時間序列資料，以及由多台感測器所取得的資料，也都是高維資料，也都不可能事先列舉出所有可能的輸入。

### 普適能力　根據有限的訓練資料預測無限的可能性

在輸入種類數量繁多的情況之下，若資料的輸入與輸出完全沒有關係，是無法進行預測的。例如，當輸入為隨機分配標籤的隨機影像時，即使建立出預測模型，也不可能預測成功。

但值得慶幸的是，這個世界上還是有很多令人感興趣的問題，被認為輸入與輸出之間有關聯，且兩者之間的關聯通常可以藉由有限的訓練資料推

測出來[註1]。而機器學習這項技術，也可以視為利用有限資料來掌握這種關係，進而建立出適用於無限資料的模型。

從這個角度來說，機器學習最重要的能力，就是運用有限的訓練資料來建立模型，有效處理堪稱無限多的「未知資料」。這種能力稱為 ==普適能力==（generalization ability），而這種能力的高、低，則稱為普適性能的高、低。機器學習的目標，其實不單只是找出能在訓練資料上表現良好的模型。==取得可在未知資料上表現良好的普適能力==，才是機器學習的關鍵課題。

## 過度配適　　普適能力與迷信

在訓練資料上表現良好，但一遇到學習時不曾出現的未知資料就表現不佳的狀態，稱為 ==過度配適==（overfitting）。這種過度配適的狀態，其實在日常生活中也經常可以看到。

比如說，假設「早餐吃咖哩，棒球比賽就會贏球」這樣的情況剛好連續發生了 3 次，我們很有可能就會開始以為，只要當天早餐吃咖哩就能贏球，沒吃就會輸球。但除非咖哩與比賽結果之間真的存在因果關係，否則下一場比賽當天即使早餐吃咖哩，也不會因此贏球[註2]。

這種存在於現象背後，或許能夠成立的假設，稱為「假說」。比如說，剛才提到的「吃咖哩即可贏球」，就是一種假說。如果能收集到大量觀測資料，就能以較高的機率來驗證假說是否真的能夠成立。但不可能會有 100% 保證成立的情形，因為觀測資料即使完全符合假說，也依然有可能只是巧合。

另外，若假說的數量越多，其中符合觀測資料的假說只是巧合的可能性就會越高。這就是過度配適會發生的情境。

---

註1　參考：H. W. Lin、M. Tegmark、D. Rolnick「Why does deep and cheap learning work so well」(Statistical Physics, 2017)

註2　不過類似「討個好兆頭」的行為也有穩定精神狀態等效用，因此實際上也可能存在關聯性。

以 圖2.6 為例，如果像圖中的 ❶ 一樣，只有 4 種假說，則驗證之後或許有機會找到實際成立的假說。但如果像圖中的 ❷ 一樣，需驗證的假說多達上百個，甚至是上萬個，就可能會選到錯誤的假說（之前提到的咖哩）。並且也會無法分辨選到的假說只是剛好吻合訓練資料，還是真正正確的假說。

圖2.6　假說數與案例數的關係

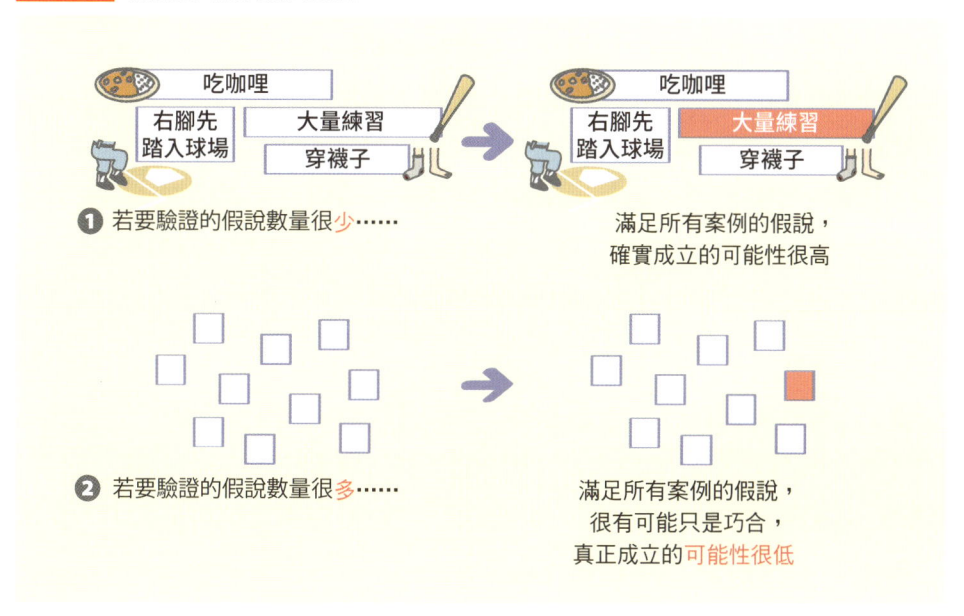

❶ 若要驗證的假說數量很少……　　滿足所有案例的假說，確實成立的可能性很高

❷ 若要驗證的假說數量很多……　　滿足所有案例的假說，很有可能只是巧合，真正成立的可能性很低

## 為何會出現過度配適　找到只是剛好符合訓練案例的錯誤模型

機器學習也可以看成是要從多種假說（選擇某 1 個參數時的模型就是 1 個假說）中，找出能夠說明眾多訓練案例的假說。而當找出的模型只是巧合地吻合眾多訓練案例時，就會出現過度配適的情形。

由於這種模型只能吻合訓練案例，因此無法適用於未知資料。為了有效避免過度配適，我們可以「增加訓練資料」，或「減少需驗證的假說數量」。若需驗證的假說數量少於訓練資料的數量，則找出的假說就很有可能存在實際的關係，而非只是恰好成立。

## ●┄┄┄［避免過度配適 ❶］增加訓練資料

　　如果可以<mark>增加訓練資料</mark>，就能避免過度配適。因為這樣就可以利用許多案例一起驗證假說，降低只是巧合的可能性。即使有個錯誤的假說在前 100 筆訓練資料上都剛好成立，只要在第 101 筆訓練資料上無法成立，或許就可以被排除了。

　　不過有很多問題是難以增加訓練資料的。因此除了增加實際資料之外，還可以使用另一種有效的做法，稱為<mark>資料擴增法</mark>（data augmentation）。這種方法可以在不變更訓練資料意義的前提之下進行轉換，以人工方式擴增資料。舉例來說，影像即使經過平行移動、稍微變更色彩或是增加雜訊，影像內的物體種類也不會因此改變。語音資料即使經過音高、音量的調整或增加些許雜訊，內容也不會產生變化。因此我們可以利用問題的對稱性、不變性與等變性[註3]，來進行資料擴增法的設計。

　　比如說，假設我們在學校考試之前努力念書，確保自己可以答對所有練習題了。但有時候只要考卷上出現一些跟練習題稍有不同的題目，就又不知該如何作答了。這可能是因為當初在做練習題時，只是死記所有答案，或只是記住解法，卻不知道該如何應用在稍微有點變化的題型當中。其實以訓練案例而言，練習題的數量算是很少的。因此若要避免這種情形，就必須在練習時稍微改變問題的輸入數值或進行其他微調，以確保可以解開各式各樣的變化題。而這就是練習題的資料擴增法。

## ●┄┄┄［避免過度配適 ❷］盡量減少假說數量

　　此外，當訓練資料的數量相同時，減少假說數量也可以有效防止過度配適。而要減少假說數量，就必須在學習時導入降低假說數量的機制，例如為模型加上一些限制，以使用盡可能簡單的模型。

---

[註3] 當輸入有變化時，輸出結果也會依循一定的規則變化，就稱為「等變性成立」。

這種盡可能使用簡單模型的指導原則，源自於 14 世紀哲學家／神學家奧坎所提出的「若沒有必要，就不該在解釋事情時增加假說」的理念，也就是廣為人知的「**奧坎剃刀**」。比如說，若由 100 個參數所構成的模型與由 5 個參數所構成的模型，都能解釋所有訓練資料，則由 5 個參數所構成的模型更有可能具備較高的**普適性能**（generalization performance）。

## 神經網路的參數數量雖多，卻具有普適性

因此，如果在訓練資料上的性能表現相同，則一般可預期參數數量較少的模型將具有較高的普適性能。但若存在「其他避免過度配適的機制」，則不一定要參數少，才能擁有較高的普適性能。

尤其是本書要討論的神經網路，雖然參數數量比起傳統模型多了數百到數萬倍，但普適性能卻相當高；而且在滿足某些條件之後，參數數量越多（到某個程度為止），普適性能會越好。

既然提到了這個現象，也順帶介紹一下**深度學習的普適性**。對深度學習的普適性而言，若能在最佳化時找到對應至簡單模型且**平坦的解**（在 4.2 節說明），並利用梯度下降法進行學習，就會更容易在可以解決目標問題的參數當中，挑選出最簡單的模型。

此外，近來的發現[4] 也顯示，若除了擬合訓練資料之外，也要求附近函數值的平滑，則參數數量必須遠多於以往認知的數量。實際上，神經網路也確實因為擁有大量參數，而獲得了即使輸入稍微改變，也能穩定預測的能力。

---

註 4　參考：S. Bubeck et al.「A Universal Law of Robustness via Isoperimetry」(NeurIPS, 2021)

> **Column**
>
> ### 由連續值參數構成的模型假說數量
> 假說數、參數數與模型複雜度
>
> 目前為止，我們討論的都是能夠一個個清楚數出數量的假說。但機器學習所使用的，通常都是以多個實數值參數描述特徵的模型。若參數為實數，可能的值就會有無限多種（0.1、0.01、0.001 等），當然也就無法一個個數出假說數量了。
>
> 為了解決這個問題，目前已有人提出幾種有別於假說數量，但同樣可以衡量**模型表現力**的做法。本書中雖然不會詳細介紹，但其基本概念就是以數量有限的元素代表數量無限的集合，並藉由計算元素的數量來評估複雜度。其中較為知名的做法包括拉德馬赫複雜度（Rademacher complexity）及 VC 維（Vapnik-Chervonenkis Dimension）等。

## 2.4 學習的方法 ─ 監督式學習、非監督式學習與強化式學習

前幾節中已經說明了「資料」、「模型」以及「普適能力」。接下來，本節就可以開始利用這些工具來講解具體的學習方法與類型了。

機器學習會從資料當中**獲取規則與知識**，也就是進行**學習**。而這個學習有很多不同類型。本節要介紹的「監督式學習」、「非監督式學習」與「強化式學習」，是其中幾種較具代表性的學習方法。

這些學習方法都是藉由設定目標函數並解決最佳化問題，來達到學習目的並決定模型。但它們在學習時使用的問題設定與學習得到的結果都有差異。以下將針對這幾點進行說明。

### [代表性學習方法 ❶] 監督式學習

**監督式學習**（supervised learning）是目前使用最廣泛的學習方法 圖2.7 。

## 2.4 學習的方法 — 監督式學習、非監督式學習與強化式學習

**圖2.7** 監督式學習的流程

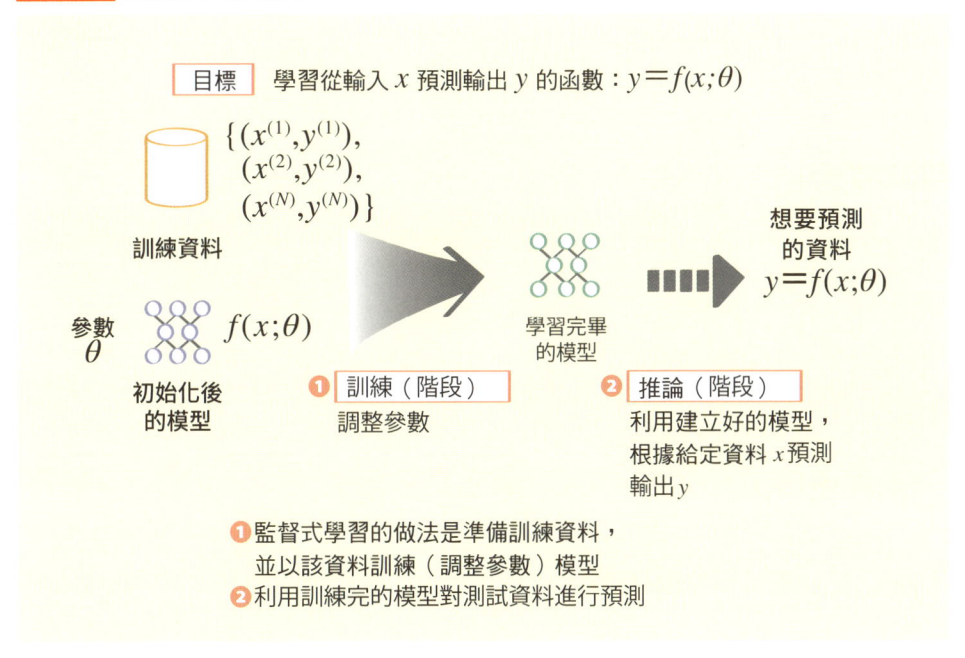

**目標** 學習從輸入 $x$ 預測輸出 $y$ 的函數：$y = f(x; \theta)$

訓練資料
$$\{(x^{(1)}, y^{(1)}), (x^{(2)}, y^{(2)}), (x^{(N)}, y^{(N)})\}$$

參數 $\theta$
$f(x; \theta)$
初始化後的模型

❶ 訓練（階段）
調整參數

學習完畢的模型

❷ 推論（階段）
利用建立好的模型，根據給定資料 $x$ 預測輸出 $y$

想要預測的資料
$y = f(x; \theta)$

❶ 監督式學習的做法是準備訓練資料，並以該資料訓練（調整參數）模型
❷ 利用訓練完的模型對測試資料進行預測

**監督式學習的目標**是透過學習取得模型 $y=f(x; \theta)$，能夠根據輸入的 $x$ 得出預期的輸出 $y$。舉例來說，影像分類的學習目標就是以影像為輸入，輸出該影像的分類結果。而英法語機器翻譯的學習目標則是以英語為輸入，法語為輸出。

監督式學習使用以輸入 $x$ 及輸出 $y$ 成對組合而成的 $(x, y)$ 做為訓練資料 $D=\{(x^{(1)}, y^{(1)}), (x^{(2)}, y^{(2)}), ..., (x^{(N)}, y^{(N)})\}$。其中，上標的 $i$ 代表第 $i$ 筆資料。

使用這樣的訓練資料，就能學習出根據輸入推測輸出的模型 $y=f(x; \theta)$。舉例來說，之前根據氣溫預測冰淇淋銷量，就是以氣溫為輸入、銷量為輸出的監督式學習。

### 監督式學習的任務範例

**表2.1** 中列出的任務都是監督式學習的範例。影像分類是以給定影像為輸入，影像內容的標籤（狗、貓等）為輸出。語音辨識是以語音波形資料為輸

入,逐字稿為輸出。垃圾郵件分類是以郵件內文為輸入,垃圾郵件的判斷結果為輸出。化合物評估則是以化合物的結構式為輸入,實驗評估結果的分析值(assay value、熔度、硬度等)為輸出。

**表2.1** 監督式學習的任務、輸入與輸出

| 任務 | 輸入 | 輸出 |
| --- | --- | --- |
| 影像分類 | 影像 | 標籤 |
| 語音辨識 | 語音 | 逐字稿 |
| 垃圾郵件分類 | 郵件內文 | 判斷結果(垃圾或一般) |
| 化合物評估 | 化合物的結構式 | 分析值 |

> **Note**
>
> **分類問題與迴歸問題**
>
> 無論是否為監督式學習,只要推測的輸出是離散值或類別值,即稱為**分類問題**,是連續值則稱為**迴歸問題**。
>
> 舉例來說,若輸入為影像,推測影像中顯示的是狗還是貓就是「分類問題」,而推測影像中的人物身高則是「迴歸問題」。

## 參數模型

**學習用的模型**會使用**以參數 $\theta$ 決定行為的函數** $f(x; \theta)$。像這樣用參數 $\theta$ 決定函數的行為,也稱為以 $\theta$ 描述函數的特徵。在這些參數當中,對應至各個輸入係數的參數,又稱為**權重**。此外,函數中的「;」代表後方的變數並非該函數的輸入。

前面也有提到,這種利用參數描述特徵的模型,稱為**參數模型**(parametric model)。本書中所提及的「模型」,都是指參數模型。

## 由訓練階段與推論階段構成

監督式學習可分為 2 個階段:**訓練**(training)與**推論**(inference) **圖2.7**。

訓練階段會以「成功推測訓練資料」為目標來調整模型參數，也就是求出 $y^{(i)} = f(x^{(i)}; \theta)$。推論階段則會使用模型 $f(x; \hat{\theta})$（含有訓練階段求得的參數 $\hat{\theta}$），以 $\tilde{y} = f(\tilde{x}; \hat{\theta})$ 來求出對應到新測試資料 $\tilde{x}$ [註5] 的輸出。

## [代表性學習方法 ❷] 非監督式學習

**非監督式學習**（unsupervised learning）是使用**未給定標準答案**的資料 $D = \{x^{(1)}, x^{(2)}, \ldots, x^{(n)}\}$ 所進行的學習。具體來說，這個世界上有無數的影像、影片及語音資料，都沒有附上用來描述其畫面或音檔內容的標準答案。利用這種資料來學習的方法，就稱為「非監督式學習」。

之前介紹的監督式學習有非常清楚的目標，就是準確地推測出訓練資料指定的輸出。但非監督式學習所使用的資料本身並未指定學習目標，因此會把學習過程設計為「這個目標就是要學習的問題」。這個目標必須要能根據非監督式的資料計算出來。

### ● 非監督式學習可以做到的事情

許多非監督式學習的目標都是**捕捉資料的特徵、資料的最佳表示方式或取得資料之間的關係** 圖2.8 。

比如說，監督式學習在學習影像分類時，因為資料中已經包含分類的標準答案，因此目標就是用標準答案將資料正確分類。相對地，非監督式學習因為沒有給定分類目標，而無法學習影像分類，但取而代之的是可以學習如何將影像特徵轉換為資料，以利後續任務執行。

非監督式學習很少會單獨使用，通常學習後的結果都會再與監督式學習、強化式學習，或由人類制定規則的系統結合起來使用。

---

註5　為了與訓練資料做出區別，測試資料的輸入與輸出會以 $\tilde{x}$、$\tilde{y}$ 表示。

圖2.8　非監督式學習可以做到的事情

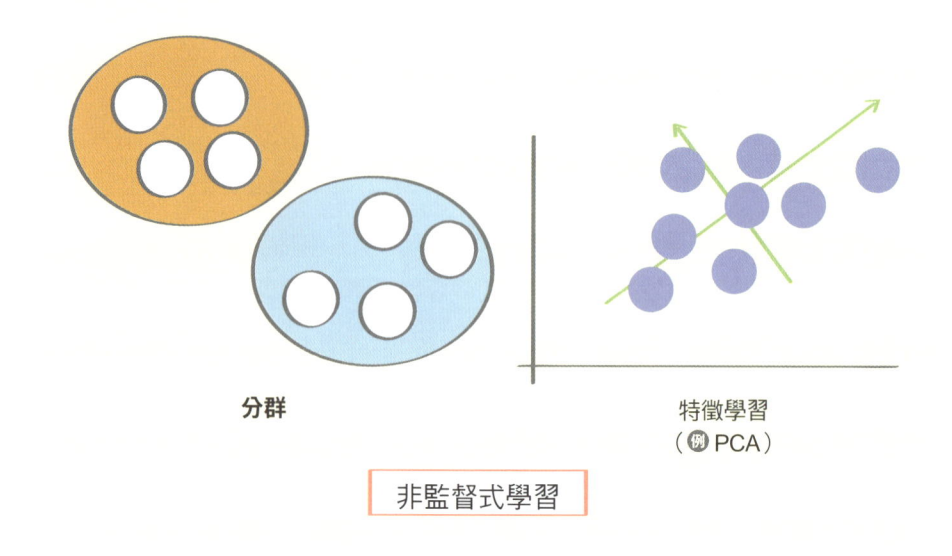

分群　　　　　　　特徵學習
　　　　　　　　　（例 PCA）

非監督式學習

● 非監督式學習的代表性範例　　分群、特徵轉換與維度降低、生成模型

**分群**（clustering）是非監督式學習的代表性範例，根據資料之間的相似度，將資料集內的**相似資料**歸類在一起。分群的學習目標是將相似的資料分到同一個群集內，不同的資料則屬於不同的群集。此外，找出與所有資料皆不相似的「**離群值**（outlier）」，也是使用非監督式學習。

將資料轉換為其他特徵（**特徵轉換**），並透過視覺化等方式，使後續任務更容易完成，也是非監督式學習的一種。比如說，將資料沿著變異數最大的軸轉換的**主成分分析**（principal component analysis, PCA）、利用各獨立成分表現資料的**獨立成分分析**（ICA），與**協同過濾**（collaborative filtering, CF）中**藉由矩陣分解等方式實現的低秩表示法**，都是利用非監督式學習進行特徵轉換的代表性範例。而且它們也都是在保留資料中所含資訊的同時，令維度降低的**降維**範例。

## 2.4 學習的方法 — 監督式學習、非監督式學習與強化式學習

> **Note**
> **主成分分析、獨立成分分析與藉由矩陣分解實現的低秩表示法**
>
> **主成分分析**是在盡可能不丟失資訊的情況下,將原始輸入資料線性變換(投影)至低維空間。算是資料的特徵學習中最簡單的範例。
>
> **獨立成分分析**是在投影後各維互相獨立的條件下,以盡可能不丟失資訊的方式變換原始輸入資料。在「資料生成來源彼此獨立」的假說成立時才有效。
>
> **藉由矩陣分解實現的低秩表示法**則是在輸入被視為矩陣時,將該矩陣表示成2個秩數較低的矩陣乘積。也可以看作是將矩陣的行與列同時分群。

此外,**能夠生成給定資料的模型**,也是非監督式學習的一種目標。這種模型稱為**生成模型**(generative model)。生成模型除了能夠生成複雜的資料,**也有利於特徵學習**,因此這幾年受到了相當大的關注。

## 藉由深度學習進行「特徵學習」　　自監督式學習

近年來,隨著深度學習的發展,發現了透過「非監督式學習」自動取得資料的特徵,以及將資料轉換為該特徵的方法。而且比起直接使用原始資料的特徵,以這種方式取得的特徵更有可能提升學習效率,並改善普適性能。由於這種學習取得的是資料的特徵與轉換成該特徵的方法,因此稱為**特徵學習**(feature learning)。

不過非監督式學習也只要在問題設定上多花點心思,就能根據輸入「自動建立出訓練資料(監督式的資料)」,用監督式學習的機制進行學習。這稱為**自監督式學習**(self-supervised learning)。

舉例來說,即使是沒有附註標準答案的時間序列資料,還是能以某個時間點之前的歷史資料當做輸入,該時間點之後的資料當做輸出的指定答案,這樣就可以視為「監督式學習」。還有,只用影像的左半部預測右半部的樣子 圖2.9、以部分預測整體、或是先刪除部分文字,再由前後文預測出刪除部分等等,都算是自監督式學習。自監督式學習的目的並不是解決給定的問題,而是藉由解決問題,**順帶獲得最佳特徵**。

**圖 2.9** 自監督式學習的範例

利用影像的左半部，來預測右半部會是什麼

**圖 2.10** 是一個利用自監督式學習取得影像特徵的範例。在給定影像上套用 2 種不會改變影像含意的轉換（旋轉、縮小、增加雜訊等），再從這 2 張影像中計算出特徵向量，並使向量彼此相似。同時，也要令不同影像的特徵向量彼此相異。

只要持續上述步驟，就能學習到可辨識出影像含意是否因轉換而改變的特徵向量，與其轉換方式。

目前已知，若藉由自監督式學習**預先學習**，就能**只以少數訓練資料建立出高性能的分類器**，無需再使用大量訓練資料。

> **生成模型與自監督式學習的關係**　　　　　　　　　　　　　Note
> **生成模型**可視為**利用自監督式學習進行特徵學習的方法之一**。因為只要完成「生成整體或剩餘部分」的任務，即可順帶獲得良好的特徵表現方式。當然了，生成模型的用途不僅限於特徵學習，也可以用來執行生成任務與其他任務。

**圖2.10** 利用自監督式學習取得影像特徵

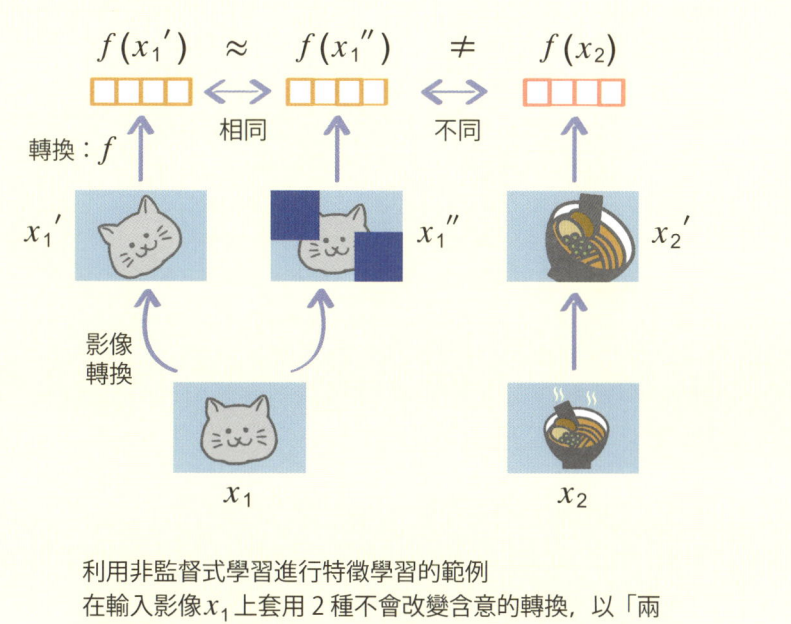

$$f(x_1') \approx f(x_1'') \neq f(x_2)$$

轉換：$f$　　相同　　不同

$x_1'$　　$x_1''$　　$x_2'$

影像轉換

$x_1$　　$x_2$

利用非監督式學習進行特徵學習的範例
在輸入影像 $x_1$ 上套用 2 種不會改變含意的轉換，以「兩者計算出來的特徵一致、而且與其他影像計算出的特徵不同」為目標來學習，就能取得適用於各種影像任務的良好特徵與轉換方式。

## [代表性學習方法 ❸] 強化式學習

最後要介紹的代表性學習方法是**強化式學習**（reinforcement learning）。強化式學習一開始是以人類和動物的動作決策與學習為參考，建立而成的方法，但它其實和**預測／規劃**、**控制**與**探索**等各種問題也都密切相關。

● ……… **遊戲範例**　強化式學習是什麼樣的學習？

所以強化式學習到底是什麼樣的學習呢，我們以動作遊戲為例來說明看看吧！

# 第2章　機器學習入門

在這個假設的動作遊戲當中，玩家的目標是操控遊戲主角在一定時間內盡可能獲取大量的金幣。遊戲中也會有敵方角色前來干擾，碰觸到他們會損失目前累積的所有金幣。

主角必須在這樣的條件下，連續選擇奔跑、蹲下或停止等行動。而環境與敵方角色的行動也會根據主角的行動產生變化。

在這種充滿不確定性的環境當中，當然不可能一開始就計劃好所有行動。玩家必須一邊收集資訊，一邊隨機應變地選擇行動。而且，如果跨越眼前的敵人或陷阱等危險，就能取得大量金幣，那麼即使短期間內會有點損失，也應該冒著風險去突破難關。因此，玩家必須要以長遠的觀點來選擇行動。

將以上這些問題通用化的結果，就是「強化式學習」。

● **代理人與環境**

接下來，我們繼續再以這個遊戲為例來說明強化式學習的問題設定吧！強化式學習需要考慮由「代理人」和「環境」所組成的問題設定 圖 2.11 。

圖 2.11　強化式學習的問題設定

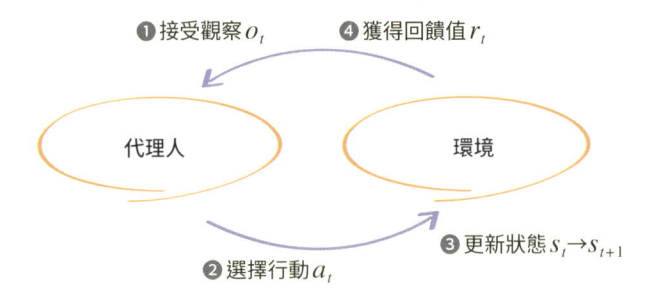

❶ 接受觀察 $o_t$　　❹ 獲得回饋值 $r_t$

代理人　　環境

❷ 選擇行動 $a_t$　　❸ 更新狀態 $s_t \to s_{t+1}$

強化式學習的目標是選擇能使未來獲得的回饋值總和 $r_t + r_{t+1} + r_{t+2} + \ldots$ 最大化的動作 $a_t$、$a_{t+1}$、…

2-24

## 2.4 學習的方法 — 監督式學習、非監督式學習與強化式學習

在剛才的動作遊戲當中，玩家（或玩家操控的遊戲主角）即為**代理人**，遊戲系統（周圍環境、敵方角色或判斷是否已取走金幣的系統）則為**環境**。代理人會在各個時間點接收到來自於環境的**觀察** $o_t$（**圖 2.11 ❶**）。再根據觀察結果選擇**行動** $a_t$，**圖 2.11 ❷**，並將行動傳遞給環境。環境會擁有**代表環境的狀態**（**內部狀態**）$s_t$，例如主角的位置、敵方角色的位置，以及尚未出現的地圖資訊等。此外，代理人也可以有狀態，但接下來所提的狀態皆指環境的狀態。環境會根據接收到的動作 $a_t$，將狀態從 $s_t$ 轉移至下一個狀態 $s_{t+1}$ **圖 2.11 ❸**。

### ● 確定性轉移與隨機性轉移

如果下一個狀態在指定狀態與行動之後，只會決定出 1 個結果，便稱為**確定性轉移**，可使用函數 $s_{t+1}=E(s_t, a_t)$ 來表示。請注意，函數在接收輸入之後，傳回的是 1 個輸出。

相對地，若下一個狀態是根據狀態與行動，從一些選項中隨機決定其中一種，則稱為**隨機性轉移**，可使用**轉移機率分佈** $s_{t+1} \sim P(s_{t+1} \mid s_t, a_t)$ 來表示，下一個狀態會從這個機率分佈中取樣。舉例來說，當我方跳躍後，敵方角色有 0.7 的機率會閃開，0.3 的機率會迎面而來、不閃躲，就是隨機性轉移的一個例子。

環境會根據當前的狀態與行動，將回饋值 $r_t$ 傳回給代理人 **圖 2.11 ❹**，再將當前狀態 $s_{t+1}$ 傳回，作為下一個時間點的觀察 $o_{t+1}$。

代理人和環境之間會一直像這樣，重複觀察、行動與回饋值的交換。

### ● 強化式學習的「回饋值」與「回饋值假說」

強化式學習的目標是找出特定的行動，使代理人未來獲得的**回饋值**總和最大化。這句話的重點在於，強化式學習的目標並不是最大化各時間點的回饋值，而是**最大化未來回饋值的總和**。因此最佳戰略必須是中長期的戰略。

若想利用強化式學習，建立代理人來達成某種目的，可以透過回饋值的設計來告訴代理人「希望它去做」或「不希望它去做」的事情。希望它去做的事情就給予正回饋值，不希望它去做的事情就給予負回饋值。

一般來說，強化式學習在處理問題時，都會假設目的是最大化「回饋值」這個單一的純量。此假設稱為**回饋值假說**（reward hypothesis，又譯為獎勵假說）。

雖然現實世界中的問題或任務，無法全部以一個回饋值表示，但強化式學習在**大膽的簡化**之下，完全**只以一個純量來進行處理**。不過即使是這樣的問題設定，也能夠解決多到驚人的問題。

> **Note**
> **純量**
> 純量指的是單一的值或變數。可用來表示氣溫或身高等單一的量。

## 監督式學習與強化式學習的差異為何？

前面介紹的「監督式學習」和「強化式學習」，都是利用外部提供的監督式資訊來進行。兩者之間的相似處在於都是「根據外部提供的監督式資訊來學習最佳化目標函數」，但也有以下 3 種相異之處。

### ● [差異 ❶] 是否假設為 i.i.d.

首先，**監督式學習**假設每一筆資料皆從同一個分佈生成，也就是**假設獨立同分佈**。

相對地，**強化式學習**則是假設，在各時間點觀察到的資料分佈與獲得的回饋值分佈都會**變化**，也預設自己採取的動作會**導致問題中的分佈產生變化**。

> **監督式學習不做 i.i.d. 假設的情形** `Note`
>
> 監督式學習在某些情況之下，也不會做出 i.i.d. 假設。一種是學習時的輸入分佈 $p_{train}(x)$ 與推論時的輸入分佈 $p_{test}(x)$ 不同，稱為**共變量分佈偏移**（covariate shift）。另一種是學習與推論的環境不同，這種問題設定稱為**領域自適應**（domain adaptation）。比如說在模擬器上學習，但在現實世界中推論；或從某間醫院拍攝的醫學影像中取得訓練資料，但以該資料訓練出來的模型推論另一間醫院所拍攝的影像。

● ─────［差異 ❷］被動或主動

其次，**監督式學習**是**被動**地接收訓練資料，**強化式學習**則需自己**主動**採取行動，才能獲得觀察結果。為此，強化式學習必須嘗試各種行動來獲取有助於學習的資料。也因為這樣，必須解決**回饋值與探索的困境**，也就是選擇要根據目前所知資訊來最大化未來的回饋值，還是要為了獲取資訊而嘗試新的行動。

● ─────［差異 ❸］直接回饋還是間接回饋？

最後，則是關於修正行動的方式。**監督式學習**可以獲得**直接的回饋**，但**強化式學習**只能獲得**回饋值**這種**間接的回饋**，必須在學習方法設計出判斷當前行動的好壞、如何修正等等機制。

## 2.5 問題設定的分類學

上一節介紹了監督式學習、非監督式學習與強化式學習，也說明了監督式學習和強化式學習的差異。

但除此之外，還有很多條件不同的問題設定。本節雖然無法全部介紹，但是會介紹一些有助於釐清問題設定的概念。

# 第2章　機器學習入門

## 設定學習問題的 3 個主軸

圖 2.12 中列出了學習問題設定的分類。問題設定的主軸為以下 3 種基準。

- **訓練資料**是窮舉還是取樣？
- **各問題**是獨立還是有前後脈絡？
- **回饋**是監督式還是評估式？

**圖 2.12** 學習問題設定的分類

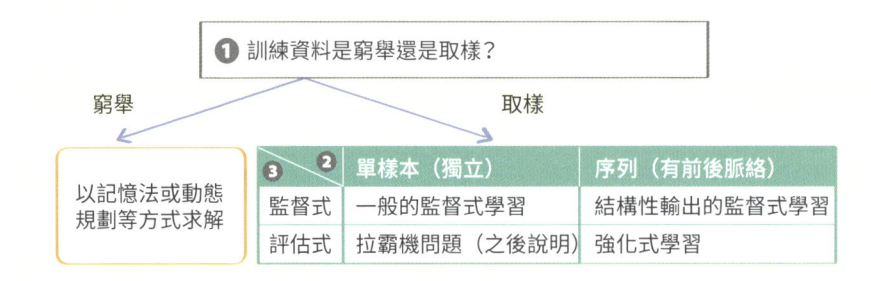

|   | 單樣本（獨立） | 序列（有前後脈絡） |
|---|---|---|
| 監督式 | 一般的監督式學習 | 結構性輸出的監督式學習 |
| 評估式 | 拉霸機問題（之後說明） | 強化式學習 |

窮舉：以記憶法或動態規劃等方式求解

## [設定學習問題的基準 ❶] 訓練資料是窮舉或取樣

第 1 個基準是判斷訓練資料是否將目標問題中可能的情形**全部涵蓋**，還是只是從中**部分取樣**的結果。

### 訓練資料可以窮舉的情形　　井字遊戲

如果訓練資料可以**窮舉**出所有結果，就能以記憶法解決問題。雖然人類很難使用記憶法，但對電腦來說很簡單，因此會是很有效的解決方法。

我們以找出「井字遊戲」中的最佳行動為例。井字遊戲的玩法是 2 個人在 3×3 的方格中輪流畫出 ○ 與 ×，先將 3 個己方符號連成一條直線的人即可獲勝。在此規則下，每個方格都有「空白」、「○」和「×」等 3 種可能性，因此盤面上所有可能的情形共有 $3^{3*3}$=19,683 種。這些可能性如果

要人類全部列舉出來還是很困難，但對現代電腦來說一瞬間就能全部列舉並記錄。

另外，如果想要有效率地找出各種盤面上的致勝最佳行動，也可以使用**動態規劃**（dynamic programming, DP）。因此，若訓練資料中已包含所有可能情形，則以記憶法或動態規劃等方式即可解決，不需要特地動用機器學習。

> **動態規劃**　Note
>
> **動態規劃**是將原始問題分割成一些較小的問題先解決，並在解決其他問題時重新利用小問題的解答，是很有效率的一種做法。

### ● 訓練資料無法窮舉的情形　圍棋

接著，我們再來看看圍棋。圍棋的規則雖然比井字遊戲來得複雜，但盤面上也只是以白子和黑子來取代 ○ 和 ×　而已，真正的差異在於落子處的數量為 19×19（19 路棋盤），而非 3×3。由於各交叉點上都有「空白」、「白子」和「黑子」3 種可能，因此盤面上所有可能的情形共有 $3^{19*19}=10^{360}$ 種，這和之前的井字遊戲（只有不到 20,000 種）就有非常大的差異，甚至遠遠超過了宇宙中的原子數量[註6]，因此無論是現代電腦，還是未來的電腦，都不可能列舉出所有盤面並記錄下來。這就是所謂無法窮舉的情形。我們只能從這極大量的可能盤面當中取樣一小部分，例如數百萬到數億（$10^6$ 到 $10^9$，佔整體 $1/10^{350}$）個，並據此學習。

一般而言，當觀測資料為高維資料時，可能性的數量就會呈現指數性成長。因此影像、語音及時間序列等高維資料都具有非常多的可能性。若再加上各維度可取值的類型也很多，或為連續值，可能性就會再更多。

當訓練資料因無法窮舉所有情形而只能取樣時，重點就是如何從**有限的訓練資料**當中，**取得具有普適性的學習結果（模型）**。

---

[註6] 關於宇宙中的原子數量，雖然有很多種看法，但目前推測約為 $10^{80}$ 到 $10^{100}$ 個。

# 第2章 機器學習入門

本書接下來只會討論必須取樣的情形。因為若能窮舉並記錄所有輸入，則記憶法便足以應付。

## [設定學習問題的基準 ❷] 單樣本或序列

第 2 個基準是判斷欲處理的問題彼此**獨立**還是相互**依賴**。若各問題之間彼此獨立，便稱為**單樣本**（one-shot），若必須根據上一個問題決定下一個問題，則稱為**序列**（sequential）問題。

「單樣本」中各問題的情況皆相同，學習時也能一次學習多個案例（稱為**批次處理**），因此較為簡單。「序列」中各問題都必須根據上一個問題決定，所有狀況皆不相同，也難以於學習時批次處理，因此較為困難。

以監督式學習為例，若是逐張將給定影像分類，就是單樣本問題。因為每個問題都不會影響到上一個或下一個問題。

但是像強化式學習一樣，在某個時間點採取的行動會影響到下一個觀察或問題，就是序列問題。

### ● 需要在問題內部依序求出序列輸出的情況

不過即使各問題間彼此獨立，有些情況也必須在問題內部先依序求出輸出結構的各部分。比如說，當推測的輸出為**序列**（sequence）、**樹狀結構**（tree）或**圖**（graph）等**結構化資料**（structured data）時，在依序推測元素的過程當中，各元素的預測就會取決於先前的預測，因此可視為序列問題。

> **Note**
> **結構化資料**
> 結構化資料是由多個互有關聯的元素組成的資料。比如說，從輸入字串推測分析樹（parse tree），就是預測結構化資料。

2-30

至於大家都很熟悉的「搜尋廣告」，這種向使用者推薦廣告的問題，又屬於哪種問題呢？搜尋廣告中的各問題看起來都互相獨立，但使用者也可能會根據之前看到的廣告或行動結果來改變下一個行動。舉例來說，使用者有可能對看過好幾次的廣告產生了親切感，也可能反過來不希望再看到曾經點擊過的廣告。因此，這雖然可說是序列問題，但如果將過去的歷史資料等，全部包含在當前的輸入當中，也可以視為單樣本問題。

## [設定學習問題的基準 ❸] 學習回饋為監督式或評估式

第 3 個基準是根據學習回饋的類型，可分為**監督式**與**評估式**。

舉例來說，假設我們正在接受棒球打擊教練的指導。這個教練有時候會給出具體的改善指令，比如說「手肘這樣太低了，要再高 5 公分才能達到最佳打擊效果」；有時候則會給出評語，比如說「剛剛那球打得不是很好，你應該還能做得更好吧？」或「剛剛那球是目前為止打得最好的！但你如果還想再更進步的話，可以去參考看看他的打擊方式。」

若學習中的系統在做出預測之後，能夠得知最佳預測（或是說標準答案），即稱為**監督式回饋**。若能得知剛剛採取的動作是好是壞，但無法得知哪個行動才是最佳行動，則稱為**評估式回饋**。

### ● 監督式回饋學習較為簡單

如果接收監督式回饋，就能知道該如何修正自己的動作。而且監督式回饋的評估是絕對的，只要把自己的輸出與給定的監督式輸出（最佳輸出）相比即可得知自己的輸出有多好。

相對地，評估式回饋只會針對系統實際採取過的行動做評估，因此無法得知當前行動在所有可能行動中的好壞程度。而且因為無法得知自己採取的動作還有多少改善空間，所以必須再嘗試其他動作，才能參考其他評估。由於相同的輸入可以比較 2 種不同動作的回饋，所以可以獲得相對性

的評估，但無法獲得絕對性的評估。必須嘗試各種動作，才能了解應該如何修正。

由於接收監督式回饋時，可以直接得知該如何修正，因此修正方式就會比評估式回饋簡單，也就是學習起來會比較簡單。

監督式學習會接收監督式回饋，強化式學習則會接收評估式回饋。在進行監督式學習時，無論做出何種預測，都可以接收到「這才是最佳預測！」這種絕對的標準答案。但強化式學習只能接收到回饋值這樣的評估式回饋。例如，雖然獲得了「+10」的回饋值，但或許還有其他動作可以獲得「+100」，又或許當前的動作就已經是最佳動作。而且也無法得知該採取何種動作才能夠提高回饋值。

● **評估式回饋較容易設定**

看到目前為止，的確是利用監督式回饋來學習會比較簡單，但不是所有問題都能夠提供監督式回饋，很多問題都只能提供評估式回饋。比如說，當我們在利用機器學習模型探索傳導性最強的材料時，雖然模型可以針對製作出來的材料評估其傳導性，但沒有人有辦法事先得知傳導性最強的材料有多強的傳導性。

## 3 項基準的運用方式　　學習方法的分類／整理

接下來，我們可以利用目前為止介紹的 3 項基準，來整理一下學習方法。

比如說，**監督式學習**的問題設定是「訓練資料為取樣、單樣本問題、接收監督式回饋」，**強化式學習**的問題設定則是「訓練資料為取樣、序列問題、接收評估式回饋」。

● 拉霸機問題

也有一些其他組合，比如「訓練資料為取樣、單樣本問題、接收評估式回饋」，這樣的問題稱為**拉霸機問題**（bandit problem）。

例如，從無數材料組合中尋找最佳組合的問題，以及中午用餐時間尋找餐廳的問題（除了現在選擇的餐廳之外，還有無數間尚未去過的餐廳，已經去過的餐廳才知道好不好吃），都屬於這類型的問題。

● 結構性輸出的監督式學習

此外，「訓練資料為取樣、序列問題、監督式回饋」的問題，則有可能是**結構性輸出**（structured output）的**監督式學習**。舉例來說，對文章做分析樹或進行語意分析，以及在機器人控制中提供應該模仿的動作序列等，都屬於結構性輸出的範例。

## 2.6 機器學習的基本 — 了解機器學習的各種概念

目前為止，我們已經說明完機器學習的背景知識與問題設定了。接下來，本節將以「利用監督式學習建立影像分類」為例，依序介紹各種機器學習的概念。

### 利用監督式學習進行影像分類

首先來看看，如何利用**監督式學習**得到可以分類影像是狗或貓的模型 圖 2.13 。

**圖2.13** 利用監督式學習進行影像分類的流程（❶～❻）

❶ 準備訓練資料 ……………… $(x_i, y_i)_{i=1...n}$

❷ 準備要學習的模型 …………… $y = f(x; \theta)$

❸ 設計損失函數 ………………… $l(y, y')$

❹ 導出目標函數 ………………… $L(\theta) = \sum_i l(y_i, f(x; \theta)) + R(\theta)$

❺ 解開最佳化問題（學習）…… $\theta^* = \arg\min_{\theta} L(\theta)$

❻ 評估藉由學習得到的模型

## 利用機器學習進行「學習」　特徵萃取的重要性

機器學習中的「學習」，是個別設計並組合**訓練資料**、**特徵萃取函數**、**模型**、**損失函數**、**目標函數**與**最佳化**來完成的。

在函數開始學習前，要思考的是**輸入和輸出**分別是什麼。舉例來說，這次範例中的函數就是以影像為輸入，以回答「狗」或「貓」為輸出。不過雖然人類可以看見「影像」，也可以使用狗和貓等「文字」，電腦還是必須先**轉換成數值**才能夠處理。這次的範例是將影像轉換為數值向量，狗與貓則分別以「狗=0」及「貓=1」的形式轉換成**整數**。

接下來，由於在大多數情況下，直接將轉換後的值當作輸入提供給模型，都會無法順利學習，因此我們必須先萃取出與任務有關的重要資訊。這個步驟稱為**特徵萃取**（feature extraction），而用來萃取的函數則稱為**特徵萃取函數**。特徵萃取函數並不只限於 1 個，也可以使用很多個。比如說影像辨識就會使用局部補丁的模式（3×3 或 5×5）來描述影像的特徵。

此外，其實**特徵萃取是決定最終性能的一個重要因素**。甚至對某些任務來說，還是最重要的步驟。因此關於特徵函數的設計方式，也已經有很多研究。而且其研究結果也使得第 3 章要說明的「深度學習」，得以**從資料中**

**學習如何進行「特徵萃取」**，使模型性能飛躍性的成長。本章會先跳過特徵萃取的部分，待下一章再詳細說明。

本範例所使用的模型當中，**輸入**為影像中從左上至右下依序排列的各像素值組成的**向量**，**輸出**則為各標籤類型的分數組成的**向量**。至於先前提到的損失函數與最佳化，之後還會再另做說明。

---

**Column**

### 生成模型與判別模型

「給定輸入 x 與輸出 y，以模型將輸入分類為輸出」的方法當中，有一種是利用**聯合機率** $p(x,y) = p(y|x)p(x)$ 建立模型，「最大化訓練資料的對數概度」的做法，另一種則是直接以**條件機率** $p(y|x)$ 建立模型，「最大化條件機率的對數概度」的做法。

其中，前者稱為基於**生成模型**（生成器）的分類，後者則稱為基於**判別模型**（鑑別器）的分類。前者也可以在納入非監督式資料的情況下學習 $p(x)$，但因為除了真正想知道的 y 以外，也必須對 x 建立模型，因此參數估計有時候會比較困難。由於後者可以使用不同的參數對 $p(y|x)$ 與 $p(x)$ 建立模型，因此被認為較前者要好。詳情請參考以下文獻。

- T. Minka「Discriminative models, not discriminative training」（Microsoft Research Cambridge, 2005）
- A. Ng、M. Jordan「On Discriminative vs. Generative Classifiers: A comparison of logistic regression and naive Bayes」（NeurIPS, 2001）

---

### ❶ 準備訓練資料

首先，準備 $n$ 筆由**影像** $x$ 與標示該影像為狗或貓的**標籤** $y$ 所組成的**訓練資料**（training data）$D=\{(x^{(1)}, y^{(1)}), (x^{(2)}, y^{(2)}), ..., (x^{(n)}, y^{(n)})\}$，$\mathbf{x}^{(i)} \in R^m$，$y^{(i)} \in \{0, 1\}$ 圖2.14 註7。

---

註7 通常上標的「(1)」等數字或符號，代表的是資料的索引，而下標的「i」等數字或符號，則代表向量或其他元素中第 $i$ 維的值。比如說，$x_j^{(i)}$ 代表的是第 $i$ 筆資料中的第 $j$ 維的值。

其中，各影像 $\mathbf{x}^{(i)}$ 皆由 $m$ 個像素值所組成，因此使用的是像素值排列而成的 $m$ 維數值向量（請參考附錄）。

很多機器學習問題的輸入，使用的都是向量或張量（之後第 3 章說明）等結構化的數值資料。

**圖 2.14**　用輸入與參數的內積求出分數

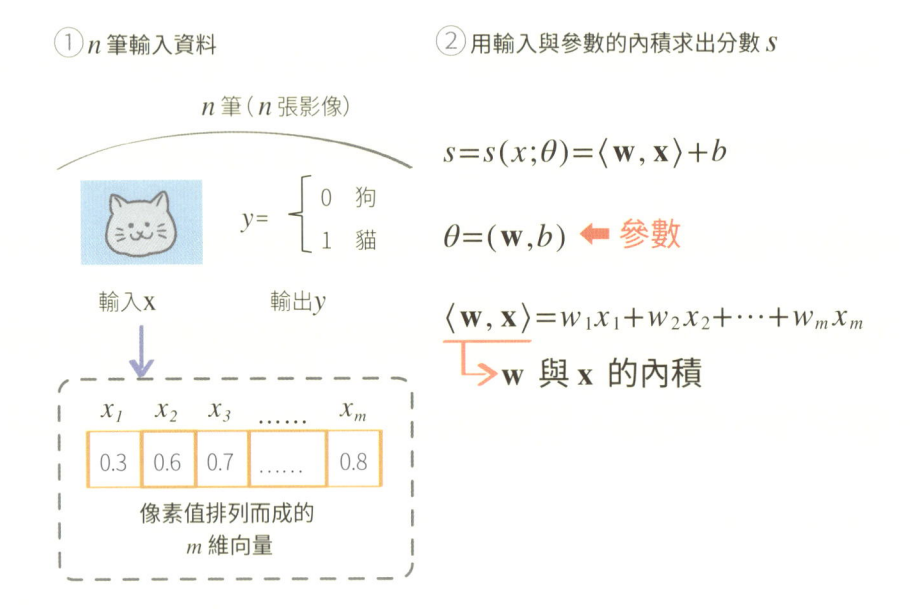

① $n$ 筆輸入資料

$n$ 筆（$n$ 張影像）

$$y = \begin{cases} 0 & 狗 \\ 1 & 貓 \end{cases}$$

輸入 $\mathbf{x}$　　輸出 $y$

| $x_1$ | $x_2$ | $x_3$ | …… | $x_m$ |
|---|---|---|---|---|
| 0.3 | 0.6 | 0.7 | …… | 0.8 |

像素值排列而成的 $m$ 維向量

② 用輸入與參數的內積求出分數 $s$

$$s = s(x; \theta) = \langle \mathbf{w}, \mathbf{x} \rangle + b$$

$$\theta = (\mathbf{w}, b) \quad \Leftarrow 參數$$

$$\langle \mathbf{w}, \mathbf{x} \rangle = w_1 x_1 + w_2 x_2 + \cdots + w_m x_m$$

↳ $\mathbf{w}$ 與 $\mathbf{x}$ 的內積

以下簡單說明各符號。$x \in R$ 表示 $x$ 為實數值。$R$ 代表由實數（real number）組成的集合。由於數值向量 $\mathbf{x}$ 是 $m$ 維的數值向量，因此也可以寫成 $\mathbf{x} \in R^m$。其中 $R^m$ 代表由 $m$ 維數值向量所組成的集合，而 $\mathbf{x}$ 則為該集合的元素。此外，$y \in \{0, 1\}$ 表示 $y$ 為整數 0, 1 其中 1 個值。寫在符號「$\in$」左側的是元素，右側是集合，$x \in R$ 表示「$x$ 為集合 $R$ 中的元素」。在程式中，**純量**可視為**一般的變數**，而 $m$ 維的**數值向量**則可視為長度 $m$ 的**固定長度 float 陣列**。

## ❷ 準備要學習的模型　　元素、權重與偏值

接下來準備**要學習的模型**。這次範例使用最簡單的模型，直接將各元素的值加權後進行多數決，若該值大於 0 就分類為貓，小於 0 則分類為狗。

影像中的**元素**，指的是各個像素值 圖2.15 。因此若某個像素代表像貓的元素，對應的**權重**（權重就是**該輸入值對應的參數**）就取正值，若像狗則取負值。此處假設所有像素值皆為正值。

如此一來，只要調查好各個像素分別像狗還是貓（將像素值乘以各自的權重），就能以合計結果來判斷是狗還是貓了。這是一個忽略像素間關係性的簡單模型。

**圖2.15**　　建立要學習的模型

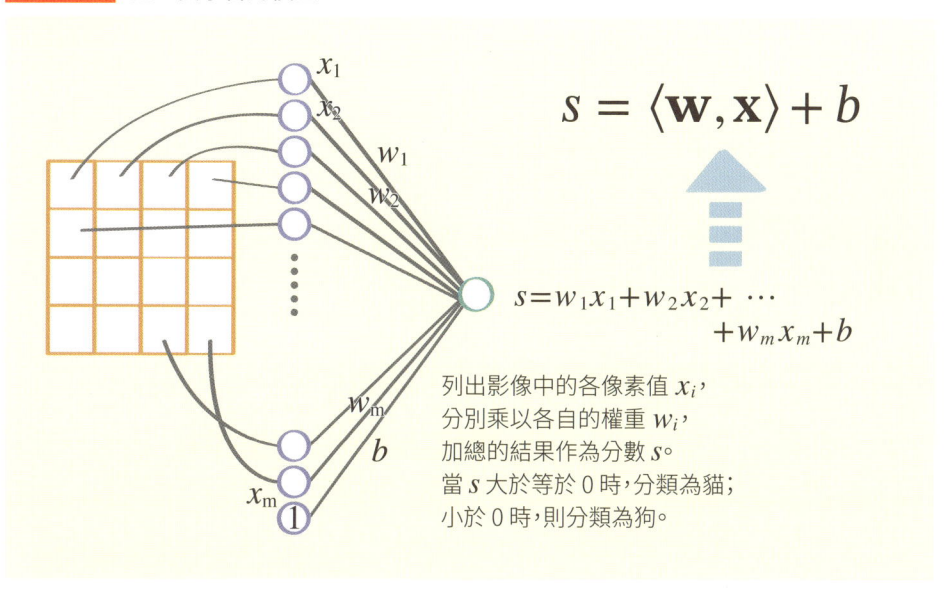

$$s = \langle \mathbf{w}, \mathbf{x} \rangle + b$$

$$s = w_1 x_1 + w_2 x_2 + \cdots + w_m x_m + b$$

列出影像中的各像素值 $x_i$，分別乘以各自的權重 $w_i$，加總的結果作為分數 $s$。當 $s$ 大於等於 0 時，分類為貓；小於 0 時，則分類為狗。

這種「加權多數決」的模型，可以將第 $i$ 個權重表示為 $w_i \in R$，並加入與像素值無關的項 $b \in R$，表示如下：

$s = w_1 x_1 + w_2 x_2 + ... w_m x_m + b$

此式中的「$w_1 x_1$」表示將**像素** $x_1$ 乘以**權重** $w_1$ 的結果，而整個運算式則是將 $m$ 個像素與權重的乘積相加，$s$ 為相加後的總和。若 $s$ 為正，即判斷為貓；為負，則判斷為狗。

此外，與像素值無關的 $b$ 也稱為**偏值項**。若 $b$ 很大，就代表無論像素值如何，都很容易被判斷成貓。

● 使用內積

此式中 $w_1 x_1 + w_2 x_2 + ... w_m x_m$ 的部分，也可以用 $x_1, ..., x_m$ 排列而成的向量 $\mathbf{x}$，與 $w_1, ..., w_m$ 排列而成的向量 $\mathbf{w}$ 的內積 $\langle \mathbf{w}, \mathbf{x} \rangle$ 來表示，更為簡潔。其中 $\mathbf{w}$ 稱為**權重向量**或**係數**，$b$ 則稱為**偏值**或**截距**。

內積 $\langle \mathbf{w}, \mathbf{x} \rangle$ 是先對向量 $\mathbf{w}$ 與 $\mathbf{x}$ 的每組對應元素求積，再對所有積求和的結果。這裡會再出現一個新的符號：求和符號 $\sum$。$\sum_{i=1}^{n}$ ... 代表 $i$ 從 1 遞增至 $n$ 的元素總和。

$$\langle \mathbf{w}, \mathbf{x} \rangle := \sum_{i=1}^{n} w_i x_i \text{ 註8}$$

所以剛才計算分數 $s$ 的運算式，也可以用內積 $\langle \mathbf{w}, \mathbf{x} \rangle$ 表示為較簡潔的 $s = \langle \mathbf{w}, \mathbf{x} \rangle + b$。

● 將輸入與權重從純量轉換為向量的通用化

本章開頭的冰淇淋範例，是使用**純量的輸入**與**純量的權重**（$wx+b$）所進行的預測。

而這次範例中的模型，則可視為將這些純量**轉換為向量後的通用模型**。之前純量的 $w$ 代表斜率，現在向量的 $\mathbf{w}$ 也代表斜率，但指的是在平面或超平面（3 維以上的平面）上的斜率。

---

註8 「A:=B」表示將 A 定義為 B。

## ● 參數的表示法

計算分數時所使用的參數，可以合在一起以 $\theta=(\mathbf{w}, b)$ 表示。

因此剛才以輸入 $\mathbf{x}$ 求分數 $s$ 的函數，也可以寫成 $s=s(\mathbf{x}; \theta)$，代表是以參數 $\theta=(\mathbf{w}, b)$ 描述特徵的函數 圖2.14。如前所述，函數括號內「;」後方的並不是函數的輸入，而是<mark>描述函數特徵的參數</mark>。

## ● 線性模型

由於本次學習使用的模型 $s(\mathbf{x}; \theta)$ 與輸入之間呈現線性關係，因此稱為<mark>線性模型</mark>（linear model）。「線性」指的是「當輸入變成 $\alpha$ 倍時，輸出也會變成 $\alpha$ 倍；當輸入為 2 個值的和時，結果也會等於 2 個值各自結果的總和 $f(x+x')=f(x)+f(x')$」 圖2.16。若函數是<mark>線性</mark>函數，輸入是 1 維時，圖形會是<mark>直線</mark>；輸入是 2 維時，圖形會是<mark>平面</mark>。附錄會再對線性進行說明。

**圖2.16** 線性模型

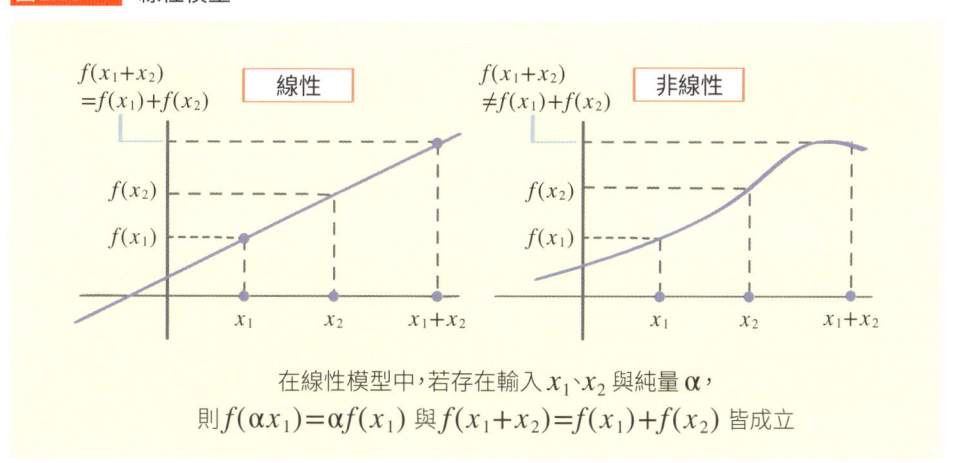

在線性模型中，若存在輸入 $x_1$、$x_2$ 與純量 $\alpha$，則 $f(\alpha x_1)=\alpha f(x_1)$ 與 $f(x_1+x_2)=f(x_1)+f(x_2)$ 皆成立

## ● 將分數轉換為分類結果　門檻函數

接下來，則是要使用<mark>門檻函數</mark>（threshold function）$I$，來得出最終的分類結果。由於分數函數的輸出值為實數，因此必須先轉換為分類結果的整數 0 或 1。

## 第2章　機器學習入門

門檻函數 $I(z)$ 是在 $z \geq 0$ 時傳回 $1$，$z < 0$ 時傳回 $0$ 的函數。依照輸入來傳回分類結果的門檻函數就表示為 $I(s(x; \theta))$。這個函數將會在預測結果為貓時傳回 $1$，結果為狗則傳回 $0$。

這個鑑別器是一個將輸入值分類到決策面兩側的函數，決策面的法向量會是 $\mathbf{w}$。若 $s$ 為正，就分類到決策面的法向量正方向；若 $s$ 為負，則分類到負方向 圖2.17 。

> **法線與決策面**　Note
> **法向量**是垂直於平面的向量。**決策面**則是剛好將分類切割開來的邊界平面。

**圖2.17**　以決策面進行分類

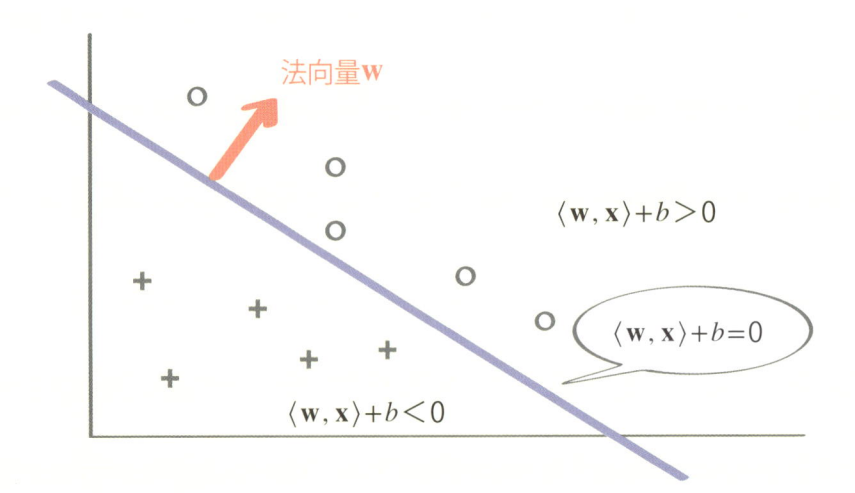

法向量 $\mathbf{w}$

$\langle \mathbf{w}, \mathbf{x} \rangle + b > 0$

$\langle \mathbf{w}, \mathbf{x} \rangle + b = 0$

$\langle \mathbf{w}, \mathbf{x} \rangle + b < 0$

## [小結] 從 ❶ 輸入到 ❷ 學習模型

我們來整理一下目前為止的步驟。首先，輸入 $x$ 會經由學習中的模型轉換為分數 $s$。接著，再透過門檻函數將分數轉換成分類結果 $y$。

不過**門檻函數**雖然可以**在推論時使用**，卻不能在學習時直接使用，因此必須改用方便學習的**損失函數**。

這是因為**學習**時必須計算**目標函數的微分**，再以此資訊來**更新參數**。若使用門檻函數，大多數位置在微分後都會是 0。這點之後還會再詳細介紹。

接下來先說明損失函數。

### ❸ 設計損失函數　　為模型的學習做準備

**損失函數**（loss function）註9 是用來表示**預測結果和訓練資料中的標準答案有多大差異**的函數。損失函數會以輸入 $x$、標準答案 $y$ 與模型參數 $\theta$ 為參數，傳回 0 以上的值。

當分類正確時，損失函數會傳回 0；不正確時，則會傳回大於 0 的正值。因此學習的方法就是求解**最佳化問題**，找出適當的參數來降低由損失函數表示的「當前預測的誤差程度」。

#### ● 邊界與更新

如果在高信賴水準之下，分類器仍會出錯，損失函數就需要改取較大的正值。信賴水準代表預測結果（例如 0.1 或 0.5）與決策面（例如 0）之間的距離，這個距離稱為「邊界」（margin）。如果分類結果很接近決策面，也就是邊界很小，就表示預測器並不是很確定到底是狗還是貓，是一個信賴水準較低的預測結果。而若預測結果距離決策面較遠、邊界較大，就表示預測器對於是狗或貓較有把握。

因此若邊界已經很大了，還出現預測錯誤，就代表當前的預測或決策面出現了相當大的錯誤，必須進行大幅度的更新。

#### ● 損失函數的設計與損失函數微分後的形式都很重要

損失函數可以根據學習目的自由設定。不過，使用的損失函數會決定學習過程是否順利，也會影響學習完成後的模型所擁有的性質（普適性能、抗雜訊功能的強弱、平均性能的優劣與最差情況下的性能優劣等），因此**損失函數的設計非常重要**。

---

註9　亦稱為成本函數（cost function）或誤差函數（error function）。

舉例來說，如果損失函數重視那些會造成重大誤差的樣本（例：之後會說明的均方損失／L2 損失），就能避免重大錯誤，但會較容易受到訓練資料中的雜訊影響（例：部分標籤有誤）。反過來（例：絕對損失／L1 損失），則會得到相反的性質。

此外，**損失函數微分後的形式也很重要**。像神經網路所使用的非凸目標函數**會收斂到何種解**，就**取決於損失函數微分後的性質**。

---

### Column

### 深度學習中的「函數」

本書中提到了許多不同的函數。除了**目標函數**、**損失函數**（**誤差函數**）及**門檻函數**之外，本章後半段也會再出現**激活函數**與**卷積函數**。就連我們**要學習的模型**也是會根據參數改變行為的函數（接下來「函數」這個詞的出現頻率還會更高，因此請務必不要混淆，細心地讀下去）。

如果將函數結果代入另一個函數，則其整體也會是一個函數。例如，若 $h=f(x)$ 且 $y=g(h)$，則 $y=g(f(x))$ 也會是函數。而機器學習，尤其是深度學習當中，都會以這種**連接多個函數**的方式來**表現複雜的函數**。

目標函數是最佳化問題中，要進行最佳化的函數。而這個目標函數使用的是將「要學習的模型」（內部由卷積函數與激活函數等構成之函數），代入損失函數後得出的函數。深度學習的框架就是以這種連接函數的方式來設計整體目標函數。

此外，有些函數中會帶有參數。例如全連接層與卷積層就帶有參數，其他函數基本上都沒有參數，但激活函數和損失函數中也可能會帶有參數。

參數最佳化的必要作業，可以由框架自動完成。

一般程式雖然也是透過連接函數來組成，但深度學習的函數必須要**可以計算微分（或類似的計算）**，這是兩者最大的不同。關於微分等部分，之後還會再詳細說明。

# 可作為損失函數的函數範例

表2.2 整理了幾種可以作為損失函數的函數範例。以下會分別進行詳細的介紹。

**表 2.2** 可作為損失函數的函數範例

| 函數 | 概要 |
| --- | --- |
| 0/1 損失 (0-1 損失) | 與門檻函數一樣會輸出實際的分類結果。微分幾乎在所有位置皆為 0，因此利用梯度法學習時無法使用。 |
| 交叉熵損失 | 用於分類問題的損失函數。最大化訓練資料的概度，也稱為「最大概度估計」。 |
| 均方損失 (L2 損失、均方誤差) | 用於迴歸問題的損失函數。可避免出現重大錯誤，但容易受到訓練資料的雜訊影響。 |
| 絕對損失 (L1 損失) | 用於迴歸問題的損失函數。可能出現重大錯誤，但不易受到雜訊影響。 |

## ● 0-1 損失函數

**0/1 損失**（0-1 損失）**函數** $l_{0/1}$ 是最基本的損失函數，會在模型分類不正確時傳回 1，正確時傳回 0。

這個損失函數和之前出現過的門檻函數一樣，可以用來評估分類的準確率，但因為幾乎在所有位置的微分皆為 0，因此無法用於以梯度法（之後說明）進行的學習。

$$l_{0/1}(\mathbf{x}, y; \theta) = \begin{cases} 1 & f(\mathbf{x}; \theta) \neq y \\ 0 & f(\mathbf{x}; \theta) = y \end{cases}$$

## ● 交叉熵損失函數

**交叉熵**（cross entropy）**損失函數** $l_{CE}$ 是分類問題中較具代表性的損失函數。它所使用的「交叉熵」，可以作為機率分佈之間距離的衡量標準。

> **Note**
> **機率分佈的熵與交叉熵**
> 將機率分佈 $P$ 取樣的元素編碼時,所需要的最小位元數(**平均編碼長度**),就定義為機率分佈 $P$ 的**熵**。而 $P$ 與 $Q$ 的**交叉熵**則是將 $P$ 的樣本視為從機率分佈 $Q$ 中取樣的樣本,進行編碼時所需要的最小位元數。

分類問題可視為根據輸入 $x$ 尋找輸出 $y$ 的條件機率 $q(y|x)$ 的問題。條件機率代表在 $x$ 已發生的前提下,$y$ 發生的機率。

例如,若預測給定影像中是狗的機率為 0.8、貓的機率為 0.2,即可表示成 $q($狗$|x)=0.8$、$q($貓$|x)=0.2$。

經過這種預測/推測得到的分佈,稱為**預測分佈**(predictive distribution)。

相對地,若此範例的標準答案為狗,則可以表示成 $p($狗$|x)=1$ 且 $p($貓$|x)=0$。這種只有符合標準答案的機率為「1」,其餘皆為「0」的機率分佈,稱為**經驗分佈**(empirical distribution)。

而**學習的目標**,就是使**預測分佈與經驗分佈一致**。當 2 個給定機率分佈相同時,交叉熵會取到最小的熵值,其餘情形則會取到較大的值。由於經驗分佈 $P$ 的熵為 0,因此以經驗分佈為目標的交叉熵,在兩者相同時就會取到 0,不同時則取到大於 0 的值。

我們可以利用模型定義的條件機率 $q(y|\mathbf{x}; \theta)$,將交叉熵損失函數定義如下:

$$l_{CE}(\mathbf{x}, y; \theta) = -\frac{1}{N}\sum_{i=1}^{N} \log q(y^{(i)}|\mathbf{x}^{(i)}; \theta)$$

其中,條件機率 $q(y|\mathbf{x}; \theta)$ 可由得出的分數 $s(\mathbf{x}; \theta)$ 定義如下:

$$q(y=1|\mathbf{x};\theta) = a_{sigmoid}(s(\mathbf{x};\theta)) = \frac{1}{1+\exp(-s(\mathbf{x};\theta))}$$
$$q(y=0|\mathbf{x};\theta) = 1 - q(y=1|\mathbf{x};\theta)$$

## ● 交叉熵損失函數與 sigmoid 函數

上式使用的函數 $a_{sigmoid}(z) = \dfrac{1}{1+\exp(-z)}$，稱為 **sigmoid 函數**。它是個單調遞增函數，接收實數值輸入後，會傳回介於 0 與 1 之間的值。圖形看起來像傾斜的英文字母 s 圖 2.18。

**圖 2.18** sigmoid 函數

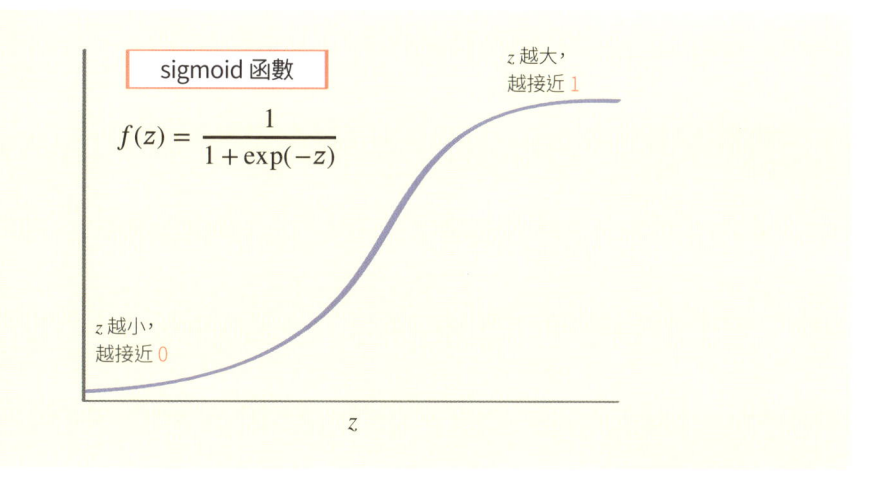

```
                sigmoid 函數
                                            z 越大，
          f(z) = 1/(1+exp(−z))              越接近 1


    z 越小，
    越接近 0
                        z
```

當預測輸出為標準答案的機率越小，交叉熵損失函數的值就越大。

舉例來說，若標準答案為 $y=0$，則 $q(0|x)=0.5, q(1|x)=0.5$ 與 $q(0|x)=0.9, q(1|x)=0.1$ 的交叉熵損失函數值，分別會是 0.69 與 0.11。

> **Note**
> **為何分類問題要使用交叉熵損失？**
>
> 剛才說明中提到可以利用交叉熵損失來解決**分類問題**。但均方損失看來應該也可以解決分類問題，為何要使用交叉熵損失呢？
>
> 這個原因除了交叉熵損失是基於機率模型導出的方法之外，也因為它在學習時具有優勢。若使用均方損失 (均方誤差)，隨著預測逐漸接近真實值，梯度 (之後會說明) 大小將會急速接近於 0。這會使模型的預測分佈無法接近學習目標，也就是經驗分佈。
>
> 相對地，若使用交叉熵損失，就不會有分數梯度變小的問題了。至於交叉熵損失函數的名稱由來，則請參考下一頁 Column 的說明。

## Column

## 交叉熵的推導

我們來說明一下交叉熵損失函數是如何推導出來的吧！就如前文所提到的，由訓練資料定義的**經驗分佈**為 $p(y = y^{(i)}|\mathbf{x}^{(i)}) = 1$、$p(y \neq y^{(i)}|\mathbf{x}^{(i)}) = 0$。而學習過程中，我們會測量由模型決定的**模型分佈** $q(y|\mathbf{x};\theta)$ 與訓練資料定義的經驗分佈之間的距離，將這個距離當作**誤差**。

由於機器學習就是**藉由減少誤差來學習**，因此若有一個標準值，會隨著預測分佈逐漸接近經驗分佈而逐漸變小，我們就能以它為誤差來進行學習 圖 **C2.A**。

**KL 散度**（Kullback–Leibler divergence）就是一種可以衡量機率分佈之間距離有多遠的標準。當給定 2 個機率分佈 $p(x)$ 與 $q(x)$ 時，其分佈之間的 KL 散度定義為 $KL(p||q) = \sum p(x) \log \frac{p(x)}{q(x)}$。KL 散度在 2 個機率分佈 $p$ 與 $q$ 相同時，值會為 0。反過來說，當 KL 散度為 0 時，$p$ 與 $q$ 就一定會相同。若 $p$ 與 $q$ 不同，KL 散度就一定會是大於 0 的值。但請務必注意輸入順序，因為 KL 散度不具對稱性，通常 $KL(p||q) \neq KL(q||p)$（也有某些情況會成立）。

若令經驗分佈為 $p$、模型分佈為 $q$，則先計算這 2 個分佈的 KL 散度，再提取出只與模型分佈有關的部分，就可以推導出剛才的交叉熵損失函數了。

$$KL(p||q) = \sum p(x) \log \frac{p(x)}{q(x)} = \sum p(x) \log p(x) - \sum p(x) \log q(x)$$

此式中的第 1 項 $\sum_x p(x) \log p(x)$ 稱為「$p$ 的負熵」。之前曾經說明過，熵是「從 $p$ 取樣的樣本，進行編碼時需要的最小平均編碼長度」。由於這個熵並不依賴 $q(x)$，因此學習時可以忽略。

交叉熵損失函數中的 $\log q(y^{(i)}|\mathbf{x}^{(i)};\theta)$，稱為**觀測資料的對數概度**。**概度**（likelihood）是在給定模型中觀察到該樣本的機率，**對數概度**（log likelihood）則是對概度取對數的值。兩者都是越大就代表越容易在該模型定義的機率分佈上觀察到該樣本。

學習過程中會使用到多筆訓練資料 $D = \{(x_i, y_i)\}$。若資料在取樣時符合 i.i.d.，則訓練資料 D 的概度就可以用各資料的條件機率乘積寫成以下形式：

$$P(D) = p(y_1|x_1)p(y_2|x_2)...p(y_n|x_n)$$

在進行參數估計時，藉由最大化其概度來推測參數的方法，稱為**最大概度估計**（maximum likelihood estimation），**利用交叉熵損失函數進行參數估計求出的結果，會與最大概度估計相同。**

綜上可知，要尋找函數來最小化經驗分佈與模型分佈之間的 KL 散度時，交叉熵損失函數就出現了，它和觀測資料的負對數概度是一致的。因此將交叉熵損失最小化，就是最大化觀測資料的對數概度，而利用交叉熵損失進行學習，與利用最大概度估計進行參數估計的結果也相同。

雖然利用最大概度估計時，也可以直接最大化觀測資料概度的機率乘積，但我們採用取對數的方式來解決其最大化問題（即使取對數，和直接取最大值的結果也會相同）。

先對概度取對數再進行處理，有 2 項優點。

第一是機率的乘積是非常小的值（0.00, ..., 1 等），直接在電腦上處理很困難，取對數後會比較好處理。第二則是乘積在取對數後會被轉化成加法的形式，以最佳化來說，最大化總和會比最大化乘積簡單。

**圖 C2.A** 模型分佈與經驗分佈

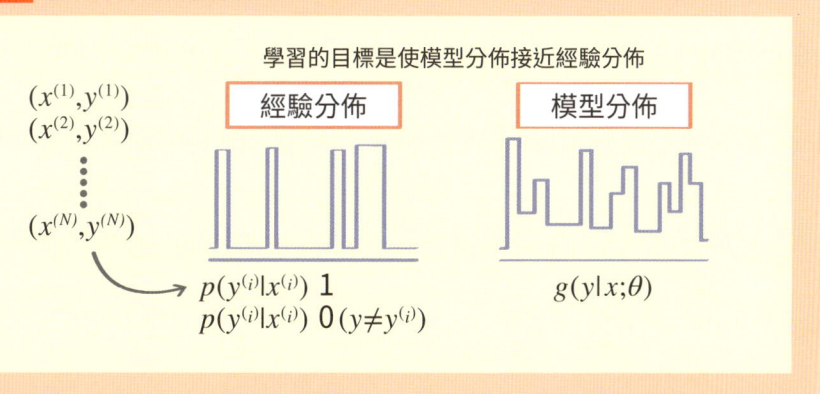

學習的目標是使模型分佈接近經驗分佈

$(x^{(1)}, y^{(1)})$
$(x^{(2)}, y^{(2)})$
$\vdots$
$(x^{(N)}, y^{(N)})$

經驗分佈　　模型分佈

$p(y^{(i)}|x^{(i)})\ 1$
$p(y^{(i)}|x^{(i)})\ 0\ (y \neq y^{(i)})$

$g(y|x;\theta)$

## 均方損失與絕對損失

本章是以分類問題（狗與貓的影像分類）為例，至於在預測連續值的迴歸問題中，通常都是使用「均方損失」或「絕對損失」作為損失函數。

均方損失的<mark>平方誤差</mark>是標準答案與預測值的差的平方值，絕對損失的<mark>絕對誤差</mark>則是差的絕對值。取平方或絕對值後，原本是負值的差也會變成正值。

這 2 種損失的差別在於「出現錯誤時重視的部分」。

由於 2 次函數會隨著輸入增大而急速上升，因此在出現較大錯誤時，平方誤差也會比較大，學習時所重視的就是誤差較大的情形。相對的，絕對值函數即使輸入增大，也會以固定比例上升，因此絕對損失在學習時重視的就是誤差較小的情形。

$$l_{SE}(\mathbf{x}, y; \theta) = \frac{1}{2}\|f(\mathbf{x};\theta) - y\|^2 \quad \text{註10} \quad \leftarrow \text{均方損失}$$

$$l_{AE}(\mathbf{x}, y; \theta) = \|f(\mathbf{x};\theta) - y\| \quad \leftarrow \text{絕對損失}$$

> **Note：以平方誤差作為訓練誤差進行學習**
>
> 以平方誤差作為訓練誤差進行學習時，可視為求解最小化<mark>均方誤差</mark>（Mean squared error, MSE）的參數，因此這個求解過程也稱為<mark>最小平方法</mark>（least squares）。使用絕對誤差的做法則無特定名稱。

### ❹ 導出目標函數　　訓練誤差

定義訓練案例的損失函數後，下一步就是要對訓練資料整體的<mark>損失函數值</mark>計算<mark>平均</mark>。此計算結果稱為<mark>訓練誤差</mark>（training error，或稱經驗誤差）。

$$L(\theta) := \frac{1}{N}\sum_{i=1}^{N} l(\mathbf{x}^{(i)}, y^{(i)}; \theta)$$

---

註10 開頭加上 1/2 是為了抵銷計算梯度（之後說明）時的係數。

2-48

這個函數以參數為輸入，傳回**訓練誤差**，也就是**最佳化問題的目標函數**（objective function）。找出可使目標函數變小的參數 $\theta$，就能使多數訓練資料的損失函數值變小，換而言之，就是找到能將訓練資料分類得很好的參數。但此處請注意，**目標函數要最佳化的變數**並不是訓練案例的輸入 $\mathbf{x}$ 與輸出 $y$，而是**模型的參數** $\theta$。因此上式中 $L$ 的變數也是 $\theta$。

**定義損失函數**，並解出由該損失函數所定義的**目標函數的最小化問題**，即可求出**最佳參數**。

舉例來說，使用 0/1 損失函數計算出的訓練誤差，與模型在訓練資料的錯誤比例是相同的 圖 2.19 。

$$L_{0/1}(\theta) = \frac{1}{N} \sum_{i=1}^{N} l_{0/1}(\mathbf{x}^{(i)}, y^{(i)}; \theta)$$

若 $L_{0/1}(\theta) = 0.4$，即代表目前模型在訓練資料的錯誤比例約為 40%。因此若能調整參數 $\theta$ 使 $L_{0/1}(\theta)$ 變小，就代表該模型 $f(\mathbf{x}; \theta)$ 在調整後能將更多的訓練資料正確分類。

**圖 2.19**　訓練誤差

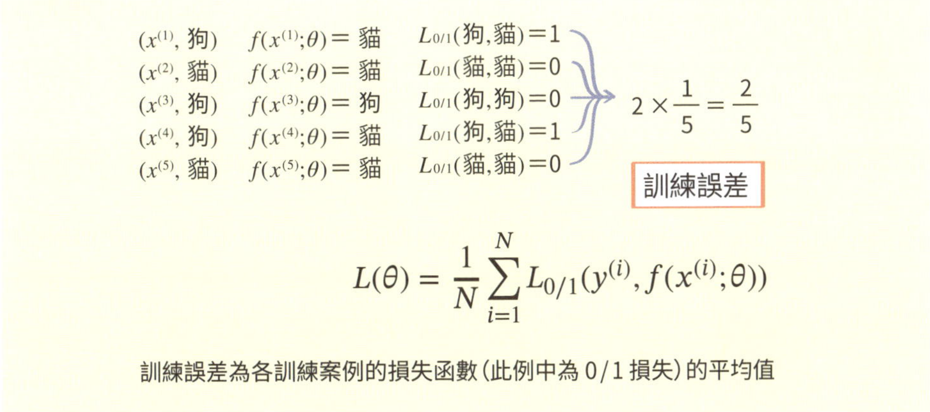

$(x^{(1)}, 狗)$　$f(x^{(1)}; \theta) = 貓$　$L_{0/1}(狗, 貓) = 1$
$(x^{(2)}, 貓)$　$f(x^{(2)}; \theta) = 貓$　$L_{0/1}(貓, 貓) = 0$
$(x^{(3)}, 狗)$　$f(x^{(3)}; \theta) = 狗$　$L_{0/1}(狗, 狗) = 0$
$(x^{(4)}, 狗)$　$f(x^{(4)}; \theta) = 貓$　$L_{0/1}(狗, 貓) = 1$
$(x^{(5)}, 貓)$　$f(x^{(5)}; \theta) = 貓$　$L_{0/1}(貓, 貓) = 0$

$$2 \times \frac{1}{5} = \frac{2}{5}$$

訓練誤差

$$L(\theta) = \frac{1}{N} \sum_{i=1}^{N} L_{0/1}(y^{(i)}, f(x^{(i)}; \theta))$$

訓練誤差為各訓練案例的損失函數（此例中為 0/1 損失）的平均值

> **Note**
> **實際上的最佳化問題與損失函數**
> 由於以上的**最佳化問題**很難進行最佳化，因此我們不會直接使用 0/1 損失函數，而是會使用交叉熵損失或均方損失（均方誤差）等。

## ❺ 解決最佳化問題　　梯度下降法與梯度

接下來，我們來說明「如何解最佳化問題」。

要找出能使目標函數值變小的參數，首先要判斷它<mark>是否有解析解</mark>。所謂有解析解，就是指有明確的公式可以求解，比如說 2 次方程式有求解公式。使用線性模型 $y=wx+b$，並以均方誤差為損失函數時，也可以透過解析法求得最佳解（optimum solution）。

但若使用的是本章介紹的其他損失函數，或之後要介紹的神經網路等<mark>非線性模型</mark>（nonlinear model），就無法利用解析法找出最小解了。這種時候，必須先將參數進行適當的初始化，再朝著可使目標函數變小的方向<mark>逐步更新參數</mark>。此外，即使是可透過解析法求解的情形，倘若計算量過大，也會改採逐步求解的方式。

### ● 梯度下降法與梯度的基本概念

在這種逐步更新參數的做法當中，有一種利用「梯度資訊」的方法，稱為<mark>梯度下降法</mark>（gradient descent, GD）。目前很多最佳化問題使用的都是梯度下降法。

**圖 2.20** 是假設參數為 2 維，將目標函數在各位置的值畫成等高線。我們想找的就是圖中標示為「**+**」，目標函數的值最小的位置。最佳化問題其實就像在高爾夫球場那種有高低起伏的平面上尋找最低點。

如果能夠擁有這張等高線圖，找出最低點就不會太困難；但本書討論的目標函數，是無法事先得知形狀的。這就像要在蒙住眼睛的情況下，單憑腳步的傾斜程度（斜率）「找出最陡峭下降的方向」一樣。我們能做的就只有求出各位置的高度與斜率而已。而這個<mark>斜率</mark>在輸入是多維的情況下，就稱為<mark>梯度</mark>（gradient）。

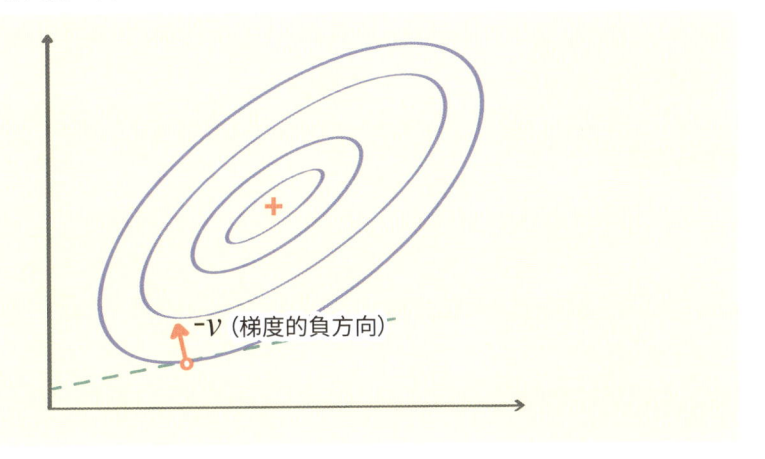

**圖 2.20** 根據目標函數畫出的等高線

-v（梯度的負方向）

這次**目標函數的變數**是**模型的參數** $\theta$。$L(\theta)$ 中 $\theta$ 的梯度 $v = \frac{\partial L(\theta)}{\partial \theta}$ 指的是對 $\theta$ 而言，函數值增加最劇烈的方向。其中符號 $\partial$ 稱為**偏微分**（partial derivative）運算。

> **Note**
> **偏微分運算與梯度**
> **偏微分運算**是在對變數各維計算微分時，將其他維視為常數的運算方式。偏微分運算結果排列而成的向量即為**梯度**。

這個梯度是一個維度與 $\theta$ 相同的向量，而負梯度「$-v$」則會對應到函數值下降最劇烈的方向。

## 梯度下降法　朝著梯度的負方向逐步更新參數

剛才的 **圖 2.20** 已經在 ○ 的位置標示出梯度的負方向「$-v$」了。就像這樣，梯度下降法會根據當前的參數求出梯度 $v$，再利用該梯度將參數更新為 $\theta = \theta - \alpha v$。此處的 $\alpha > 0$ 是一個超參數，稱為「學習率」。無法以梯度法直接最佳化，必須在學習前預先決定好的參數，我們稱為**超參數**（hyperparameter）。

接著，再次根據剛求得的新參數計算梯度，並再次更新參數。這個運算過程會一直重複，直到完成預先設定的次數，或滿足其他條件（如目標函數的改善幅度低於門檻）為止 圖2.21 。

圖2.21　梯度下降法

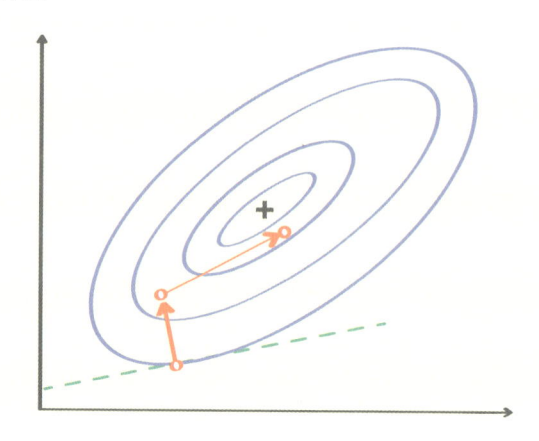

如圖所示，梯度方向不一定會一直指向最佳解的方向。當等高線不是圓形而是橢圓形時，就會出現這種情形 註11 。

雖然梯度下降法可以一次更新所有參數，不用逐一更改，所以效率很不錯，但訓練案例的數量很多時，梯度的計算成本還是會相當高。因為計算梯度時，每一次都必須對所有的訓練資料進行運算。

這一點實際看看計算梯度的運算式就會更清楚。函數 $L(\theta)$ 中 $\theta$ 的梯度如下：

$$v = \frac{\partial L(\theta)}{\partial \theta} = \frac{1}{N}\sum_{i=1}^{N}\frac{\partial l(\mathbf{x}^{(i)}, y^{(i)}; \theta)}{\partial \theta}$$

上式使用梯度的總和 $\frac{1}{N}\sum_{i=1}^{N}\frac{\partial l(\mathbf{x}^{(i)}, y^{(i)}; \theta)}{\partial \theta}$ 來計算總和的梯度 $\frac{\partial L(\theta)}{\partial \theta}$ 。也就是說，當前參數的梯度是各訓練資料的梯度總和，因此每一次計算梯度都必須完整掃過所有的訓練資料。若訓練資料的數量很多，計算量就會非常龐大。

----

註 11　目前已有人提出其他做法，利用導入梯度忽略的二階資訊，或將目標函數轉換成接近正圓形的方式來加快速度。

## Column

### 為何梯度是函數值下降最快速的方向

為什麼**梯度是函數值下降最快速的方向**呢？

梯度 $g$ 中各維度的值，代表函數值在該維度發生微量變化時，會出現多大變化。舉例來說，若從現在的位置將 $i$ 維移動一個微小量 $v_i$，則根據偏微分的定理，目標函數的值只會移動 $g_i v_i$。此外，若只移動微小量，則某維度值的移動，對其他維度的影響幾乎可以忽略（若為微小量，則可忽略 2 次項以上的影響）。

假設當前（current）參數為 $\theta_{cur}$，和各維皆移動微小量 $v_i$（向量 **v**）的結果相比，整體的變化量如下：

$$f(\theta_{cur} + \mathbf{v}) - f(\theta_{cur}) \simeq \sum_i g_i v_i = \langle \mathbf{g}, \mathbf{v} \rangle$$

其中，「$\simeq$」是趨近的意思。換句話說，函數值的變化量可由當前梯度與當前位移變化量的向量內積表示 [註a]。而根據定義，內積可以表示為各輸入向量的長度，也就是 L2 範數 [註b]，與向量夾角的餘弦 $\cos \theta$ 的乘積。

$$\langle \mathbf{g}, \mathbf{v} \rangle = \|\mathbf{g}\| \|\mathbf{v}\| \cos \theta$$

若向量的範數 $\|\mathbf{g}\|$, $\|\mathbf{v}\|$ 固定，則當 $\cos \theta$ 達到最大值 1，也就是 **v** 與 **g** 指向相同方向時，內積會最大。同樣地，內積最小的情況就是 **v** 指向 **g** 的相反方向，也就是 -**g** 的方向。因此，能使函數值在當前位置下降最多的方向，就是負梯度的方向 -**g**。

不過要注意的是，即使只是稍微離開當前位置，梯度就不一定會是函數值下降最快的方向了，因為 2 次項以上的影響會變大。因此才必須重覆「計算當前參數的梯度，朝負方向稍微前進，抵達目的地後再次計算梯度……」的過程。

---

[註a] 如果知道泰勒展開式的話，上述運算式就是在目標函數的當前值 $\theta_{cur}$ 附近，利用泰勒展開式取 1 次近似的結果，2 次項 $\mathcal{O}(\|\mathbf{v}\|^2)$ 是微小量所以可忽略。

[註b] L2 範數的定義為：$\|\mathbf{v}\| = \sqrt{\mathbf{v}^T \mathbf{v}}$

## 隨機梯度下降法

因此就出現了另一種想法：只取訓練資料的一部分來估計**梯度的近似值** $\hat{v}$，取代原本的梯度來更新參數。假設現在要從整體訓練資料中取樣 B 筆訓練資料 $\{(x^{(j)}, y^{(j)})\}_{j=1}^{B}$，以這些樣本來計算梯度的估計值，那這些被取樣的訓練資料，就稱為**小批次量**（mini-batch）。我們要先計算出小批次量的梯度，再以該梯度進行最佳化。

$$\hat{v} = \frac{1}{B} \sum_{i=1}^{B} \frac{\partial l(\mathbf{x}^{(i)}, y^{(i)}; \theta)}{\partial \theta}$$

$$\theta := \theta - \alpha \hat{v}$$

這種做法稱為**隨機梯度下降法**（stochastic gradient descent, SGD）。

而之所以稱為「隨機」，是因為「從訓練資料中取樣小批次量，再以小批次量計算出梯度」的整個運算過程，也可以看作是「在訓練資料及批次量大小決定的向量機率分佈 $P(v; D, B)$ 之中取樣梯度」。當 $\tilde{v} \sim P(v; D, B)$ 時，這個 $\tilde{v}$ 的期望值就會與真的梯度相同。

> **梯度的期望值** Note
> 梯度 $v$ 的機率分佈 $P(v)$ 的期望值，定義為 $\mathbf{E}_{P(v)}[v] = \sum_v v P(v)$。

● **隨機梯度下降法的效果** 快速化與常規化

由於隨機梯度下降法是使用不精確的梯度，因此抵達最佳解所需的次數（收斂次數）會比梯度下降法要來得多。但因為每次計算梯度的時間都比較短，所以整體計算量還是可以降低。如果是大型訓練資料集的話，速度會有數百倍到數萬倍的急遽提升。

此外，隨機梯度下降法可以在更新時增加適當雜訊來跳脫出較差的局部解，還能夠提升普適性能，帶來超出原本預期的「常規化效應」（之後會說明）。比如說，目前已知平坦的解（參見 p.4-6）會比不平坦的解有更高的普適性能，而隨機梯度下降法被認為更容易抵達這種平坦的解。

## Column

### 為何不使用 0/1 損失函數來「學習」呢？
#### 代理損失函數

既然談到梯度下降法的使用，我們再來看看為什麼損失函數不使用可以直接表示錯誤比例的 0/1 損失函數，而要使用其他的損失函數（如交叉熵損失函數或均方損失函數）吧！

首先，第 1 個問題是 0/1 損失函數**幾乎在所有位置都是水平的，只有在分類改變的位置會是垂直的**（就像委內瑞拉的「圭亞那地盾」一樣）。這代表在大多數的位置上，梯度都會是 0，因為即使稍微移動參數，錯誤的程度也不會改變。若使用梯度下降法，梯度幾乎皆為 0，就會一直停留在原地，而無法抵達最佳解。

第 2 個問題是 **0/1 損失函數並不是凸函數**。我們要最佳化的目標函數，是由代表模型的函數與損失函數連接而成的函數。若代表模型的是線性函數，而損失函數為凸函數，則整體也會變成凸函數。損失函數若是凸函數，就會有很多優點，比如說收斂快速，以及可得知求出的解是否為最佳解。

因此適合學習使用的損失函數，需要與 0/1 損失函數有相同的性質，但梯度在許多位置上都不是 0，而且要是凸函數。在大多數的情況下，我們會使用圖形保持在 0/1 損失函數上方的平滑函數。這種函數稱為**代理損失**（surrogate loss）**函數**。

之前提到的交叉熵損失函數就是一種代理損失函數，所以可以透過梯度下降法來進行學習。

## 常規化　提升普適性能

目前為止，我們已經介紹了使用隨機梯度下降法來尋找降低訓練誤差的參數。但機器學習的目標並不是將訓練資料分類得很好，而是**取得普適能力**，讓未知資料也能夠被分類得很好。

**常規化**（regularization）就是**取得普適能力的一種方法**。**常規化**指的是**在學習過程中，為了最小化訓練誤差，並提升普適性能而進行的操作**。

# 第 2 章　機器學習入門

一般來說，常規化的達成方式，都是抑制模型的表現力[註12]，並在學習時提供模型的特徵或約束條件。常規化的做法之一，是在想要最佳化的目標函數中加上**常規化項** $R(\theta)$：

$$L(D, \theta) + CR(\theta)$$

其中的參數 $C>0$ 決定了常規化項相對於訓練誤差的重要程度。$C$ 較大時，代表重視常規化項，$C$ 較小時，則代表重視訓練誤差[註13]。

常規化項 $R(\theta)$ 可以使用參數的範數（norm），如 L2 常規化[註14]與 L1 常規化。

$$R_{L2}(\theta) = ||\theta||_2^2 := \sum_j ||\theta_j||^2 \quad \leftarrow 使用\ L2\ 常規化$$

$$R_{L1}(\theta) = ||\theta||_1 := \sum_j |\theta_j| \quad \leftarrow 使用\ L1\ 常規化$$

> **Note**
> **L2 常規化與 Lp 常規化**
>
> 雖然 L2 常規化的定義為 $\sqrt{\sum_j ||\theta_j||^2}$，但是在計算成本的考量下，通常都是使用取平方的版本。
>
> Lp 範數（$L^p$ 範數）一般記為 $||x||_p$，定義為 $||x||_p = (\sum_{i=1}^m x_i^p)^{1/p}$。

其實即使無法降低訓練誤差，只要能夠提高普適性能的做法，都可以用於常規化。比如說，在不會改變結果的情況下，對訓練資料進行轉換（將影像辨識中的影像放大、縮小或左右翻轉），以擴增資料（2.3 節）的**資料擴增法**，就是一種代表性的常規化做法。這樣做雖然不能減少訓練誤差，但是可以提升普適性能。

---

註 12　可以參考 2.3 節「減少假說數量，以避免過度配適」內容。
註 13　之前有稍微提過，這種無法藉由梯度法最佳化，必須在學習前預先決定的參數，稱為「超參數」。
註 14　在神經網路中被稱為「Weight Decay（權重衰減）」的常規化，就相當於 L2 常規化。

## ❻ 評估學習後的模型　　普適誤差

最後一步，則是評估藉由學習得到的模型。訓練誤差與帶有常規化項的訓練誤差，都可以直接計算求得。但在訓練資料以外的未知資料能達到多少性能，就必須經過評估了。我們將**在未知資料上的誤差期望值**，稱為**普適誤差**（generalization error，又稱期望損失）。

$$L_{test}(\theta) = \mathbb{E}_{(\mathbf{x},y) \sim P(\mathbf{x},y)}[l(\mathbf{x}, y; \theta)]$$

> **Note**
> **關於 $\mathbb{E}_{x \sim P(x)}[f(x)]$ 記號**
> 這個記號表示在機率分佈 $P(x)$ 上取 $f(x)$ 值的期望值，計算方式為 $\mathbb{E}_{x \sim P(x)}[f(x)] = \sum_x P(x)f(x)$（若 $P(x)$ 為機率密度，則以積分計算）。

雖然最終目標是減少這個普適誤差，但求出資料分佈上的誤差期望值還是很困難。

因此我們可以在訓練資料外，另外再準備一份**評估資料**，利用學習中未使用的評估資料來衡量模型性能，作為**普適誤差的近似值**。這樣就能**估計訓練誤差與普適誤差的差距近似值**了。由於一般而言，模型都會進行最佳化以減少訓練誤差，因此訓練誤差可能會等於或小於普適誤差。如此一來，評估時就會出現以下 3 種情形 圖2.22：

❶ 訓練誤差和普適誤差都很大（**低度配適**）
❷ 訓練誤差小，但普適誤差大（**過度配適**）
❸ 訓練誤差和普適誤差都很小 ←**理想情況（學習成功！）**

> **Note**
> **評估資料、驗證資料、測試資料**
> 評估資料（之後說明）通常都是由調整超參數用的驗證資料，與最終評估性能用的測試資料所組成的。為了避免過度配適，測試資料的評估次數會設定在一定次數以下。在接下來的內容中，若沒有特別區分，就會將這些資料統稱為「評估資料」。

**圖 2.22** 訓練誤差與普適誤差的關係

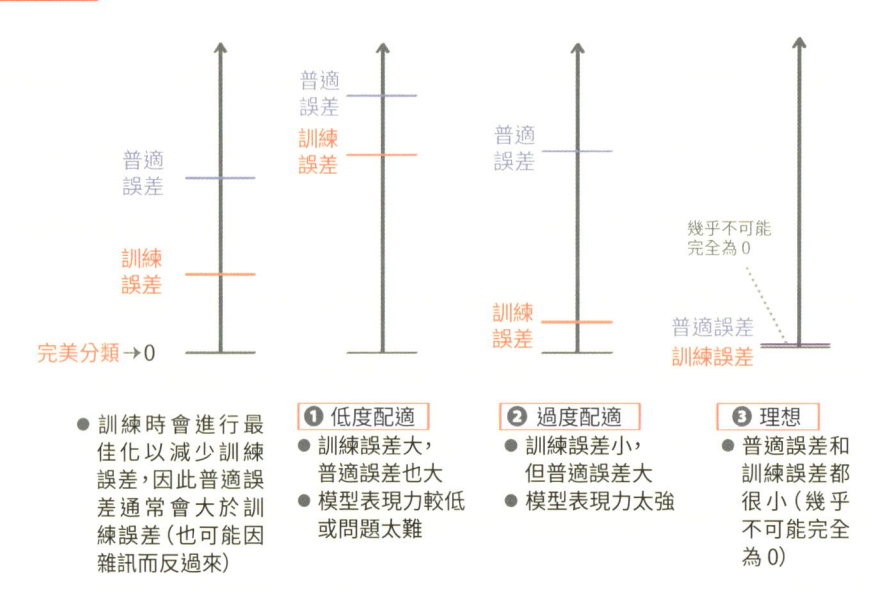

- 訓練時會進行最佳化以減少訓練誤差，因此普適誤差通常會大於訓練誤差（也可能因雜訊而反過來）

❶ **低度配適**
- 訓練誤差大，普適誤差也大
- 模型表現力較低或問題太難

❷ **過度配適**
- 訓練誤差小，但普適誤差大
- 模型表現力太強

❸ **理想**
- 普適誤差和訓練誤差都很小（幾乎不可能完全為 0）

❶ 這種訓練誤差和普適誤差都很大的情形是<mark>低度配適</mark>（underfit）的狀態，代表模型連訓練資料都無法預測得很好。會出現這種情況，有可能是模型的表現力不夠、目標問題太難、資料的雜訊過大，或輸入與輸出之間其實沒有關係。這種時候必須重新確認資料與問題，或嘗試增加模型的表現力，以減少訓練誤差。

❷ 這種雖然成功降低訓練誤差，但普適誤差還是很大的情形，是<mark>過度配適</mark>（overfit）的狀態。雖然模型已藉由訓練資料建立完成，但得到的模型只對訓練資料有效，一旦遇到未知資料就表現不好。這種時候必須透過常規化來縮小訓練誤差與普適誤差之間的差距。此外，當輸入與輸出之間真的不存在關係時，也會出現過度配適的情形。這代表模型其實是「硬背訓練資料」。這種模型對未知資料的預測表現也會不佳。

若能達到 ❸ 這樣訓練誤差與普適誤差皆變小的狀態，就代表<mark>學習成功了</mark>！但請記住，即便如此，<mark>以評估資料對普適誤差做出的評估只是近似</mark>。如果評估資料夠多，可以從資料分佈整體中隨機抽樣的話，是可以預期在

其他資料上也會有很高的機率表現良好，但除此之外的情形，還是必須多留心。

## 評估模型與準備資料的注意事項

關於「評估」，有幾點必須注意。首先，正如之前所提的，評估資料不可以使用在學習過程中，也不能參考評估資料的結果來調整模型或超參數。

此外，調整超參數時也必須小心。因為有些超參數可以改變學習的行為或決定常規化的強度。在決定要使用哪些超參數時，必須以減少普適誤差為目標，而非降低訓練誤差。若在設定超參數時，就使用了評估資料做為參考，將會無法正確評估在未知資料上的表現好壞。因為這就像在期末考前先偷來考卷，查好所有答案後，再以考試結果評斷實力一樣。

這種在學習時就使用到評估資料的狀態，稱為**洩漏**（leak）。如果要確保評估結果正確，就必須防止洩漏。因此在調整超參數時，除了測試資料之外，還必須再準備驗證資料，用來評估訓練成效以調整模型及超參數。

總而言之，我們必須要準備「3 種資料」。所以收集到附有標準答案的資料之後，必須分割為**訓練資料**、和**評估資料**，再把評估資料分為**驗證資料**與**測試資料**。其中，訓練資料要占多數，驗證資料與測試資料的筆數則至少要能穩定求值[註15]。

另外，如果以評估資料進行過太多次的評估，有可能會剛好找到一種僅適用於評估資料的方法，導致無法評估普適誤差。由於人工智慧的研究社群使用相同資料集進行過太多次評估，因此評估資料的洩漏應該已經很嚴重。

我們可以限制使用評估資料驗證的次數，來避免這種情況發生，但這會使改善的速度變慢。因此在驗證資料上進行評估時，必須多花點心思設計，比如說以增加雜訊的資料進行評估等，以避免評估資料洩漏的問題[註16]。

---

[註15] 若資料的筆數夠多，通常會設為 8:1:1；若資料的筆數較少，通常會降低訓練資料的比例。
[註16] 如保留驗證（holdout）等方法。

# 2.7 以機率模型理解機器學習

機器學習能夠處理資料,尋找這些資料背後的通用性與規律。

這些通用性與規律通常都可以使用「機率」這種工具來做出很好的分析。而且以機率處理非確定性(nondeterministic)或不確定性(uncertainty)等現象,也會比較靈活。

因此第 2 章的最後,我們就談談該如何以機率模型來理解機器學習的基本概念吧!接下來的內容將會提到機率的基礎知識(聯合機率、條件機率及後驗機率等),若有需要的話,請參考附錄的介紹。

## 最大概度估計、最大事後估計與貝氏推論

當給定觀測資料為 $X=\{x^{(1)}, x^{(2)}, ..., x^{(N)}\}$ 時,該如何推測生成該觀測資料的機率分佈 $p(x)$ 呢?

我們可以先建立一個以參數 $\theta$ 描述特徵的模型 $q(x;\theta)$ 來學習,再藉由估計參數的值來推測出機率分佈。

當機率為 $p(x)$ 時,觀察到事件 $u$ 發生之機率 $p(x=u)$,稱為事件 $u$ 的**概度**(2.6 節)。以下這個 $p(x=u)$ 皆略稱為 $p(u)$。

「概度」指的是在已知某一特定參數(如機率分佈)的情況下,觀察到某一定結果的「可能性」。比如說,假設已知將鞋子丟出去會有 1/3 的機率正面朝上,2/3 的機率鞋底朝上。若實際丟出去後,觀察到鞋底朝上,則此觀察結果在此假設下的概度就是 2/3。

此時能夠使觀察結果得到最大概度 $p(u;\theta)$ 的參數,就會被當成推測結果使用。這種做法稱為**最大概度估計**。換句話說,最大概度估計所使用的推測結果,是最有可能生成出觀測資料的參數。而如前所述,以觀測資料

定義的經驗分佈與模型定義的機率分佈之間的交叉熵作為損失進行的學習結果，會等同於最大概度估計[註17]。

我們再更進一步來看看這個最大概度估計吧！假設觀測資料中的每一筆資料都是從同一個分佈中獨立取樣（i.i.d. 假設），則資料 X 的概度可表示為產生每一筆資料的概度乘積，如下所示。其中「$\prod$」（大寫的 $\pi$）是代表乘積的符號。

$$p(X;\theta) = \prod_{i=1}^{N} p(x^{(i)};\theta)$$

這個 $p(X)$ 雖然也可以直接最大化，但是會出現幾個問題。

首先，$p(X)$ 是許多小於 1 的數字的乘積，因此會是非常小的值，電腦難以處理。此外，求解乘積最大值的問題，通常都是很困難的問題。

因此我們改成取概度的對數，並以這個**對數概度**來解最大化問題。如此一來，較小的數值就會變成負值，乘積則會變成總和，計算起來較簡單，也比較容易最佳化。

$$\log p(X) = \sum_{i=1}^{N} \log p(x^{(i)};\theta)$$

對數對於輸入而言，是單調遞增函數，意即 $a < b \leftrightarrow \log a < \log b$ 是成立的。因此，最大化對數概度的機率分佈，就是最大化概度的機率分佈。

$$\theta_{MLE} := \arg\max_{\theta} \sum_{i=1}^{N} \log p(x^{(i)};\theta)$$

上式中的 $\arg\max_{\theta} f(\theta)$ 符號，意思是找出使 $f(\theta)$ 最大化的 $\theta$，也可視為找出函數的最佳化結果。最小化的符號則是 arg min。

由於最大化 $\log p(X)$ 與最小化 $-\log p(X) = \sum_{i=1}^{N} -\log p(x^{(i)})$ 是一樣的意思，因此也可以看作是以負對數概度 $-\log p(x^{(i)})$ 為損失函數的學習。

---

[註17] 不同分佈之間的交叉熵損失，就不是最大概度估計了。例如，將經驗分佈替換成其他模型的機率分佈所求出的交叉熵損失。

由最大概度估計求解機率分佈的問題，若能滿足 i.i.d. 假設，則觀測資料越多，就會越接近真正的參數。這種性質稱為**一致性**（consistent）。但當觀測資料數量較少時，最大概度估計就很有可能偏離真實分佈。

舉例來說，假設箱子中有紅、藍、黃 3 種顏色的球至少各 1 顆，而取出 3 次後的結果為紅色 2 次與藍色 1 次。在此情況之下，我們可以推測（省略推導過程）各種顏色的最大概度估計為：紅色 2/3、藍色 1/3 與黃色 0/3。但因為黃色至少也有 1 顆，所以黃色取出機率為 0 的說法是錯誤的。

由此可知，**若能加入有關機率分佈的知識**，而非只依靠觀察結果決定參數，**就有可能在參數估計時得到更好的結果**。

在取得觀測資料之前，就先描述已知的相關資訊或信念的機率分佈，稱為**事前分佈**（prior distribution），表示為 $p(\theta)$。

以下使用**貝氏定理的公式**（請參考附錄）。

$$P(Y|X) = \frac{P(X|Y)P(Y)}{P(X)}$$

令 $X$ 為觀測資料、$Y$ 為參數 $\theta$，則

$$P(\theta|X) = \frac{P(X|\theta)P(\theta)}{P(X)}$$

由於 $P(\theta|X)$ 是已知觀測資料後的機率分佈，因此稱為**事後分佈**（posterior distribution）。推測讓事後機率最大化的 $\theta$ 的方法，稱為**最大事後機率法**或 **MAP**（Maximum a posterior）**估計**。

$$\theta_{MAP} = \arg\max_{\theta} P(\theta|X)$$

由於 $P(X)$ 與 $\theta$ 無關，在尋找最大化 $P(\theta|X)$ 的 $\theta$ 時，可以將其忽略，因此最大事後估計在求的其實是能夠最大化 $\theta_{MAP} = \arg\max_{\theta} P(X|\theta)P(\theta)$ 的 $\theta$。

相較於最大概度估計 $\theta_{MLE} = \arg\max_{\theta} P(X|\theta)$，可以看出最大事後估計在推測概度時也考慮到了事前機率。

舉例來說，假設 $\theta$ 的事前機率為平均值 0、變異數 $\sigma^2$ 的常態分佈，則

$$p(\theta) = \frac{1}{\sqrt{2\pi\sigma^2}} exp\left(-\frac{\theta^2}{2\sigma^2}\right)$$

$$\ln p(\theta) = -\frac{\theta^2}{2\sigma^2} + （與 \theta 無關的項）$$

與參數在 L2 常規化後的學習結果一致。同樣地，若假設事前機率為拉普拉斯分佈[註18]，則最大事後估計將會與 L1 常規化的結果一致。

由此可知，**最大事後估計的結果會相當於用負的對數概度為損失函數、並使用參數事前機率導出常規化項的目標函數的最佳化問題**。

## 以機率框架看待學習問題的優點　貝氏神經網路

以機率框架看待學習問題的最大優點，是可以**分析模型本身的分佈**。最大概度估計與最大事後估計都是估計 1 個參數，這種做法稱為**點估計**（point estimation）。相對地，如果最終希望得到的不是參數，而是預測值 $p(x)$ 或 $p(y|x)$，則可以將參數**邊際化**的結果作為最終結果[註19]。

$$p(x|D) = \int_{\theta} p(x;\theta)p(\theta|D)d\theta$$

預測值為各模型的預測期望值，經事後分佈 $p(\theta|D)$ 加權後得出的結果。

當各模型皆為神經網路時，這種估計法稱為利用**貝氏神經網路**（Bayesian Neural Network）的估計法。以貝氏神經網路進行估計除了能獲得較點估計更**穩定的估計**之外，還有能夠**考慮到預測的不確定性**等優點，

---

註18　拉普拉斯分佈是平均值附近較常態分佈尖銳的一種機率分佈。
註19　以求和的方式將特定變數消去的做法，一般稱為「邊際化」（請參考附錄）。

但因為必須對參數積分，所以直接計算的計算量會很大。不過目前也已經有人提出幾種可以更有效率地求出貝氏神經網路的方法。

比如說，**Deep Ensembles**[註20] 就是藉由集成不同初始值學習到的多個神經網路之預測值，來逼近貝氏神經網路的估計。而且雖然計算量很龐大，但有項研究利用許多計算資源，直接求出事後分佈[註21] 後，證實了 Deep Ensembles 可以得到很好的近似結果。

## 2.8 本章小結

本章介紹了機器學習的整體流程與當中的許多重要概念。在各小節與專欄中登場的術語包括：**內積、線性模型、權重向量（係數）、偏值（截距）、損失函數、0/1 損失、交叉熵損失函數、均方損失（均方誤差）、代理損失函數、最大概度估計、訓練誤差、普適誤差、最佳化、目標函數、梯度、梯度下降法、隨機梯度下降法、常規化、L1/L2 常規化、超參數、評估資料、過度配適、低度配適、最大事後估計、貝氏推論、貝氏神經網路**。

雖然內容很多，但都是機器學習的重要概念，所以各位可以慢慢熟悉這些術語，之後一定會有助於理解後面的章節。

---

註20 參考：S. Fort et al.「Deep Ensembles: A Loss Landscape Perspective」（arXiv:1912.0275, 2019）
註21 參考：P. Izmailov et al.「What Are Bayesian Neural Network Posteriors Really Like?」（ICML, 2021）

## Column

### 神經網路架構搜尋　NAS

相對於仍由人類提供特徵函數或資料表現方式的機器學習，深度學習已經可以從資料中學習到特徵的表示方式了。但人類目前仍負責執行**架構設計，決定神經網路中所使用的層的類型以及組合方式**。具體而言，包含：

- 使用何種類型的層（卷積層、池化層、深度卷積層、分組卷積層、全連接層等，之後在第 3 章說明）
- 如何利用跳躍連接（第 4 章說明）等，將各層連結
- 如何決定各層的單元數與卷積核尺寸等相關參數

目前也持續有人參考較易學習、較易最佳化的討論或實驗結果，或是任務的先驗知識等等，提出新的架構。

不過就像機器學習演變到深度學習的過程中，實現了**特徵工程的自動化**一樣，目前也有許多對於**神經網路架構搜尋**（neural network architecture search, NAS），也就是**自動搜尋神經網路架構**的嘗試，正在探索當中。由於架構很難一開始就完全決定，因此通常都是以模塊（block）為單元，先決定模塊之間要如何組合，再自動決定模塊內部要使用何種層。然後利用與訓練資料分開準備的驗證用資料，來評估哪種組合的表現會比較好。

由於「選擇哪種類型的層」是一種離散動作，而且評估時使用的是驗證資料，因此無法使用梯度下降法來進行學習。但我們可以改用無需計算梯度也能進行學習的強化式學習、基因演算法或演化策略。此外，離散式的選擇問題，也可以改用機率來選擇要使用哪種層，再以梯度進行學習，或利用稱為「剛貝爾軟性最大化技巧（Gumbel softmax trick）」、可對離散型隨機變數計算梯度的方法，來使用梯度下降法求解。

神經網路架構搜尋不但能夠省去搜尋架構的麻煩，還能找到在準確率與性能上，都比目前已知架構更好的架構。尤其是在那些神經網路架構尚未充分最佳化的小眾任務，以及滿足特定硬體或計算條件的**神經網路搜尋**上，神經網路架構搜尋能夠發揮的效果更好。只要能順利運用神經網路搜尋，**資料設計與學習問題的設計，應該也會變得更加重要。**

# 第 3 章
# 深度學習的技術基礎

組合資料轉換的「層」
實現特徵學習的效果

**圖 3.A** 本章整體概念

深度學習
⇒ 用神經網路
　實現特徵學習

資料的特徵
「我喜歡狐狸烏龍麵」 ⇒ ?
文件

影像 ⇒ ?

該如何表示
資料的特徵
才可以保留資訊
又能夠輕鬆地解決
後續的任務？

傳統　　由專家（人類）設計特徵

深度學習　由神經網路（機器）
　　　　　從資料中學習特徵的表示方法

上一章介紹了機器學習的基礎概念，本章將進入本書主題，開始說明機器學習的其中一個領域：**深度學習**。我們會循序漸進地從深度學習為何得以成功，一路介紹到其運作機制。

首先要介紹的是**特徵學習**（representation learning），這是深度學習的重要概念。接著針對**深度學習的模型**，也就是**神經網路**與**學習方法**進行說明。再來，先確實理解**反向傳播**的原理之後，再以**神經網路中較具代表性的組成元素**為主題，進入「張量」、「（各種）連接層」與「激活函數」的解說 圖3.A。

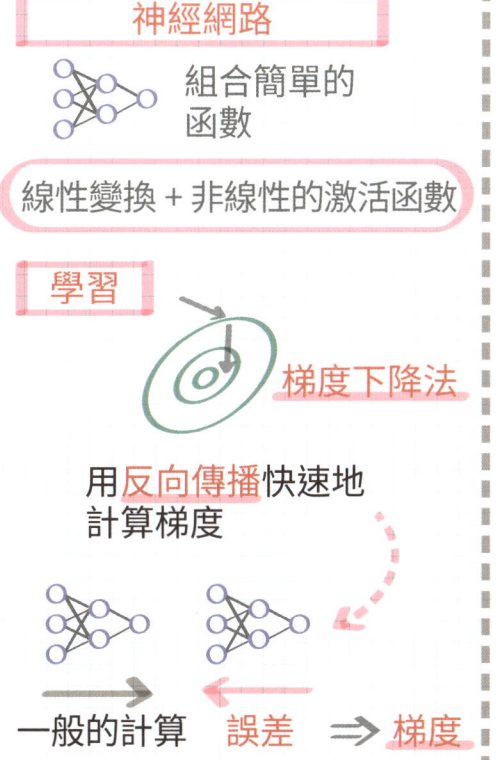

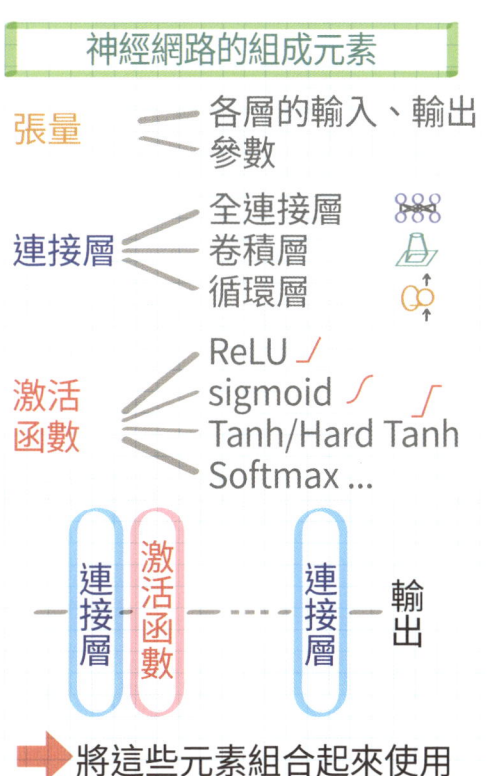

### 神經網路

- 組合簡單的函數
- 線性變換 + 非線性的激活函數

### 學習

- 梯度下降法
- 用反向傳播快速地計算梯度
- 一般的計算 ← 誤差 ⇒ 梯度

### 神經網路的組成元素

- **張量** — 各層的輸入、輸出、參數
- **連接層** — 全連接層、卷積層、循環層
- **激活函數** — ReLU、sigmoid、Tanh/Hard Tanh、Softmax ...

連接層 — 激活函數 — … — 連接層 — 輸出

➡ 將這些元素組合起來使用

3-1

# 3.1 特徵學習
## 「標示特徵」的重要性及挑戰

想要理解深度學習，就必須先了解「資訊的特徵」及「特徵學習」等重要概念。

### 該如何標示資訊的特徵　機器學習的重要課題

機器學習有一項重要的課題，是**如何標示目標資訊特徵** 圖3.1。因為當資訊良好地標示出特徵時，無論後續要進行分類或迴歸，都不會是難事。但若標示得不適合，即使煞費苦心設計流程或模型，也會無法學習、獲得普適性。

**圖 3.1**　特徵的重要性與深度學習

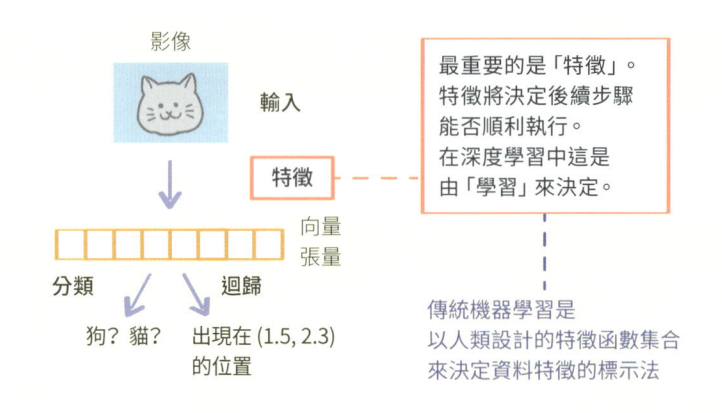

影像
輸入
特徵
向量
張量
分類　迴歸
狗？貓？　出現在 (1.5, 2.3) 的位置

最重要的是「特徵」。
特徵將決定後續步驟能否順利執行。
在深度學習中這是由「學習」來決定。

傳統機器學習是以人類設計的特徵函數集合來決定資料特徵的標示法

舉例來說，假設現在有一張影像，來想想有什麼**影像特徵的標示方法**吧。如果這張影像的**特徵以文字標示**為「握著球棒的男孩」，而我們想要判斷的卻是影像中的男孩以哪隻手握住球棒，那麼因為這段文字中缺少「以哪隻手握住球棒」的資訊，想當然耳，無論進行什麼樣的處理，都無法從「握著球棒的男孩」這段文字判斷出握住球棒的是哪隻手。同樣地，這個男

孩的身高、站立位置、影像中的人數與球棒顏色等資訊，也都無法判斷，因為特徵的標示中遺漏了原本存在的資訊，導致後續任務缺少可以使用的線索。由此可知，標示特徵時必須要保存可供後續任務使用的資訊。

但是完整保存所有資訊就是最好的做法嗎？那也不見得。我們以上述「握著球棒的男孩」的影像為例，該原始影像對電腦而言，是將兩個維度上的顏色**以數值序列形式排列而成的資訊**。直接將數值序列輸入分類器，就要判斷握住球棒的是哪隻手，是非常困難的。人類要從「數值序列」直接看出影像內容，也是極其困難的事情。

因此，為方便後續任務使用，我們必須對資訊中的概念及因子加以辨識與拆解。這個動作稱為「**解開**（disentangled）**特徵**」。

目標資訊需要以不會缺失資訊、又便於後續任務處理的方式來標示出特徵。接下來再多看幾個「何謂特徵標示」的範例來加深理解吧！

## 文件的特徵標示問題

首先以分類文件的任務為例。文件是由長度不固定的字串所組成，這些字串包含單位較小的單字、片語及段落等組塊（chunk），這些小組塊又會依照一定的規則排列。將這些結構與單字、片語本身的含意結合起來，即可構成文章整體的含意。基於上述基礎，我們再回到原本的問題，到底該如何標示文件的特徵才是最適合的呢？

● ······· BoW　藉由「局部資訊」，即「單字的出現」來標示文件

**BoW**（Bag of words，詞袋）是一種很經典的文件特徵標示方法，以各單字在文件中的出現與否作為文件的特徵。BoW 採取非常大膽的簡化手段，直接忽略單字在文件中的位置與排列等資訊，通常只看具有單獨含意的實詞，不統計獨立時不具意義的指示詞與助詞等。

在 BoW 標示法中，當所有單字的種類有 $m$ 種時，文件就將特徵標示為 $m$ 維的向量 $x$。每一種單字會分配到一個 $1 \sim m$ 的整數 ID，當單字 $w$（此

處的 w 就是代表單字的整數 ID）出現在文件中時就設定 $x_w=1$，未出現則 $x_w=0$。至於這裡設定的值，除了以 0 和 1 表示單字的出現與否之外，也常會記錄 詞頻（term frequency, **tf**），也就是單字在文件中的出現次數；或是記錄 文件頻率（document frequency, **df**），就是在所有文件中，包含該單字的文件出現多少次。 圖3.2 為句子 S 的 BoW 範例。

圖3.2　句子 S 的 BoW 特徵範例

句子 S =「我喜歡狐狸烏龍麵」

「句子 S」的 BoW 特徵

| 單字 | 值 |
|---|---|
| 我 | 1 |
| 你 | 0 |
| 烏龍麵 | 1 |
| 狐狸 | 1 |
| 狸貓 | 0 |
| 喜歡 | 1 |
| 討厭 | 0 |

| | |
|---|---|
| | 1 |
| | 0 |
| | 1 |
| | 1 |
| | 0 |
| | 1 |
| | 0 |

用 BoW 標示特徵雖然簡單，卻出奇有效。因為單字種類較多時，光是知道有哪些單字出現，就能掌握許多關於文件的資訊。

● BoW 的問題

但 BoW 也有很多問題。首先是 BoW 得出的特徵缺少文件中單字的出現順序與位置等資訊。舉例來說，「我喜歡狐狸烏龍麵」和「我是喜歡烏龍麵的狐狸」，是 2 個含意明顯不同的句子，但在 BoW 的特徵中，這兩者的向量是相同的，因為「我」、「烏龍麵」、「狐狸」和「喜歡」，所對應到的維度皆為 1，其餘則皆為 0 圖3.3 。因此若使用 BoW 特徵，將無法在後續處理得知何者才是原始文件。

譯註：日語中「狐狸烏龍麵」指的是加上油炸豆皮的烏龍麵，另有一種料理是「狸貓烏龍麵」。作者在本節以此為例說明 BoW 無法判斷「狐狸」是料理名稱還是動物。

**圖3.3** BoW 特徵不包含單字順序、位置資訊

S1＝「我喜歡狐狸烏龍麵」
S2＝「我是喜歡烏龍麵的狐狸」

| 單字 | S1 | S2 |
|---|---|---|
| 我 | 1 | 1 |
| 你 | 0 | 0 |
| 烏龍麵 | 1 | 1 |
| 狐狸 | 1 | 1 |
| 狸貓 | 0 | 0 |
| 喜歡 | 1 | 1 |
| 討厭 | 0 | 0 |

由於 BoW 特徵會忽略順序，因此無法區分 S1 與 S2 這 2 個含意不同的句子

其次則是 BoW 不太能處理單字本身的含意。舉例來說，「蕎麥麵」和「烏龍麵」都是食物，而且都是麵類，兩者其實相當類似，但在 BoW 特徵中，「蕎麥麵」和「烏龍麵」會被分配到不同維度，也不會特別標記兩者是相近的資訊。因此以含有「蕎麥麵」的文件所學習到的成果，將無法應用於含有「烏龍麵」的文件上。

---

**Column**

### 使用 tf-idf 實作特徵萃取

**tf-idf**（tf-inverse document frequency，詞頻－逆向文件頻率）是用來將文件轉換成向量的一種廣為使用的特徵萃取方法。其中 **tf** 代表的是單字在文件中出現的次數，**df** 則是在所有文件中，出現單字的文件數量。

由於會出現在許多文件中的單字，很有可能是無關於文件特徵的單字，因此 **df 較小的單字較為重要**。假設文件總數為 $DF$，一般會以 $tf \times \log(DF/df)$ 作為特徵使用（若 $df$ 為 0 會另做適當的修正，避免結果不正常增大）。

原本 tf-idf 是一種經驗法則的做法，但後來發現在資訊理論的框架內，這也可以視為附於「單字－文件對」的資訊量[a]。

註a ●參考：S. Robertson「Understanding inverse document frequency: on theoretical arguments for IDF」(Journal of Documentation, 2004)

## 影像的特徵問題　BoVW

我們再來看看影像分類任務的例子。影像資料也可以像 BoW 標示法一樣，以向量來標示出影像中含有的**局部特徵**[1]集合。這類**特徵是由影像中的局部資訊決定的**。而標示這些局部特徵時會忽略特徵之間的相對位置關係，單純以出現與否來建立模型。這種影像特徵的標示方式稱為 **BoVW**（Bag of visual word，視覺詞袋）。

BoVW 特徵和 BoW 特徵一樣，都會因為忽略位置及關係性而缺少重要資訊。例如，無法區分「人騎在馬上」的影像和「馬騎在人上」的影像。

## 傳統由專家設計的特徵工程／特徵方法

過去，上述這些資料特徵的標示方式都必須依靠「**專家設計特徵工程／特徵方式**」。影像領域中的 SIFT（Scale-invariant feature transform，尺度不變特徵轉換）和語言處理領域中的 tf-idf，都是很典型的例子。這些特徵工程都用到像是「影像含意不會因為放大、縮小或旋轉而改變」，或「語言中，常用詞較不重要、稀有單字較為重要」等知識來設計。

然而正如博藍尼悖論所述，「我們知道的比我們所能表達的還多」，專家們雖然能在分類時達到高準確率，但要他們明確表達出在分類時是查看了什麼特徵、使用了哪種資料特徵，並將這些依據數值化，轉換成可在電腦上執行的形式，也不是件容易的事。

## 深度學習的高性能來自於成功實現特徵學習

其實過去一直有很多研究，試圖**從資料本身學習資料特徵的標示方法**。

其中深度學習已被證實，在許多問題上都能有效實現**特徵學習**（representation learning）。甚至可以說「**深度學習之所以有卓越的性能，都是因為實現了特徵學習**」。

---

註1　SIFT 及 HOG（Histograms of oriented gradients，方向梯度直方圖）等。SIFT 是具有尺度／旋轉不變性等特徵，用於描述特徵點周圍的梯度直方圖。HOG 則用於描述特定區域的特徵。

## 3.2 深度學習的基礎知識

本節將以上一節的講解為基礎,接續說明何謂深度學習,以及為何深度學習能夠取出良好的特徵。

### 何謂深度學習

**深度學習** 圖3.4 指的是層數多、寬度廣,且利用神經網路的機器學習方法,以及其相關的研究領域。

圖3.4　深度學習的層數及寬度的大小

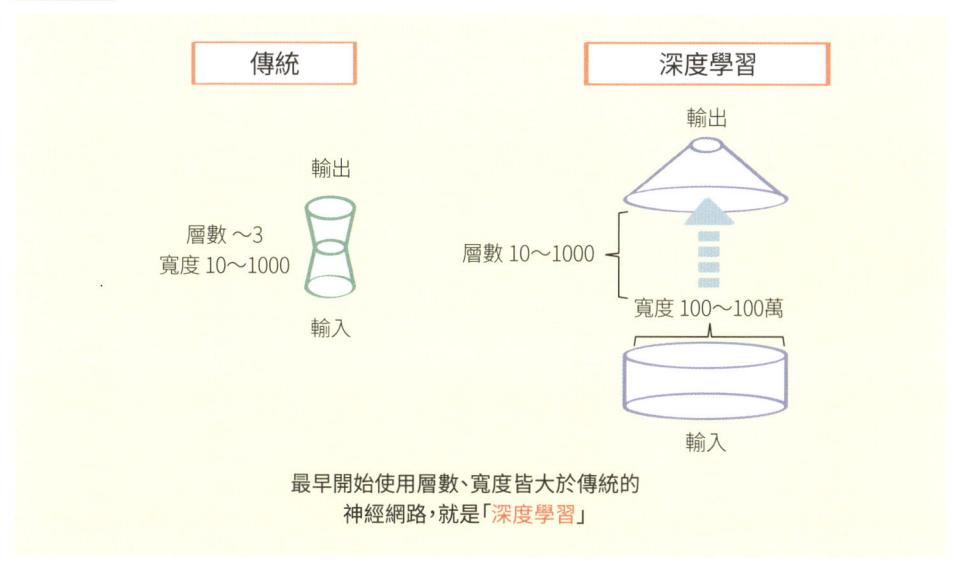

傳統
層數 ~3
寬度 10~1000
輸出
輸入

深度學習
輸出
層數 10~1000
寬度 100~100萬
輸入

最早開始使用層數、寬度皆大於傳統的神經網路,就是「深度學習」

正如第 1 章所述,神經網路打從人工智慧的黎明期便已存在,並不是種新的做法,但因為電腦性能的提升、學習用資料的增加以及各種學習方法的推陳出新,才得以大幅進化,取得令人驚豔的成果。

# 神經網路受到「大腦機制」的啟發

神經網路最早是模仿大腦機制建立而成的。而大腦則是由名為**神經元**（neuron）的神經細胞與連接神經元的**突觸**（synapse）所組成，只要改變突觸的**強度**（突觸的資訊傳遞效率），即可進行各式各樣的資訊處理。

● ········ 與強度共通的權重（參數）

神經網路同樣也是由神經元以及代表突觸的**權重**（**參數**）所組成 圖 3.5 。因此，深度學習與腦科學之間有許多相同的術語，深度學習的研究也應用了許多腦科學領域的見解。

不過現在深度學習所使用的神經網路，已經有各種無關於腦科學研究的設計，往不同的方向發展，這點相信也非常值得後續的關注。

圖 3.5　大腦內的神經迴路與神經網路

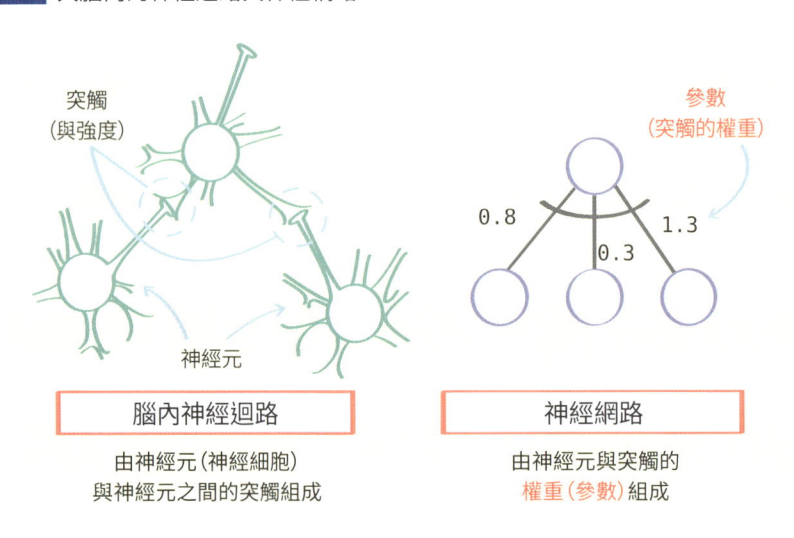

突觸
（與強度）

神經元

腦內神經迴路
由神經元（神經細胞）
與神經元之間的突觸組成

參數
（突觸的權重）

0.8　　1.3
　0.3

神經網路
由神經元與突觸的
權重（參數）組成

## Column

### 腦科學與人工智慧的接觸點
#### 如何理解包含大腦在內的資訊處理設備

如前文所述，當前的深度學習與人工智慧，都受到腦科學與計算神經科學（試圖將大腦運作機制理解為資訊處理系統的學科）相當強烈的影響。腦科學的研究中有許多值得借鑒的成果。

根據英國神經科學家大衛・馬爾（David Marr）的說法，在理解**包含大腦在內的資訊處理設備**前，必須先對 3 種不同的層次有所理解。

- **計算層次**
  理解系統試圖要解決的是什麼問題、為何要解決該問題

- **演算法層次**
  如何嘗試解決該問題、如何呈現問題、採用什麼方法來解決問題

- **執行、物理層次**
  系統在物理上的構成方式（例如大腦的神經元與突觸等）

建立人工智慧時，也可以把大腦的這 3 種層次作為參考。

當前深度學習所採用的方法，也反映出對這 3 種層次的理解。例如對計算層次的理解，連結到監督式學習與強化式學習；對演算法層次的理解，則連結到「閘控機制」與「注意力機制」。

另外還有一件很有趣的事情，其實現在的深度學習對腦科學研究也帶來很大的貢獻。因為腦科學的實驗很難再現或執行介入試驗，但是以神經網路模擬大腦機制來實驗，就能很容易地確保再現性或實現介入試驗，甚至還能查看內部狀態。也開始有研究指出，如果將卷積神經網路與注意力機制（之後說明）所做出的判斷與其內部狀態，和利用 MRI 等拍攝的人類大腦活動結果相比較，會發現兩者有高度的相關性。

# 第3章　深度學習的技術基礎

## 神經網路可以根據需求改變行為

神經網路透過**大量地組合簡單的函數**來**表現出複雜函數**的功能。由於各函數都是以參數來描述特徵，因此只要改變參數，便能改變行為。

神經網路的主要特色是能夠以非常高的效率，計算出該如何改變參數才能從特定輸入得出期望的輸出，而且無論如何連接、連接多少函數，都能夠自動求出。

## 利用神經網路處理複雜問題　　必須使用大量的函數組合與訓練資料

但是神經網路必須結合**大量的函數**才能夠處理複雜的問題，而且為了調整這些函數的參數，也必須使用**大量的訓練資料**來進行長時間的學習。

因此神經網路可說是一直等到取得了當前的**強大計算能力**與**大量的訓練資料**，才終於展現出真正的價值。

---

### Column

### 線性模型、非線性模型與通用近似定理

**線性模型**（參考 p.2-39）只能用來表現線性的函數，輸入為 1 維時一定會構成「直線」，2 維則會構成「平面」。因此當輸入 $x$ 與輸出 $y$ 的關係為 $y=x^2$ 時，不論使用何種參數，都無法以線性模型表現。

**非線性模型**則是能夠將輸入與輸出之間的非線性關係表現出來的模型。比如說，三角函數 $y=\sin(ax)$ 就可以表現出輸入 $x$ 與輸出 $y$ 之間的非線性關係，但無法表現出波浪形以外的函數。

神經網路是一種非線性模型，當寬度（用來組合的函數數量）夠大時，就能以任意準確率逼近任意函數。這稱為神經網路的**通用近似定理**（universal approximation theorem）。有關通用近似定理的發展歷史與各式延伸，可以參考以下論文的彙整（請一併參考 p.3-13）。

- 西島隆人「ニューラルネットワークの万能近似定理（Universal Approximation Theorem for Neural Networks）」（arXiv：2102.10993）

## 3.3 神經網路是什麼樣的模型？

接著，我們來看看**神經網路**到底是「什麼樣的模型」吧！

### 簡單的線性分類器範例

首先從第 2 章的機器學習範例中提過的簡單**線性分類器**開始。給定輸入 $\mathbf{x}$ 與參數 $\theta=(\mathbf{w}, b)$，線性分類器可以用函數表示如下：

$$h = f(\mathbf{x};\theta) = \langle \mathbf{w}, \mathbf{x} \rangle + b$$

此函數為線性變換的結果，$h$ 則為此線性分類器的輸出結果。此外，為方便之後關於輸出結果的說明，變數名稱會改為使用 $h$，和上一章的 $s$ 不同。

線性分類器可以處理的就只有輸入與輸出之間的簡單線性關係。

### 擴展線性分類器　處理多個線性關係

接著可以把線性分類器擴展，處理多個輸出。假設有 $m$ 個線性分類器，各模型有不同的參數 $(\mathbf{w}_1, b_1), (\mathbf{w}_2, b_2), \cdots$。

$$h_1 = \langle \mathbf{w}_1, \mathbf{x} \rangle + b_1$$
$$h_2 = \langle \mathbf{w}_2, \mathbf{x} \rangle + b_2$$
$$\cdots$$
$$h_m = \langle \mathbf{w}_m, \mathbf{x} \rangle + b_m$$

這 $m$ 個式子，可以用 1 個矩陣運算式表示如下：

$$\mathbf{h} = \mathbf{W}^T \mathbf{x} + \mathbf{b}$$

其中 $\mathbf{h}$ 是向量，以 $h_i$ 代表第 $i$ 個元素；$\mathbf{W}$ 是矩陣，以 $\mathbf{w}_i$ 代表第 $i$ 行；$\mathbf{b}$ 是向量，以 $b_i$ 代表第 $i$ 個元素。此外，$\mathbf{W}^T$ 為 $\mathbf{W}$ 的轉置矩陣（行與列對調後的矩陣）。轉置之後會是以 $\mathbf{W}$ 的各行去乘以 $\mathbf{x}$。

此函數相當於對輸入 **x** 做線性變換，得到輸出 **h**。

## 堆疊線性分類器，建立出多層神經網路

接下來，以此輸出結果 **h** 為輸入，另外再建立一個參數為 **v** 與 $c$ 的線性分類器。

$$y = \mathbf{v}^T\mathbf{h} + c$$

## 模型的表現力　　模型可以表現多少函數

這個由輸入 **x** 經過中間向量 **h**，得到輸出 y 的計算，雖然看似可比 1 個線性分類器表現出更複雜的函數，但實際上，其表現力還是只相當於 1 個線性分類器。因為**模型的表現力**指的是**該模型能夠表現出多少函數**。

就本例來說，即使堆疊了 2 個線性分類器，其結果也一定能以 1 個線性分類器取代，因此表現力會是相同的。實際整理本例中堆疊 2 個線性分類器的函數式，

$$\begin{aligned} y &= \mathbf{v}^T\mathbf{h} + c \\ &= \mathbf{v}^T(\mathbf{W}^T\mathbf{x} + \mathbf{b}) + c \\ &= \mathbf{v}^T\mathbf{W}^T\mathbf{x} + \mathbf{v}^T\mathbf{b} + c \end{aligned}$$

會發現可以用權重 $\mathbf{u}=\mathbf{W}\mathbf{v}$ 及偏值 $d=\mathbf{v}^T\mathbf{b}+c$ 為參數，表示成單一的線性分類器 $y=\mathbf{u}^T\mathbf{x}+c$。

由此可知，**無論堆疊多少線性分類器，都不會改變模型的表現力**。

> **Note**
> 
> **學習的動態會改變**
> 
> 但即使表現力相同，不同的模型在使用梯度下降法學習時，參數會抵達的解，也就是學習的動態（dynamics，此處為最佳化路徑之意），仍會有所不同。
> 
> 像前面的例子那樣堆疊 2 個線性權重的神經網路，在利用梯度下降法學習時，可以和主成分分析相同，得出可檢測資料主成分的過濾器。

## 在中間加入非線性的激活函數，提升模型的表現力

為了提升模型的表現力，來嘗試看看在第 1 個線性分類器的輸出之後，立刻將各維代入**非線性函數** $f_a$（請參考 p.3-10 的專欄）。圖3.6 為目前為止建立的函數。

$$\mathbf{h} = f_a(\mathbf{W}^T\mathbf{x} + \mathbf{b})$$
$$y = \mathbf{v}^T\mathbf{h} + c$$

**圖3.6**　利用非線性激活函數，使整體函數成為非線性

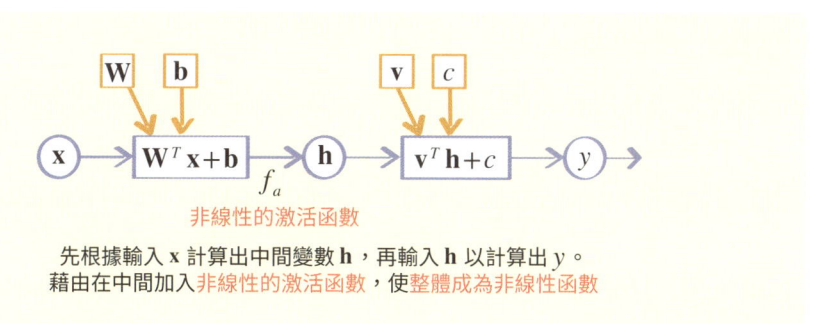

先根據輸入 **x** 計算出中間變數 **h**，再輸入 **h** 以計算出 $y$。
藉由在中間加入非線性的激活函數，使整體成為非線性函數

這裡加入的函數使整體函數也成為非線性函數，能夠處理複雜的輸入、輸出關係，進而提升了模型的表現力。這樣的非線性函數，我們稱為**激活函數**（activation function） $f_{act}$。一般而言，激活函數都是由向量中各元素代入非線性函數的結果排列而成。

$$\mathbf{h} = f_{act}(\mathbf{z}) \leftrightarrow h_i = f_{act}(z_i) \text{（代入所有的 } i\text{）}$$

「↔」代表當左式成立時，右式便成立；當右式成立時，左式便成立。

● 激活函數與通用近似定理

**ReLU 函數** $f_{ReLU}(x) = \max(x, 0)$ 和 **sigmoid 函數** $f_{sigmoid}(x) = \dfrac{1}{1 + \exp(-x)}$ 等（之後都會說明），都可以用來作為激活函數。

使用這些激活函數，可以大幅度提升神經網路的表現力。

事實上，非線性激活函數的 3 層神經網路，在隱藏層（介於輸入層與輸出層之間的層）的維度夠大時，就能以任意準確率逼近任何函數。這稱為神經網路的**通用近似定理**（請參考 p.3-10 的專欄）。

## 層與參數

像這樣先對輸入做線性變換，再代入非線性激活函數所得到的結果，我們視為 1 個單位，並稱之為**層**（layer）。以下就是將這種層堆疊 N 個之後，由輸入得到輸出的示意圖 圖 3.7。

圖 3.7　神經網路中的層

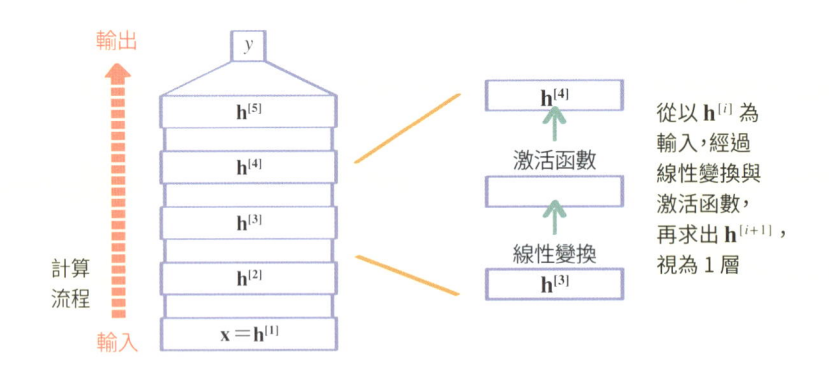

其中 $\mathbf{h}^{[i]}$ 代表的是第 $i$ 層的輸入。此外，為求簡化，以 $\mathbf{h}^{[1]}$ 代表輸入 $\mathbf{x}$、$\mathbf{h}^{[N+1]}$ 代表輸出 $y$。

$$\mathbf{h}^{[1]} = \mathbf{x}$$
$$\mathbf{h}^{[i+1]} = f_a(\mathbf{W}^{[i]T}\mathbf{h}^{[i]} + \mathbf{b}^{[i]}) \ (i = 1, 2, ..., N)$$
$$y = \mathbf{h}^{[N+1]}$$

這整個由輸入 $\mathbf{x}$ 到輸出 $y$ 的函數，稱為「$N$ 層神經網路」。通常繪製成圖時，會將靠近**輸入**的層畫在**底部**，靠近**輸出**的層畫在**頂部**[註2]，因此靠近輸入的層，稱為「底層（bottom layer）」，靠近輸出的層，則稱為「頂層（top layer）」。

---

註2　有些書籍或文獻也會寫成由左往右或由右往左。

由各層所有參數（$\mathbf{W}^{[i]}$, $\mathbf{b}^{[i]}$）組合而成的 $\theta = \{\mathbf{W}^{[1]}, \mathbf{b}^{[1]}, \mathbf{W}^{[2]}, \mathbf{b}^{[2]}, ..., \mathbf{W}^{[N]}, \mathbf{b}^{[N]}\}$，稱為**神經網路的參數** [註3]。整個神經網路可用 $\theta$ 表示成較簡潔的函數 $y = f(\mathbf{x}; \theta)$。

## 神經網路的其他理解方式

目前為止都是以「向量」或「函數」來說明神經網路，再來改從「神經迴路」和「計算圖」的角度檢視同樣的模型吧！

### ● 以神經迴路角度理解的神經網路　基本構造、激活、激活值

首先將剛才以向量和線性函數說明的神經網路，當作構成大腦的神經迴路來思考。**神經迴路**之前曾經介紹過，是由神經細胞中的**神經元**，與連接神經細胞的**突觸**所組成。

因此各層的輸入 $\mathbf{x}$ 及輸出 $\mathbf{h}$，可視為分層排列的神經元。而輸入的第 $i$ 個神經元 $x_i$ 連接到輸出 $\mathbf{h}$ 的第 $j$ 個神經元時，該突觸的權重可由權重矩陣 $\mathbf{W}$ 中第 $i$ 行第 $j$ 列的元素 $w_{j,i}$ 來表示 圖3.8。

圖3.8　從神經迴路角度理解的神經網路

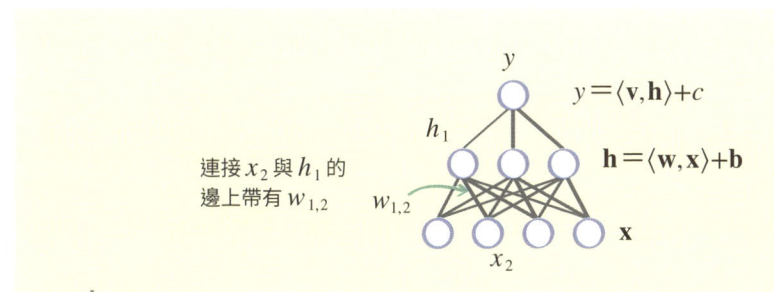

連接 $x_2$ 與 $h_1$ 的邊上帶有 $w_{1,2}$

$y = \langle \mathbf{v}, \mathbf{h} \rangle + c$

$\mathbf{h} = \langle \mathbf{w}, \mathbf{x} \rangle + \mathbf{b}$

---

註3　由於 $\mathbf{W}^{[i]}$ 與 $\mathbf{b}^{[i]}$ 的大小不同，組合後無法以單一向量表示，因此未寫成向量。另外請注意，這不是純量。

真實的神經元會藉由改變細胞內相對於細胞外的電壓,來表示資訊的 ON/OFF。電壓升高時的狀態稱為「==激活==」,化學物質在此狀態下會釋放至突觸中,以激活相鄰的下一個神經元。因此,神經網路中神經元的值便稱為==激活值==。將輸入神經元 $x_i$ 的激活值,乘以突觸上假定的==權重== $w_{ij}$,再將乘積總和代入==激活函數==所得出的值,就可視為輸出神經元 $h_j$ 的激活值。

$$h_j = f_a(\sum w_{j,i} x_i)$$

當某層輸入向量維度為 $n$,輸出向量維度為 $m$ 時,可視為輸入端有 $n$ 個神經元、輸出端有 $m$ 個神經元,且中間有 $n \times m$ 個突觸連接。還有,第 $i$ 維的元素也可視為第 $i$ 個神經元。

本書雖然基本上都是以==向量==或==函數==來表示==神經網路==,但若遇到以神經元、突觸等實際概念比較容易解釋的情形,則會改以此觀點說明。

### Column

#### 奇異模型

神經網路是一種可以用不同的參數組合達成完全相同結果的模型。例如,即使將隱藏層中的 2 個神經元與連結的突觸交換,交換前後的函數仍會有完全相同的表現。因此,能夠用來解釋訓練資料的模型有無限多種。

這種參數組合與函數表現之間並非一對一關係的模型,稱為==奇異模型== (singular model)。非線性迴歸模型(nonlinear regression model)與隱藏式馬可夫模型(hidden Markov model, HMM),皆為奇異模型。

## ● 以計算圖角度理解的神經網路　分支／合併／循環、參數共享

神經網路也可以看作是一種**計算圖**（computational graph）。雖然之前的說明都將神經網路的計算視為由輸入到輸出單向執行的過程，但實際上也能像一般的程序式程式設計一樣，對變數進行各種不同運算，再把運算的結果合併，或是在迴圈中重複相同的運算。

舉例來說，我們可以對第 $i$ 層的輸入 $\mathbf{h}^{[i]}$ 進行 2 種計算 $\mathbf{u}=f(\mathbf{h}^{[i]})$, $\mathbf{v}=g(\mathbf{h}^{[i]})$，再以兩者的合併結果 $\mathbf{h}^{[i+1]}=\mathbf{u}+\mathbf{v}$ 作為下一層的輸入。

此外，相異的函數之間也可以共享參數（權重）。

這種**參數共享**（parameter sharing），是神經網路的重要概念，不但能減少參數，**使學習／推論的效率更高**，還能**使學習更簡單**，並帶入**不變性**（例如某兩個位置的計算應該相同）或**等變性**（equivariance）等**先驗知識**（prior knowledge）

---

### Column

### 歸納偏置

第 2 章曾經提過，機器學習所使用的是從事實與案例（**資料**）當中推導出規則與模型的**歸納法**。因此，推導用的資料或涵蓋的實際現象越多，就越能得出正確的規則或模型。

但很多問題都會碰到資料中帶有偏誤或數量過少的情形。在推導這類模型時，若能帶入本來就對目標問題已經有所瞭解的知識、規律或約束等（**先驗知識**），就有機會得出更好的模型。

這種利用先驗知識進行的推論，也可以說是偏向該先驗知識的推論。因此，利用歸納法推導該模型時所使用的知識或約束，便稱為**歸納偏置**（inductive bias）。

以先驗知識為基礎的「常規化」、「約束」、「模型結構」或「最佳化方法」等，皆可稱為歸納偏置。歸納偏置不只會出現在深度學習，在機器學習其實也相當普遍，甚至於人類和動物在學習時，大腦的結構還有學習訊號（對學習有幫助的資訊）的傳遞方式也是如此，這被認為是與生俱來、有助於學習的本能。

## 3.4 神經網路的學習

接著,我們來看看神經網路是「如何學習」的吧!

### 何謂學習? 藉由「參數調整」修正行為

神經網路會組合簡單的函數來構成複雜的函數,並能夠自由地設計這些函數要使用什麼輸入,以及要把輸出傳遞給什麼函數。

如果只觀察神經網路對輸入做某些計算、有時出現分支或循環、依序算出中間變數之後再求出回傳值(輸出)等等過程,會發現其實就和一般的程序式程式設計是一樣的。

但程序式程式設計與神經網路之間,還是有項很大的差異,那就是**神經網路可以藉由調整參數來修正過程中的函數行為,以輸出期望的值**。而這個修正的動作,就是所謂的**學習**。神經網路能以非常高的效率進行**參數調整**。以下就來看看它的運作機制。

### 實作神經網路的「學習」 最佳化問題與目標函數

神經網路的學習和多數機器學習一樣,都是藉由解最佳化問題來達成目標。所謂的**最佳化問題**就是在給定變數(**參數**)與**目標函數**時,設法找出可使目標函數值最小化(或最大化)的變數。

神經網路在學習中採用的最佳化問題,會以神經網路的參數 $\theta$ 為目標函數的輸入,並根據任務使用適合的目標函數 $L(\theta)$。舉例來說,**監督式學習**使用的目標函數是**訓練誤差**,**生成模型**使用的是**對數概度**,**強化式學習**使用的則是**回饋值**、**回報值**與**預測誤差**等。

## 對學習的最佳化問題求解　如何達成最佳化

設定好目標函數之後，下一步就是要尋找可使目標函數值最小化的參數。順帶一提，若遇到最大化問題，只要將目標函數的正負號反轉，再解最小化問題即可。

由於神經網路是非常複雜的函數，因此在尋找可以最小化 $L(\theta)$ 的參數時，通常很難找到解析解。所謂**解析解**就是像先前提到的二次方程式求解公式一樣，可以利用「解析法」直接從方程式的參數求出的解。例如，$a^2x+bx+c=0$ $(a \neq 0)$ 中的 $x$，就可以利用 $x = \dfrac{-b \pm \sqrt{b^2 - 4ac}}{2a}$ 求出。

若無法求出解析解，則可以改求**數值解**，做法是先設定適當的初始值，再以**逐步改進**的方式把解**搜尋**出來。現在所討論的最佳化問題也是以數值解為目標。以下介紹 3 種求解的策略 圖3.9。

**圖3.9**　3 種最佳化策略

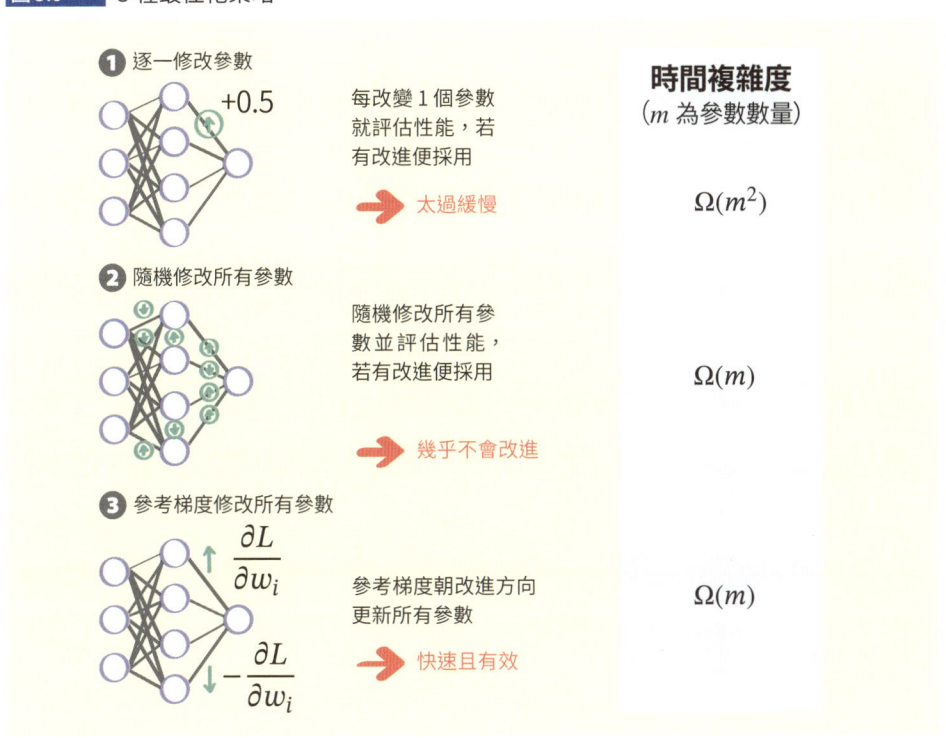

❶ 逐一修改參數
+0.5
每改變 1 個參數就評估性能，若有改進便採用
➡ 太過緩慢
**時間複雜度**（$m$ 為參數數量）
$\Omega(m^2)$

❷ 隨機修改所有參數
隨機修改所有參數並評估性能，若有改進便採用
➡ 幾乎不會改進
$\Omega(m)$

❸ 參考梯度修改所有參數
$\dfrac{\partial L}{\partial w_i}$
$-\dfrac{\partial L}{\partial w_i}$
參考梯度朝改進方向更新所有參數
➡ 快速且有效
$\Omega(m)$

● ┈┈┈ [ 最佳化策略 ❶ ] 逐一修改參數

我們先從比較簡單的最佳化策略開始。

首先,適當地初始化參數 $\theta$。接著,從當前的參數 $\theta$ 中隨機選擇 1 個參數 $\theta_i$,對該參數進行隨機的少許變更($\theta_i' := \theta_i + \epsilon$,$\epsilon$ 是很小的數),同時保持其他參數不變,得到修改後的新參數 $\theta'$。之後,檢查代入新參數的目標函數值 $L(\theta')$。若 $L(\theta')$ 小於 $L(\theta)$,即採用 $\theta'$,反之則繼續使用原本的 $\theta$。反覆執行上述步驟,就可以逐漸降低目標函數的結果。

但這種逐一修正的策略有一個問題,那就是==時間複雜度==(time complexity)。

假設參數數量為 $m$。每評估 1 次目標函數值,就需要對所有 $m$ 個參數執行至少 1 次計算,因此需要 $\Omega(m)$ 的時間。$\Omega(m)$ 符號代表執行的時間至少會與 $m$ 成等比例。若要對所有參數執行上述步驟,那麼每檢視 1 個參數需要 $\Omega(m)$ 的時間,檢視所有參數必須重複 $m$ 次,因此總共需要 $\Omega(m^2)$ 的時間。

這種策略在參數數量較少的情況下還可以使用,但參數數量很多的時候就無法在實際可行的時間內完成了。由於神經網路的參數數量會高達數萬、甚至是數億個,因此就最佳化方法而言,除非花費時間能與參數數量成正比(而非平方),否則是無法實際應用的。

● ┈┈┈ [ 最佳化策略 ❷ ] 同時隨機修改所有參數

第二種做法則是每次都隨機修改所有參數,再檢查目標函數值是否有所改進,若有改進就採用 $\theta'$,否則維持原樣。這種做法類似於基因演算法(genetic algorithm)、演化策略(evolution strategy)等最佳化策略。

評估 1 次需要 $\Omega(m)$ 的時間,而總操作次數可以自行決定,不必隨參數的數量變化,因此整體所需時間依然是 $\Omega(m)$。如此一來就能解決計算時間隨參數數量平方成長的問題。舉例來說,若更新次數設為一萬次,則整

個學習過程的計算量就會是 $m$ 乘上一萬，即使參數的數量變成 10 倍，計算量也只會同樣變成 10 倍，不會像逐一修改的做法變成 100 倍（10 的平方）。

這種策略也有一個致命的缺點。當維度較多時，隨機改變所有參數能改善結果的可能性非常小（編註：就像買樂透一樣），**幾乎所有的嘗試都是徒勞無功**。因為隨著維度增加，必須搜尋的數量也會急速增加，則恰好選擇到正確參數的可能性便微乎其微。這就像要解開一大團糾纏在一起的繩索，隨機拉扯所有繩索即可順利解開的可能性幾乎為零。只有將各條繩索依正確的順序、往正確的方向拉動，才有辦法解開。

## ●⋯⋯⋯[最佳化策略 ❸] 參考梯度同時修改所有參數

當遇到這種**多維度的最佳化問題**時，利用**梯度**來最佳化會是有效的做法。

如果將目標函數值視為地勢的「高度」，最佳化的目標就會像蒙眼站在高爾夫球場中尋找「最低點」。重點是「在蒙眼狀態」，因為一般在評估函數時，只能知道自己目前站立地點的高度，無法環顧四周檢視何處的地勢較低。

而**利用梯度進行最佳化**的做法，就是在當前所在地點尋找下降坡度最陡的方向，並沿著該方向稍微移動一點，待移動到下個地點之後，再根據該地點的坡度，繼續往最傾斜的方向移動。**梯度**指向的是目標函數增加最快的方向，反方向則是減少最快的方向。

現實世界中的高爾夫球場是定義在 2 維平面（經緯度）上，而 2 維平面上的梯度也是代表最傾斜的方向（編註：即曲面上某一點的 2 維斜率向量）。在**多變數輸入函數中，輸入的梯度**則會是一個**和輸入有相同維度數的向量**，指出目標函數增加最快的方向。這個梯度 $\mathbf{v}$ 的反方向，也就是 $-\mathbf{v}$ 的方向，就會是目標函數最能迅速變小的方向。相較於隨機移動，利用梯度進行最佳化的效率明顯高出許多。

## 3.5 反向傳播　有效率地計算梯度

現在我們已經瞭解，可以利用**梯度**在神經網路的學習中有效解決**多維度的最佳化問題**。

接下來本節要講解的是計算梯度的基礎知識，以及提升梯度計算效率的「反向傳播」。**使用反向傳播**是神經網路的一個重要特徵，神經網路可以藉由反向傳播處理大量的訓練資料與大型模型。

### 梯度的計算方法　偏微分

梯度 **v** 的各成分，可以用目標函數對輸入中各變數的**偏微分**求出。

$$v_i = \frac{\partial L(\theta)}{\partial \theta_i}$$

之前曾提過，函數「對特定變數的偏微分」就是在固定其餘變數（假設為常數）的情況下計算微分的結果。

但是參數數量為 $m$ 時，計算 1 個偏微分需要 $\Omega(m)$ 的時間，計算所有參數的偏微分就需要 $\Omega(m^2)$ 的時間，這樣時間複雜度就和逐一修改參數的更新策略一樣了。

### 以反向傳播提升計算梯度的效率

幸好，神經網路可以用一種稱為**反向傳播**（back propagation）的做法，在 $\Omega(m)$ 的時間內將梯度計算出來。如此一來，即使參數數量眾多，神經網路也能快速求出梯度。

除了時間複雜度之外，反向傳播的計算時間**係數也比較小**。從神經網路的輸入求得輸出的計算，我們稱為前向計算（forward computation）。反向

## 3.5 反向傳播　有效率地計算梯度

傳播可以利用前向計算約 3 倍的計算成本來求出<mark>梯度</mark>。換句話說，<mark>只需要對神經網路做評估的 3 倍計算量，即可計算出學習所需要的資訊</mark>。

舉例來說，當參數數量為 1,000 萬且神經網路的前向計算只需要 1 秒就能完成時，梯度的計算時間為 3 秒。

相對地，之前逐一隨機修改參數的策略，光是將所有參數都更新一次就需要 1 秒 × 1,000 萬 = 1,000 萬秒。也就是說，用反向傳播進行最佳化的速度，會比隨機修改參數的做法快上 300 萬倍。

因此，<mark>能夠使用反向傳播</mark>是<mark>神經網路的重要特徵</mark>，也是神經網路得以運用<mark>大量訓練資料</mark>與<mark>大型模型</mark>的關鍵。

### 導入反向傳播　大型系統中遠距離變數間的交互作用

那麼，反向傳播到底要如何實作呢？

在正式開始反向傳播的說明之前，先來看看以下齒輪的例子。假設現在有一台機器串接了 3 個齒輪 A、B、C，齒數分別為 12、8、24 **圖 3.10**，請問當 A 旋轉 1 圈時，C 會旋轉多少圈呢？齒輪旋轉時，相鄰的齒輪會依齒數的比例一起旋轉，利用這一點就可以解題。

**圖 3.10**　齒輪旋轉的範例

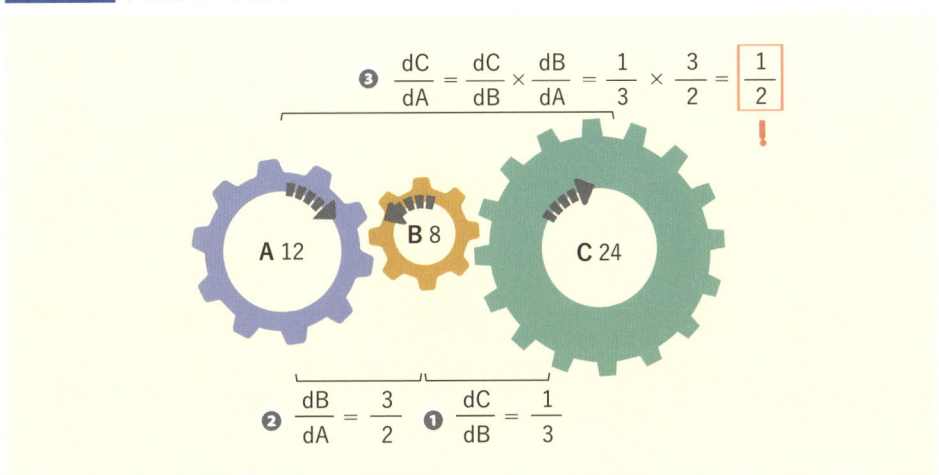

❸ $\dfrac{dC}{dA} = \dfrac{dC}{dB} \times \dfrac{dB}{dA} = \dfrac{1}{3} \times \dfrac{3}{2} = \boxed{\dfrac{1}{2}}$

A 12　B 8　C 24

❷ $\dfrac{dB}{dA} = \dfrac{3}{2}$　❶ $\dfrac{dC}{dB} = \dfrac{1}{3}$

首先來看看 B 與 C 之間的關係。B 與 C 的齒數分別為 8 與 24，因此當 B 旋轉 1 圈時，C 會旋轉 8/24 = 1/3 圈。此關係可以寫成「dC/dB=1/3」 圖3.10 ①。其中「d」代表**變化量**（difference），dC/dB 則代表 C 的變化量相對於 B 的變化量的比例。

同樣地，再來看看 A 與 B 之間的關係。當 A 旋轉 1 圈時，B 的旋轉圈數可以從 dB/dA=12/8=3/2 求得 圖3.10 ②。那麼當 A 旋轉 1 圈時，C 會旋轉多少圈呢？雖然 A 與 C 之間還隔著一個 B，但只要掌握「B 與 C」和「A 與 B」的關係，即可用 dC/dA=(dC/dB)×(dB/dA)=(1/3)×(3/2)=1/2 圖3.10 ③ 求得。

這種**大型系統中遠距離變數間的交互作用**，可以藉由**局部交互作用**（如齒輪的齒數比）**累積的結果**求出。

## 合成函數的微分　由組成函數的微分乘積計算整體的微分

這樣的關係可以推展到**合成函數的微分**[註4]。把一個函數的結果傳入另一個函數，如此組合的結果就稱為**合成函數**（composite function），表示為 $(g \circ f)(x) := g(f(x))$。當 $h=f(x)$ 且 $y=g(h)$ 時，合成函數的微分計算方式如下：

$$\frac{\partial y}{\partial x} = \frac{\partial y}{\partial h}\frac{\partial h}{\partial x}$$

這就像在齒輪 $f$ 的後面接上齒輪 $g$ 的系統，**只要將各函數的微分相乘，即可計算出整體的微分**。

> **合成函數怪獸（！？）**　　Note
>
> 神經網路就像「函數組合而成的怪獸」一樣，透過**合成各層的變換**來**達到整體的變換**。由於 1 個輸出單元會對應到 1 個線性函數與 1 個非線性函數，因此單元數也可以視為合成的函數個數。但無論合成結果有多複雜、多龐大，都可以用各層微分的乘積，求出任一層的輸入或參數的梯度。

註4　附錄當中也有說明，如有需要請前往參考。

## 以動態規劃提升速度　反向計算微分乘積的效率更高

現在我們已經知道合成函數的微分可以由其組成函數的微分乘積來表示，但要理解反向傳播，還需要另一個重要概念，那就是如何**以動態規劃計算微分**。

**動態規劃**（dynamic programming, DP）是一種計算策略，**藉由重複利用計算中途的結果，減少整體計算量**。反向傳播在由後往前**反向計算微分乘積的過程中**，就能用動態規劃提升計算效率。

## 共用的微分計算

為了方便理解，我們先來看看以下函數。此函數將輸入 $x_1$、$x_2$、$x_3$ 分別帶入不同函數之後，將結果相加為中間變數 $h$，再以 $h$ 輸入函數 $g$，得出結果 $y$。

$$h = f_1(x_1) + f_2(x_2) + f_3(x_3)$$
$$y = g(h)$$

假設現在要計算輸出 $y$ 對各輸出的（偏）微分 $\dfrac{\partial y}{\partial x_1}$、$\dfrac{\partial y}{\partial x_2}$、$\dfrac{\partial y}{\partial x_3}$，根據合成函數的微分公式，這些微分可以像這樣計算：

$$\frac{\partial y}{\partial x_1} = \frac{\partial y}{\partial h}\frac{\partial h}{\partial x_1}$$
$$\frac{\partial y}{\partial x_2} = \frac{\partial y}{\partial h}\frac{\partial h}{\partial x_2}$$
$$\frac{\partial y}{\partial x_3} = \frac{\partial y}{\partial h}\frac{\partial h}{\partial x_3}$$

例如，第 1 個 $x_1$ 的微分就是先求 $y$ 對 $h$ 的偏微分，再求 $h$ 對 $x_1$ 的偏微分，然後計算兩者乘積。可以發現，以上所有運算式中都有出現 $\dfrac{\partial y}{\partial h}$。像這樣合併計算路徑的情況，就會出現**共用的微分計算** 圖3.11。

**圖3.11** 以動態規劃加速合成函數的微分

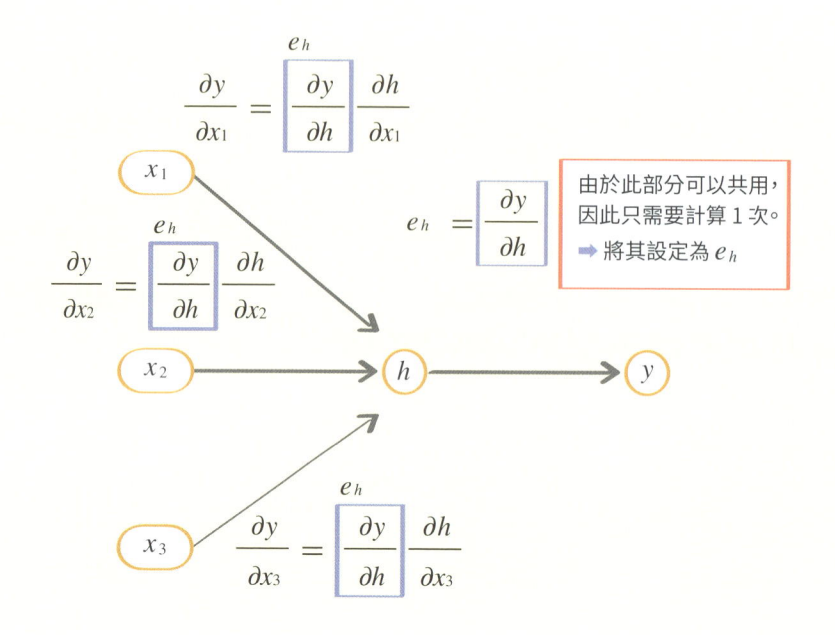

$$\frac{\partial y}{\partial x_1} = \boxed{\frac{\partial y}{\partial h}}^{e_h} \frac{\partial h}{\partial x_1}$$

$$\frac{\partial y}{\partial x_2} = \boxed{\frac{\partial y}{\partial h}}^{e_h} \frac{\partial h}{\partial x_2}$$

$$e_h = \boxed{\frac{\partial y}{\partial h}}$$

由於此部分可以共用，因此只需要計算 1 次。
➡ 將其設定為 $e_h$

$$\frac{\partial y}{\partial x_3} = \boxed{\frac{\partial y}{\partial h}}^{e_h} \frac{\partial h}{\partial x_3}$$

只要令共用的部分 $\frac{\partial y}{\partial h}$ 為 $e_h$，先求出結果，再帶入各微分重複使用，即可提升計算效率。

$$e_h = \frac{\partial y}{\partial h}$$
$$\frac{\partial y}{\partial x_1} = e_h \frac{\partial h}{\partial x_1}$$
$$\frac{\partial y}{\partial x_2} = e_h \frac{\partial h}{\partial x_2}$$
$$\frac{\partial y}{\partial x_3} = e_h \frac{\partial h}{\partial x_3}$$

像這種輸入數量較多、輸出數量較少的函數，在計算輸出對各輸入的偏微分時，**靠近輸出的部分就會出現可以共用的微分計算**。遇到這種情形時，只要從最接近輸出的位置（上例中的 $\frac{\partial y}{\partial h}$）開始依序計算微分，再把結果重複使用，即可提升整體計算效率。

## 在神經網路上應用反向傳播

前面提到，**合成函數的微分**可以用組成該函數的**各函數微分乘積**來計算；剛才的範例則是能看出，在計算**多變數輸入、單一輸出的函數微分**時，可以從輸出往輸入的方向計算微分，並**重複使用**各變數**偏微分時的共用計算**，提升計算微分的效率。

綜合以上，現在來看看神經網路的計算過程吧。神經網路會先將輸入代進函數求出**中間變數**，再代入後續的函數算出最終輸出。為了方便描述，令 $h_1$ 為輸入、$h_2, ..., h_m$ 為其後的中間變數、$succ(h_i)$ 代表輸入變數 $h_i$ 的函數所產生的變數集合。此時，由輸出往輸入方向（與正向計算相反），對各變數 $h_i$ 計算偏微分的過程可以表示如下：

$$\frac{\partial y}{\partial h_i} = \sum_{h_k \in succ(h_i)} \frac{\partial y}{\partial h_k} \frac{\partial h_k}{\partial h_i}$$

由於 $\frac{\partial y}{\partial h_k}$ 已經先計算完成，因此只要算出 $\frac{\partial h_k}{\partial h_i}$，再將兩者相乘即可 圖3.12。

圖3.12　利用後續變數的計算結果

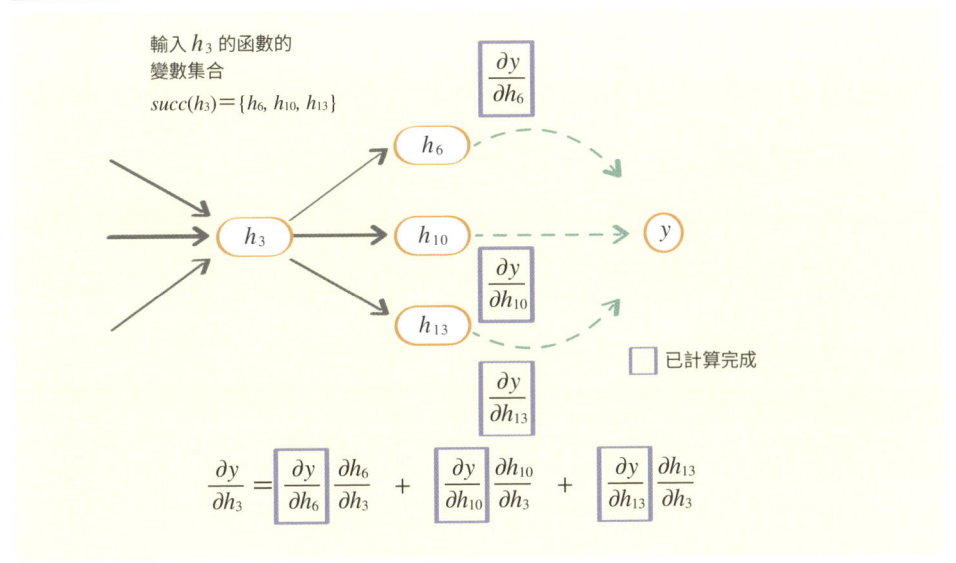

$$\frac{\partial y}{\partial h_3} = \frac{\partial y}{\partial h_6}\frac{\partial h_6}{\partial h_3} + \frac{\partial y}{\partial h_{10}}\frac{\partial h_{10}}{\partial h_3} + \frac{\partial y}{\partial h_{13}}\frac{\partial h_{13}}{\partial h_3}$$

## [小結 ❶] 學習與反向傳播　　有效率地求出各變數的偏微分

神經網路在學習時，會將輸出帶入損失函數，使整體成為最佳化的目標。損失函數的輸出就是「神經網路進行預測之後，用損失函數將預測結果與標準答案比對所得出的誤差」。

求出此誤差之後，再由輸出往輸入，逆向對各變數計算偏微分 $\frac{\partial y}{\partial h_i}$。

這種**逆向計算偏微分的過程**，就像反過來從輸出朝著輸入方向傳播誤差的資訊，因此稱為「反向傳播」。反向傳播**可以更有效率地計算出對各變數的偏微分**。

## [小結 ❷] 大量輸入與參數連結至單一輸出
共用、加速與計算誤差梯度

神經網路的學習是從大量的輸入與參數求出 1 個輸出的過程。就像許多小溪流漸漸匯聚成河川，最後再流入大海一樣。

因此從大海回溯時，若能在途中各個匯流點共用輸出對該處的微分，**就能在微分計算中省下許多重複的計算**。

### 在含有 1 層隱藏層的神經網路中進行反向傳播

要理解**反向傳播**，最好的方法還是搭配具體範例來解說。以下就來看看含有 1 層隱藏層的神經網路，該如何以反向傳播估算梯度吧　圖 3.13。

## 3.5 反向傳播　有效率地計算梯度

**圖 3.13**　含有 1 層隱藏層（及 1 層輸出層）的神經網路的反向傳播[註※]

$$\mathbf{h} = f_a(\mathbf{W}^T\mathbf{x} + \mathbf{b})$$

$$y = \mathbf{u}^T\mathbf{h} + c$$

$$L(y, t) = \frac{1}{2}||y - t||^2$$

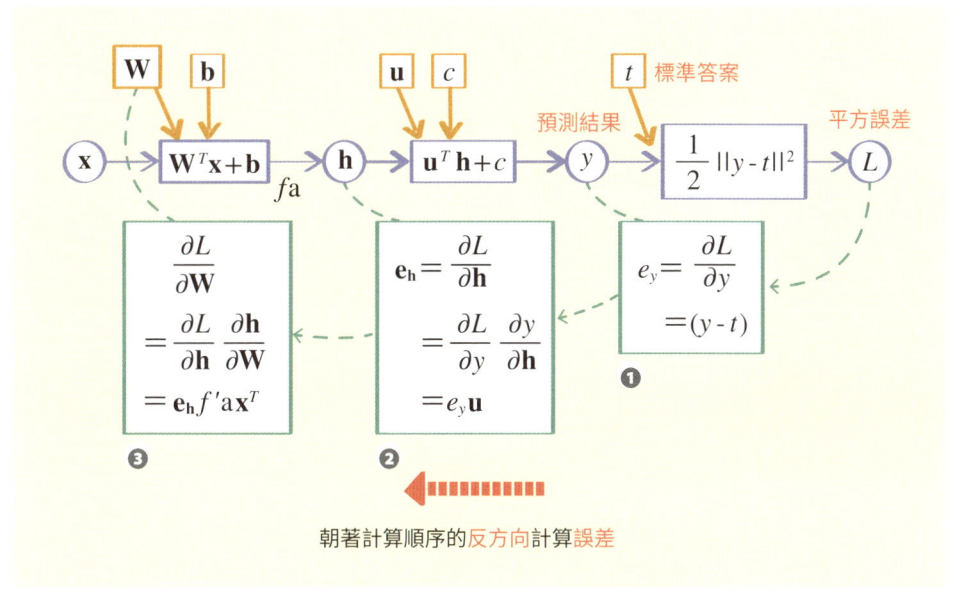

※　在以平方誤差作為損失的 MLP（多層感知器，之後說明）中使用反向傳播的範例。

　　假設監督式學習的訓練資料是由輸入與標準答案（輸出）所組成的 $(\mathbf{x}, t)$、神經網路會輸出純量值的預測結果 $y$、損失函數 $L$ 則是以平方誤差來預測結果 $y$ 與標準答案 $t$ 之間的差異。

$$\mathbf{h} = f_a(\mathbf{W}^T\mathbf{x} + \mathbf{b})$$
$$y = \mathbf{u}^T\mathbf{h} + c$$
$$L(y,t) = \frac{1}{2}||y - t||^2$$

　　此神經網路的參數為 $\mathbf{W}, \mathbf{u}, \mathbf{b}, c$。學習時使用的是梯度下降法，以求出輸出 $L$ 對各參數的梯度 $\frac{\partial L}{\partial \mathbf{W}}$、$\frac{\partial L}{\partial \mathbf{u}}$、$\frac{\partial L}{\partial \mathbf{b}}$、$\frac{\partial L}{\partial c}$ 為目標。

反向傳播會從輸出往各輸入的方向，逆向計算中間變數的梯度。因此首先要求的是 $L$ 對 $y$ 的梯度 $e_y = \dfrac{\partial L}{\partial y}$。

$$e_y = \frac{\partial L}{\partial y} = \frac{\partial \frac{1}{2}\|y-t\|^2}{\partial y} = y - t$$

接著，計算中間變數 $\mathbf{h}$ 的梯度 $\mathbf{e_h} = \dfrac{\partial L}{\partial \mathbf{h}}$。

$$\begin{aligned}\mathbf{e_h} &= \frac{\partial L}{\partial \mathbf{h}} \\ &= \frac{\partial L}{\partial y}\frac{\partial y}{\partial \mathbf{h}} \\ &= e_y \mathbf{u}\end{aligned}$$

如前所述，前向計算是由 $\mathbf{h}$ 在左側乘上權重矩陣 $\mathbf{u}^T$ 以得到 $y$，而反向傳播則如上所示，是由 $e_y$ 在右側乘上 $\mathbf{u}$ 以得到 $\mathbf{e_h}$。

這個 $\dfrac{\partial L}{\partial y}$ 稱為**誤差**梯度，以 $e_y$ 表示。此輸出層的 $e_y$ 代表的是當前值 $y$ 與目標值之間有多少誤差梯度。請注意，其中 $e_y$ 為純量值、$\mathbf{e_h}$ 為向量，$L$ 對變數 $\mathbf{h}$ 的梯度維度與 $\mathbf{h}$ 相同。

經過上述計算後，就得出了對中間變數的**梯度**（**誤差**）。接下來，再對各參數計算梯度。

$$\begin{aligned}\mathbf{e_u} &= \frac{\partial L}{\partial \mathbf{u}} = \frac{\partial L}{\partial y}\frac{\partial y}{\partial \mathbf{u}} = e_y \mathbf{h} \\ e_c &= \frac{\partial L}{\partial c} = \frac{\partial L}{\partial y}\frac{\partial y}{\partial c} = e_y \times 1 = e_y \\ \mathbf{e_W} &= \frac{\partial L}{\partial \mathbf{W}} = \frac{\partial L}{\partial \mathbf{h}}\frac{\partial \mathbf{h}}{\partial \mathbf{W}} = \mathbf{e_h} \odot f'_{act}(\mathbf{W}^T\mathbf{x}+\mathbf{b}) \otimes \mathbf{x}^T \\ \mathbf{e_b} &= \frac{\partial L}{\partial \mathbf{b}} = \frac{\partial L}{\partial \mathbf{h}}\frac{\partial \mathbf{h}}{\partial \mathbf{b}} = \mathbf{e_h} \odot f'_{act}(\mathbf{W}^T\mathbf{x}+\mathbf{b})\end{aligned}$$

此處符號「$\odot$」是計算向量中所有元素逐個相乘，又稱阿達瑪乘積（Hadamard product）。

參數的梯度（上例中的 $\frac{\partial L}{\partial \mathbf{W}}$ 等等）可以從輸入（上例中的 $\mathbf{x}$）、輸出的誤差（上例中的 $\mathbf{e_h}$）與激活函數的導數等各元素乘積求得。

反向傳播時，誤差就像這樣一路由輸出朝著輸入反向傳遞過去。傳遞過程中，若經過權重矩陣，就乘以<mark>該矩陣在前向計算時的轉置</mark>。若<mark>中間狀態的誤差</mark>已經計算過，則在計算<mark>各參數的誤差</mark>時，權重矩陣就可以從<mark>誤差與輸入的外積</mark>（outer product）求得，偏值則會是<mark>誤差本身</mark>。

## 只要定義前向計算，深度學習框架就能自動實作反向傳播

當前的深度學習軟體框架已經可以在定義出前向計算之後，自動生成反向傳播的計算圖，而且只要呼叫 1 個 API（Application Programming Interface，應用程式介面）函式，就能求出參數或輸入的梯度。使用者幾乎無需親自處理反向傳播。只要自由組合可微分的計算元素，並在程式中定義輸入至輸出的計算，就能用反向傳播快速求出任意參數的梯度。

後來甚至還出現，即使加入無法直接微分的計算元素，也能求出梯度的設計，可以用來處理機率分佈的期望值，或是在大多數位置上微分皆為 0 的離散化計算等。

### ● 深度學習的架構設計

第 1 章曾經提過，由開發人員「設計神經網路的組成元素與連接方式」是很重要的。

這種設計稱為<mark>架構設計</mark>。傳統機器學習是在特徵萃取時加入領域知識，<mark>深度學習</mark>則是在<mark>架構設計</mark>時加入<mark>領域知識</mark>。

## Column

### 深度學習軟體框架的基礎知識

**深度學習軟體框架**（deep learning framework）是以函式庫的形式，將深度學習在學習或推論時的必要功能統整起來，藉以實作出學習或推論整體流程的結構。開發人員只需要**呼叫框架函式庫中各種功能的函式**，就可以建立出深度學習的模型。

原本的深度學習是很難實作的，想要正確並有效率地做出反向傳播或卷積等操作，必須先跨過非常高的門檻。幸好後來深度學習軟體框架的出現降低了這個門檻，使許多開發人員與研究人員得以嘗試各種不同的模型與方法，為現代深度學習的普及做出非常大的貢獻。

最早登場框架的是 2002 年的 Torch，其基礎為腳本語言 Lua。2007 年的 Theano 使用的則是 Python。

2012 年，在 AlexNet 登場吸引目光之際，**支援 GPU** 的 Caffe 也在同時登場。2015 年則出現主張以「Define by run」建立計算圖的 Chainer（由筆者所屬的 PFN 開發）、Tensorflow、MXNet，再來是 2016 年的 PyTorch。到本書執筆時，已有超過 20 種的軟體框架。

為了應對這種百家爭鳴的情境，以 ONNX 格式（Open neural network exchange format，開放神經網路交換格式）為首，使各種軟體框架編寫的程式（模型）得以互相轉換使用的機制也應運而生。

最近除了深度學習之外，這種**組合可微分的計算元素以計算微分**的功能在著重模擬的領域中，重要性也開始浮現。比如說 JAX 就是一種可運行在 GPU 與 TPU 上的類 NumPy 算術運算函式庫，提供用途廣泛的微分計算工具，並透過結合 JIT 編譯（Just-in-time compilation，即時編譯），實作出高性能的計算。

## 3.6 神經網路的主要組成元素

經過前面幾節關於神經網路的基本講解之後，本節將說明深度學習所使用的神經網路之中的組成元素，也就是「張量」、「連接層」以及「激活函數」。

### 神經網路的組成元素　　張量、連接層、激活函數

神經網路會先在**連接層**對**輸入**（**張量**）做線性變換，再以**激活函數**進行變換。接下來會對這些元素分別介紹，再做統整的說明。

圖 3.14 整理了本節將介紹的 3 個主要元素：「張量」、「連接層」與「激活函數」。

**圖 3.14**　神經網路的主要組成元素

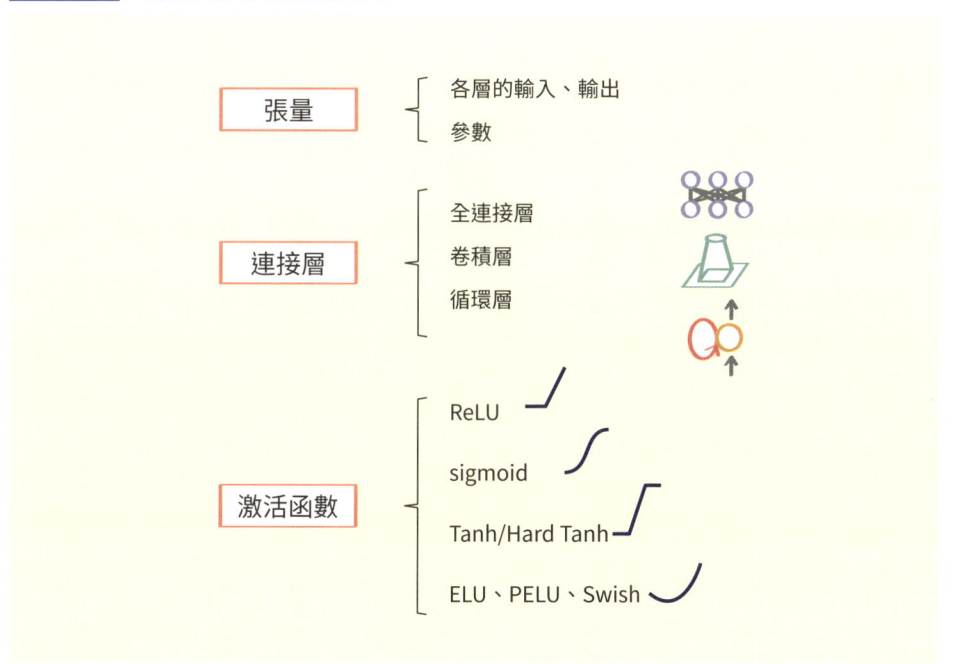

- 張量
  - 各層的輸入、輸出
  - 參數

- 連接層
  - 全連接層
  - 卷積層
  - 循環層

- 激活函數
  - ReLU
  - sigmoid
  - Tanh/Hard Tanh
  - ELU、PELU、Swish

# 第 3 章　深度學習的技術基礎

## [主要組成元素 ❶] 張量　結構化的資料

前面的討論都是將各層輸入與輸出當做向量來處理。向量中的各個元素都有 1 個編號，可以用下標數字（$x_i$ 中的「$i$」）來指定。

在定義上，這種可由 0 個以上的數字來指定其中元素的集合，稱為**張量**（tensor），像是**純量**為 0 階張量、**向量**為 1 階張量、**矩陣**則為 2 階張量。舉例來說，矩陣 **X** 可以用 2 個數字 $i, j$ 標示列與行、以 $x_{i,j}$ 的方式指定各元素，因此符合張量的定義。影像處理中會使用到 3 階或 4 階張量，3 階張量可由 3 個數字（$C, H, W$）指定元素，4 階則可由 4 個數字（$N, C, H, W$）指定[註5]。另外，處理張量的函式庫通常會將張量中各維度的大小（元素數）排列而成的數列[註6]稱為 **shape**。

不過即使改為以張量作為輸入與輸出，也不用改變前面提過的思考方式，只是**各層的變換**要改為以**張量的線性變換**與**各元素的變換**來表示而已。後續介紹中，還是會把輸入與輸出視為向量，但必要時也會以張量處理。

## [主要組成元素 ❷] 連接層　描述神經網路行為的特徵

各層輸入與輸出之間由帶有**權重**的邊連接，權重可以構成以參數描述特徵的線性函數，像這樣的層就稱為**連接層**（connected layer）。連接層是描述**神經網路行為**特徵時最重要的元素。

連接層依據輸入、輸出之間的連接方式、不同函數之間的參數是否共用等性質，還可以分成各種不同類型。接下來要介紹的「全連接層」、「卷積層」和「循環層」，是較為代表性的連接層。

---

[註5] 其中 $N$ 是資料編號、$C$ 是代表顏色或屬性的色版（channel）、$H$ 代表高度方向、$W$ 則代表寬度方向。
[註6] 就此處的例子就是 (C, H, W) 或 (N, C, H, W)。

## 全連接層　Fully Connected Layer

**全連接層**在之前的範例也曾經提過,是一種很基本的連接層 圖 3.15。先來看看當輸入為 x、輸出為 h 時,以參數 W 與 b 描述特徵的線性函數吧!

$$h = W^T x + b$$

**圖3.15** 全連接層與線性函數

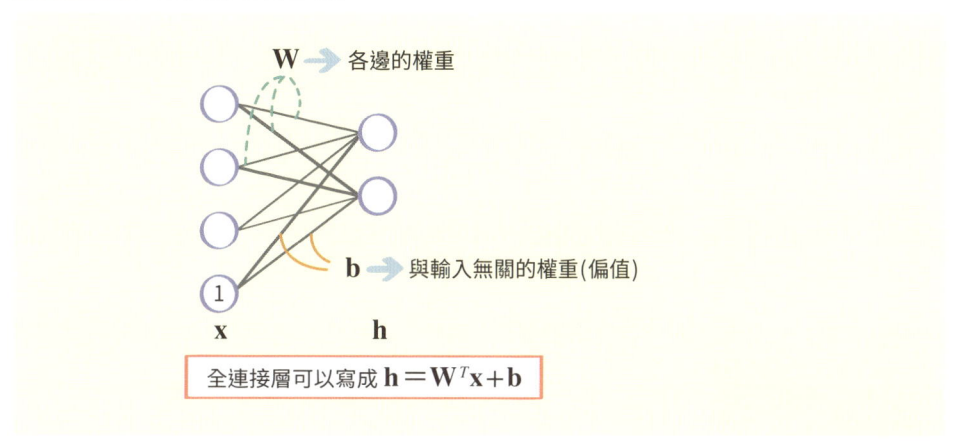

全連接層可以寫成 $h = W^T x + b$

圖中所有輸入單元與輸出單元之間都有連接,所以就稱為**全連接層**(fully connected layer)。另外因為寫為函數形式時是一個線性函數,所以也稱為「線性層」(linear layer)。

當輸入向量的維度為 $C$、輸出向量的維度為 $C'$ 時,全連接層的參數數量就是 $CC'+C'$(後面的 $C'$ 是偏值 b 的部分)。若輸入與輸出的維度皆為 $C$,則參數數量約為 $C^2$。由此可見,參數數量會以維度平方的比例迅速增加,因此全連接層只能使用在輸入與輸出維度皆較小(數千以下)的情況。

● MLP　多層感知器

疊加全連接層與激活函數所建立出來的神經網路,又特別稱為 **MLP**(Multi-layer perceptron,**多層感知器**)圖 3.16。

**圖3.16** MLP

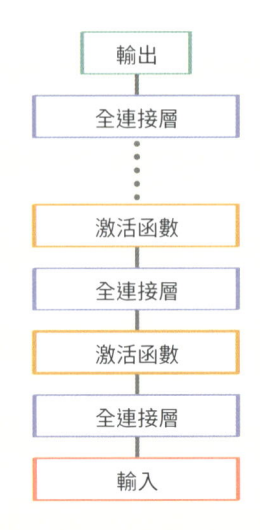

```
           輸出
            │
          全連接層
            ⋮
          激活函數
            │
          全連接層
            │
          激活函數
            │
          全連接層
            │
           輸入
```

僅由全連接層與激活函數組成的神經網路，
稱為**多層感知器**（MLP）

　　全連接層是最基本的連接層，<mark>可用於標示大多數函數的特徵</mark>。但因參數數量眾多，實際運用上較為侷限，例如分類模型可能只會將全連接層用在輸出各類別分數的最後一層。

## 卷積層　Convolutional Layer

　　接著要介紹的是廣泛運用在影像辨識和語音辨識等領域當中的<mark>卷積層</mark>（convolutional layer）。不過在講解卷積層之前，要先來研究一下「找出影像中是否含有特定<mark>模式圖案</mark>（pattern）」的問題。

● ⋯⋯⋯「內積的大小」可以評估影像與模式圖案是否一致

　　假設現在有一張大小為 (5, 5) 的黑白影像，所有像素排成一行，以長度為 25 的向量 $x$ 表示。想想看，該如何判斷此影像中是否存在斜線 **圖3.17**？

## 圖3.17　確認影像與模式圖案的一致程度

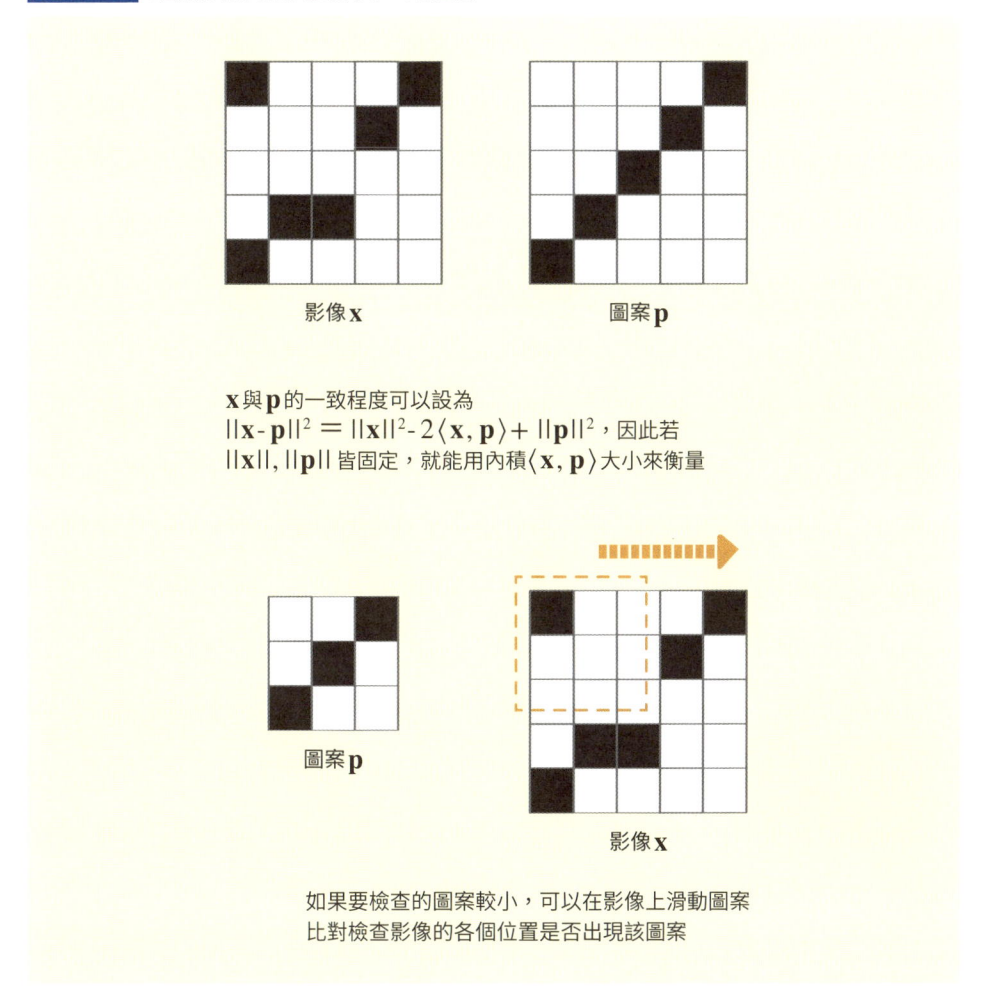

影像 **x**　　　　　　圖案 **p**

**x** 與 **p** 的一致程度可以設為
$||\mathbf{x}-\mathbf{p}||^2 = ||\mathbf{x}||^2 - 2\langle\mathbf{x}, \mathbf{p}\rangle + ||\mathbf{p}||^2$，因此若
$||\mathbf{x}||, ||\mathbf{p}||$ 皆固定，就能用內積 $\langle\mathbf{x}, \mathbf{p}\rangle$ 大小來衡量

圖案 **p**

影像 **x**

如果要檢查的圖案較小，可以在影像上滑動圖案
比對檢查影像的各個位置是否出現該圖案

在模式圖案的尺寸與影像同樣為 (5, 5) 的情況，模式圖案也可將像素排成一行，表示為長度 25 的向量 **p**。

接著將各像素的差取平方後，其總和的距離即為「弗羅貝尼烏斯範數」（Frobenius norm），是衡量模式圖案與給定影像差異程度的常用指標[7]。

$$||\mathbf{x} - \mathbf{p}||^2 = ||\mathbf{x}||^2 - 2\langle\mathbf{x}, \mathbf{p}\rangle + ||\mathbf{p}||^2$$

---

註7　影像與模式圖案完全一致時為 0，否則為一正值。兩者差異越大，值就會越大。

再來假設影像與模式圖案各自的範數 ||**x**||, ||**p**|| 皆為常數,那麼只要模式圖案與影像相似,也就是 ||**x** − **p**||² 比較小的時候,內積 ⟨**x**,**p**⟩ 就會比較大。

因此只要檢查「影像與模式圖案之間的內積」大小,就能得知特定圖案是否出現於影像當中。

● ──── **確認模式圖案在影像中出現的位置**　特徵圖

現在來看看模式圖案較小的情形(影像尺寸大於模式圖案尺寸),除了要確認模式圖案是否出現之外,還要確認當模式圖案出現時,是出現在影像中的什麼位置。

假設把模式圖案放在影像上滑動之後,各子區域影像

$$\mathbf{x}[i:i+3, j:j+3] \text{ (其中 } i = 0, \ldots, H-2, j = 0, \ldots W-2)$$

※ $[a, b)$ 代表 $a, a+1, a+2, \ldots, b-1$ (不包含 $b$)

與模式圖案的內積,會儲存於 $\mathbf{h}[i, j]$。

$$\mathbf{h}[i, j] = \langle \mathbf{x}[i:i+2, j:j+2], \mathbf{p} \rangle$$

這個 **h** 可以視為一個大小為 $(H\text{-}2, W\text{-}2)$ 的新影像。「-2」的原因是模式圖案在滑動時會超出影像邊緣。這個 **h** 向量的 $(i, j)$ 位置,如果出現模式圖案,就會是較大的值;未出現時則會是接近 0 的值。會有接近 0 的值,是因為在平均為 0 的隨機向量之間,內積大多會接近於 0。

● ──── **特徵圖**

以這種方式得出的 **h**,稱為由模式 **p** 產生的 ==特徵圖==(feature map,又稱特徵映射圖)。這個特徵圖是用來標示模式圖案出現位置的新影像 **圖3.18**。

3-38

**圖3.18** 特徵圖

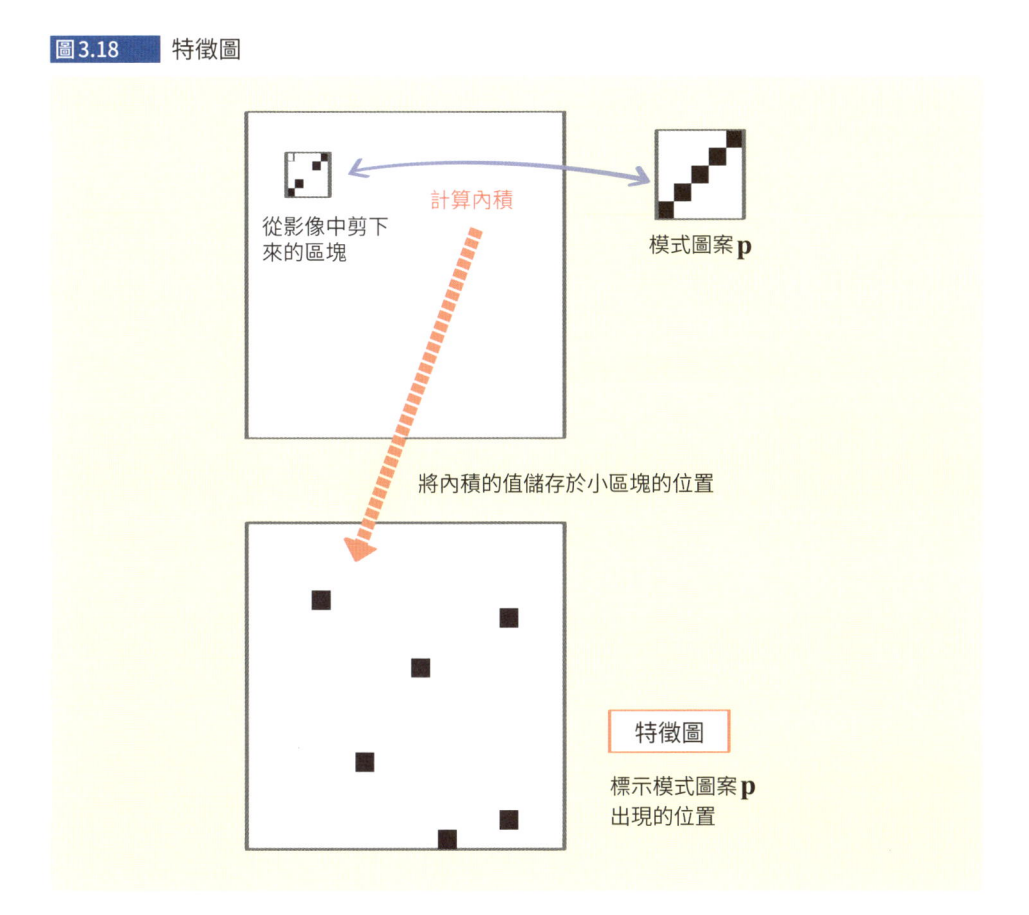

從影像中剪下來的區塊　計算內積　模式圖案 p

將內積的值儲存於小區塊的位置

特徵圖
標示模式圖案 p 出現的位置

● 確認模式圖案於全彩影像中出現的位置

接下來處理的輸入影像並非黑白 2 值，而是全彩影像。圖像的每個點都包含多個值時，就稱為有不同的「色版」(channel，又稱為通道、頻道、頻譜)，各色版都可以有不一樣的值。例如，全彩影像常見的三色光模型就是以紅色、藍色與綠色 3 個色版來構成影像。色版數量在各種影像模型中不盡相同，某些甚至多達數十個色版。

當影像含有多個色版時，其輸入就不會是矩陣，而會是「三階張量」，也就是用張量 (C, H, W) 來表示色版數為 C、高度為 H，寬度為 W 的影像。例如，5×5 的全彩影像可以用大小為 (3, 5, 5) 的張量來表示。

由於模式圖案也一樣可以用大小為 $(C, 5, 5)$ 的張量來表示，因此只要計算各位置（含色版軸）的內積，即可確認模式圖案是否出現。計算方式如下：

$$\mathbf{h}[i,j] = \langle \mathbf{x}[:, i:i+5, j:j+5], \mathbf{p} \rangle$$

此處的 $\mathbf{x}[:, i:i+5, j:j+5]$ 代表子區域 $(C, 5, 5)$。

### ● 標記多個模式圖案各自出現的位置

目前為止討論的問題都是尋找 1 個模式圖案的出現位置，接下來則是要處理多個模式圖案 $\mathbf{p}_1, \mathbf{p}_2, ..., \mathbf{p}_c$ 在輸入影像中的出現位置，並將結果儲存於輸出影像各色版中的特徵圖 圖3.19。此處的色版就與顏色無關，而是每個色版代表一個模式圖案。例如，以 $\mathbf{h}[c, i, j]$ 的值是表示模式圖案 $\mathbf{p}_c$ 是否出現於從 $(i, j)$ 開始的子區域：

$$\mathbf{h}[c,i,j] = \langle \mathbf{x}[:, i:i+5, j:j+5], \mathbf{p}_c \rangle$$

圖3.19　多個模式圖案的特徵圖

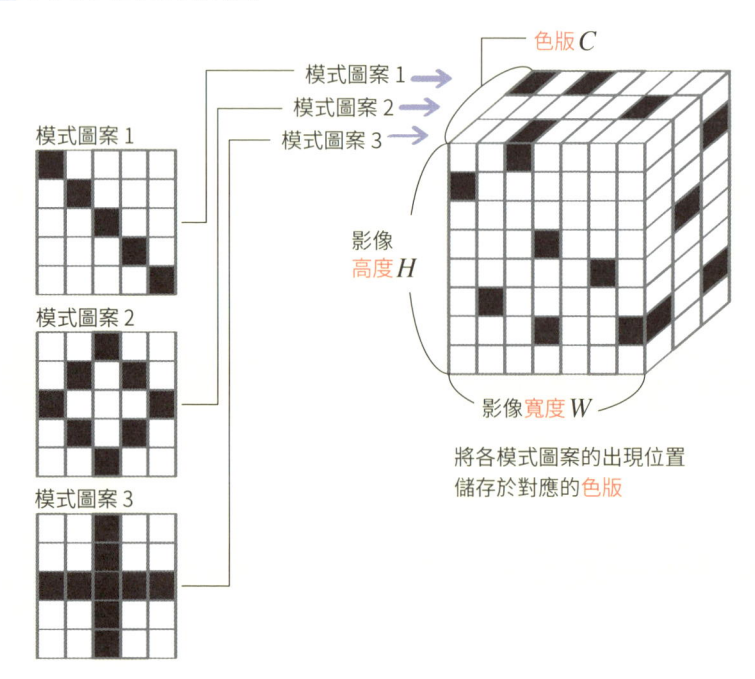

將各模式圖案的出現位置儲存於對應的色版

## 3.6 神經網路的主要組成元素

● ……… 用「卷積運算」檢測模式圖案　卷積核、過濾器、步長

像這樣，在輸入影像 **x** 裡面尋找各種模式圖案是否出現，並做出特徵圖的運算，稱為**卷積運算**，表示方式如下：

$$h = x * p$$

說個題外話，其實神經網路領域的卷積運算與數學對卷積的定義並不相同，模式圖案**上下、左右翻轉**之後才會相當於數學中的卷積。神經網路領域使用的卷積運算定義，在數學上稱為**互相關**（cross correlation，又譯「交叉相關」、「交互相關」）**函數**。之後還是會依照慣例，將神經網路的這種運算稱為**卷積運算**。

其他用語也會加入卷積運算的術語，如「模式圖案」稱為**卷積核**（kernel，或稱過濾器／filter），「模式圖案大小」稱為**卷積核尺寸**，圖案每次滑動的格數則稱為**步長**（stride）。步長為 1，代表 1 次只會滑動 1 格；步長為 2 以上的話，檢測結果長度或寬度的尺寸就會等比例縮小。當步長為 $s$、輸入影像的尺寸為 $(h, w)$ 時，輸出尺寸就會是 $(h/s, w/s)$。最後補充，垂直方向和水平方向有時會使用不一樣的步長。

● ……… 在檢測得出特徵圖中再次檢測模式圖案

這種卷積運算不只適用於全彩影像。例如，也可以對卷積算出的特徵圖 **h** 再做另一次卷積運算 **r**。

$$u = h * r$$

這時輸入中的色版代表的不是顏色，而是表示各圖案模式是否出現。用這些資訊再次檢測模式圖案的目的，就是要檢測圖案的組合。比如說，先以第 1 次的卷積運算檢測是否有直線、橫線或圓形等圖案，再以第 2 次的卷積運算檢測是否有這些圖案組合而成的十字或 T 字等圖案。重複執行這樣的步驟，就有可能檢測出臉部或動物等複雜的結構。這樣檢測模式圖案獲得的結果，也可以當作是在學習影像特徵的表現方式。

## 卷積層與卷積神經網路

卷積運算是一種**線性函數**，輸出的結果是輸入與權重（卷積核的元素）的乘積總和。因此，把很多次卷積運算疊加起來可以標示出的特徵，也還是與 1 次卷積運算相同。若要疊加多個卷積運算，可以在中間**加入非線性的激活函數**，萃取出更為複雜的特徵。

執行這種卷積運算的層，就稱為**卷積層**。而使用卷積層的神經網路，則稱為**卷積神經網路**（convolutional neural network, **CNN**）。

## [卷積層與全連接層的差異 ❶] 鬆散的連接

那麼，卷積層和全連接層有哪些差異呢？

首先，卷積層中只有位置較近的神經元才會互相連接，**整體的連結數量非常稀少**便成為其特色 圖 3.20 ①。相對於每個輸出神經元都會連接所有輸入神經元的全連接層，**卷積層**的輸出神經元只會連接位置較近或在卷積核區域內的神經元，可以說是**非常鬆散的連接**。但**若是在卷積核區域內，則所有輸入都會連接**。因此卷積層**在色版的方向上**可視為**全連接**。

## [卷積層與全連接層的差異 ❷] 權重共用

第 2 項差異則是卷積層中**不同位置的突觸會使用相同的權重** 圖 3.20 ②，也就是卷積層在運算時，會在輸入圖像的空間中滑動相同的卷積核（模式圖案）。這一點對於影像處理而言特別重要，影像本來就具有**平移不變性**（translation invariance），意思是即使畫面中的物體移動，也只會改變空間上的意義，不會改變內容。卷積層透過在不同位置共用權重，自然地實現了影像的平移不變性。

**圖3.20** 卷積層的特色

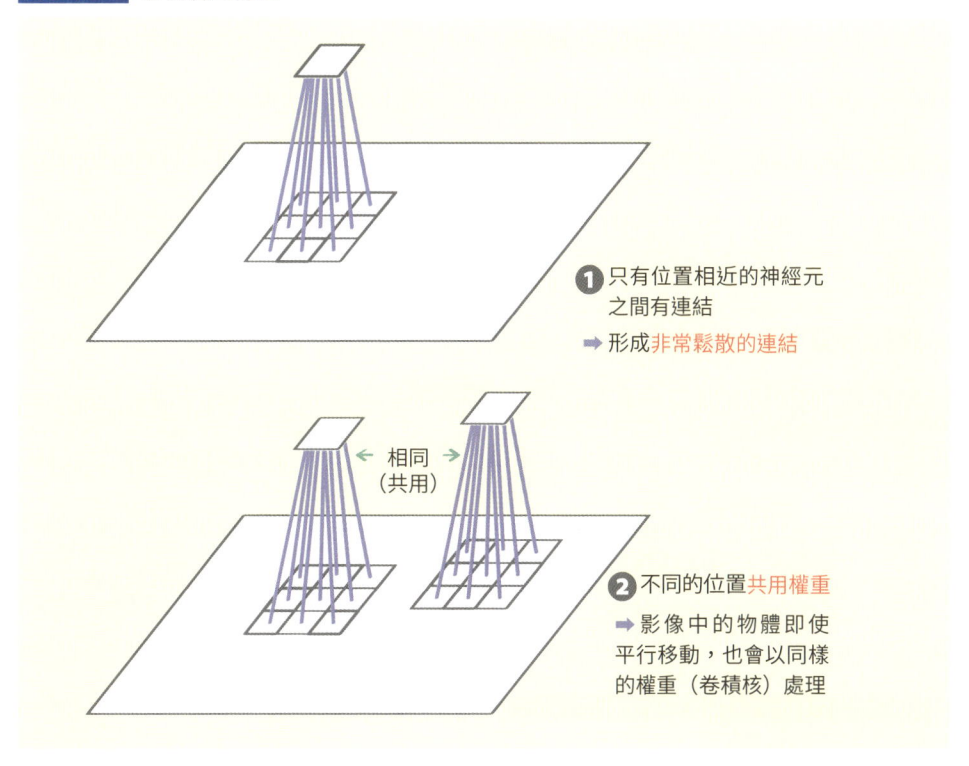

❶ 只有位置相近的神經元之間有連結
➡ 形成非常鬆散的連結

相同（共用）

❷ 不同的位置共用權重
➡ 影像中的物體即使平行移動，也會以同樣的權重（卷積核）處理

## 參數數量顯著減少

這 2 項特色使得卷積層與全連接層相比之下，**參數的數量明顯較少**。

舉例來說，當輸入尺寸為 (3, 600, 400)，輸出尺寸為 (32, 600, 400) 時，全連接層會有 3 × 600 × 400 × 32 × 600 × 400 = 約 5.5 兆個參數，但卷積核尺寸為 5 × 5 的卷積層只會有 5 × 5 × 3 × 32 = 2,400 個參數，相當於全連接層參數數量的 20 億分之一。

## 可處理任意尺寸的影像和語音　　FCN

此外，全連接層只能處理固定尺寸的輸入，而卷積層的優點是只要輸入的色版數相同，就可以處理任意尺寸的輸入資料。這項優勢使其得以處理**任意尺寸**的影像或語音。

若一個神經網路全部都由卷積層與不受輸入尺寸限制的運算（例：池化運算）組成，就稱為**全卷積神經網路**（fully convolutional network, **FCN**），可以處理任意尺寸的輸入。

影像辨識、時間序列分析等領域當中都會用到卷積層。

## 池化運算與池化層

**池化運算**是以子區域的平均值或最大值當作輸出結果的運算。將這種池化運算應用在所有位置的層，則稱為**池化層**（pooling layer）。

較具代表性的池化層有輸出平均值的**平均池化**（average pooling），與輸出最大值的**最大池化**（max pooling）。池化層可視為將卷積層的參數設為固定值（不學習），變成只輸出平均值或最大值的卷積運算。以最大值作為輸出的情況，微分的計算會比較特殊，因為只有最大值的輸入對輸出有所貢獻，所以各輸入的梯度就只有最大值的輸入為 1，其餘為 0。之後會說明**注意力機制也是一樣，都是只使用特定輸入的機制**。

池化層的主要用途是將特徵圖的解析度降低，或去除高頻部分的雜訊，只篩選出低頻部分。

## 循環層　Recurrent Layer

還有一種代表性的連接層是**循環層**（recurrent layer）。

循環層是含有**迴圈**（loop）的層，可以將某一層的輸出在下一個時間點做為同一層的額外輸入。一般的神經網路都是將資料從輸入朝輸出往同一個方向傳播，這種神經網路稱為**前饋式神經網路**（feedforward neural network, **FNN**）[8]。相對地，含有迴圈的神經網路則稱為**循環神經網路**（Recurrent neural network, **RNN**）圖 3.21 ①。

---

註8　從輸入到輸出都不具迴圈，資訊會一直線向前傳播的神經網路。

**圖3.21** 循環神經網路

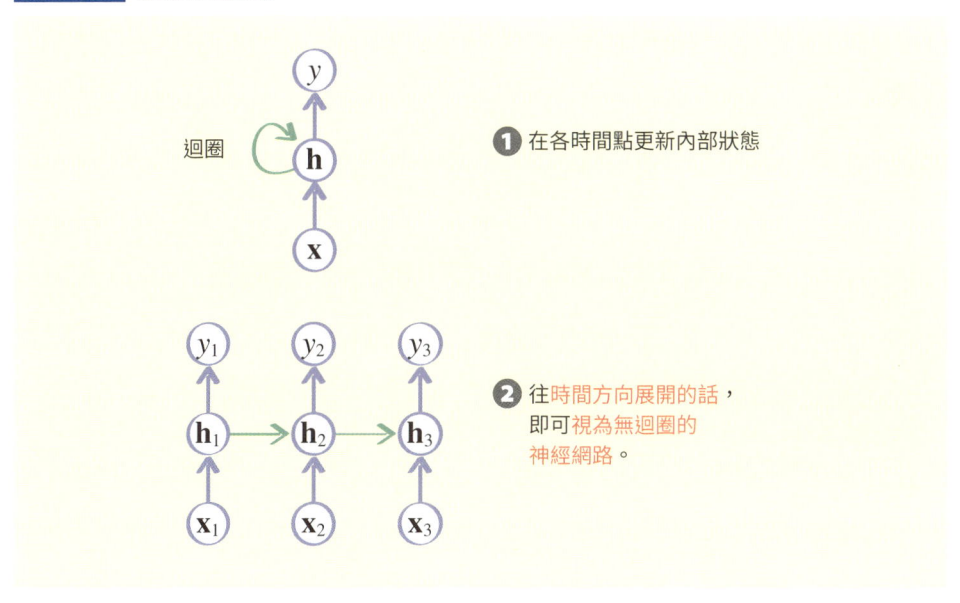

❶ 在各時間點更新內部狀態

❷ 往時間方向展開的話，即可視為無迴圈的神經網路。

　　循環神經網路帶有**內部狀態**，即使輸入相同的資料，也會因為不同的內部狀態而產生不同的結果。

## ● 為序列資料而生的循環層

　　舉例來說，假設有一份**序列資料**為 $x_1$, $x_2$, ..., $x_n$。其中 $x_i$ 可能代表句子中第 $i$ 個位置的單字，或是時間序列資料中，時間點為 $i$ 的觀測資料等等。下方以時間的概念為例來說明。

　　循環層中帶有內部狀態 $h$，會在每個時間點（1, 2, ..., $n$）更新。內部狀態的初始值 $h_1$，會以學習來決定是否要設為 0。在每個時間點 $i$ 都會根據當前的輸入 $x_i$ 與內部狀態 $h_i$，將內部狀態更新為 $h_{i+1}$。比如說，以下就是一種更新的方式：

$$h_{i+1} = f_{act}(W^T x_i + A^T h_i + b)$$

　　內部狀態 $h_i$ 可以當作是將先前的資訊 $x_1$, $x_2$, ..., $x_{i-1}$ 壓縮後儲存起來的結果。

只要從 $i=1$ 開始,重複執行到 $i=n$,即可獲得最終的內部狀態 $\mathbf{h}_{n+1}$。之後可以再根據任務需要,從過程中的內部狀態 $\mathbf{h}_1, \mathbf{h}_2, ..., \mathbf{h}_n$ 分別推測出標籤 $y_1, y_2, ..., y_n$。

## 循環神經網路:可處理任意長度輸入的自動機

循環神經網路相當於可以接收輸入並轉移狀態的**自動機**(automaton)。在輸入相同的情況下,兩者都會因為內部狀態的不同而改變更新狀態的結果。而且循環神經網路也和自動機一樣,具有高度的資訊處理能力。

循環神經網路所使用的函數,是以各時間點共用的參數(前例中的 $\mathbf{W}, \mathbf{A}, \mathbf{b}$)來描述特徵,而且可以用固定的參數數量處理任意長度的輸入,因此經常用於處理長度會變動的字串資料與時間序列資料。

此外,前面說明過的全卷積神經網路,也可以將影像等 2 維資料重新排列,視為**像序列的 1 維資料**來處理,因此同樣能處理長度不固定的序列資料。

### ● 如何計算迴圈的反向傳播?

如果將循環神經網路視為計算圖,由於內部包含迴圈,乍看之下可能會覺得無法使用反向傳播(上一頁的 圖3.21①)。

其實只要將這個計算圖**往時間方向展開**,就能把循環神經網路當成不含迴圈的多層神經網路來處理,層數就是原本的序列長度(上一頁的 圖3.21② )。這就像程式在最佳化時會將迴圈展開的「Unfolding」手法一樣,但循環神經網路還可以再配合資料的長度來調整重複的次數。

經過這番調整之後,就能將原本包含迴圈的計算**轉換成無迴圈的前饋式神經網路**,再以反向傳播快速求出參數的梯度。這個做法會使誤差看起來像是沿著時間順序反向前進,因此也稱為**時序性反向傳播**(Back propagation through time, BPTT)。

## 神經網路的主要組成元素　3.6

● ……… **循環神經網路需要額外設計以避免學習失敗**

雖然可以用時序性反向傳播快速求出梯度，循環神經網路仍是以學習困難聞名，原因就是**層與層之間共用參數**。在說明學習困難的原因之前，先來看看下面這個循環層，這是將之前的循環層最大程度簡化，內部狀態設為純量值、刪除輸入、激活函數與偏值之後的結果。

$$h_{i+1} = a h_i$$

再來一樣要根據最終時間點的內部狀態 $h_N$，以函數 $L(h_N)$ 求出損失。最終時間點 $N$ 的內部狀態 $h_N$ 就是將每一步的 $a$ 重複乘 $N$ 次，可以寫成：

$$h_N = a^N h_0$$

之後同樣以反向傳播計算損失對內部狀態的梯度，可得到：

$$\frac{\partial L(h_N)}{\partial h_i} = \frac{\partial L(h_N)}{\partial h_N}\frac{\partial h_N}{\partial h_{N-1}}\frac{\partial h_{N-1}}{\partial h_{N-2}}\cdots\frac{\partial h_{i+1}}{\partial h_i}$$
$$= \frac{\partial L(h_N)}{\partial h_N}a^{N-i} \quad (因為\left(\frac{\partial h_{j+1}}{\partial h_j} = a\ (j = i\ldots, N-1)\right))$$

如此一來，梯度中就會出現各狀態的係數 $a^{N-i}$。

● ……… **循環神經網路很難將狀態收斂至有限值**

這個**像指數函數的項**有個很討人厭的性質。$a^N$ 的 $N$ 增加時，在 $a>1$ 的情況會發散至正無限大、$|a|<1$ 會收斂至 $0$、$a=1$ 會收斂至 $1$、$a<-1$ 則會成為在正無窮大與負無窮大之間振盪的值（$a=-1$ 不會發散到無限大，但會振盪）。

也就是說，這會導致各個內部狀態的梯度和進一步算出的參數梯度，幾乎全都是無窮大或是 $0$，其中有意義的有限值非常少，因此難以用梯度法來學習。

以上討論的雖然是純量值的冪運算，但在一般循環神經網路中，用來將內部狀態 $h$ 轉換為下一個內部狀態的**轉移矩陣** $A$，也會出現類似現象。

將向量乘以矩陣，和將純量乘以純量的情形並不相同，向量會出現**縮放**和**旋轉** 2 種變換，縮放程度可以透過**矩陣的最大奇異值**得知。

> **奇異值**      Note
>
> 任意矩陣 $A$ 都能藉由**奇異值分解**，以正交矩陣 $U$、$V$ 與對角矩陣 $\Sigma$ 分解成 $A = U \Sigma V^T$。其中位在 $\Sigma$ 對角線上的元素，就稱為**奇異值**。

和純量一樣，矩陣的奇異值 $\lambda_i$ 為 $|\lambda_i| > 1$ 的情況，向量的大小會發散；$|\lambda_i| < 1$ 時會消失為 $0$，只有 $\lambda_i = 1$ 時才會收斂。

由此可見，循環神經網路的梯度非常容易發散或消失為 $0$。

● **梯度爆炸／消失問題**

這種梯度變成無限大或 $0$ 的問題，又稱為**梯度爆炸／梯度消失**問題（exploding／vanishing gradient problem）。循環神經網路和層數較多的神經網路都會使用大量的矩陣乘法，因此很容易出現這種梯度消失或爆炸的狀況。

當**梯度消失**發生時，對中間狀態或參數的少量改變幾乎不會影響最終結果。換句話說，就是參數的調整「沒有作用」。相對地，**梯度爆炸**時，只要稍微改變中間狀態或參數，就會對最終結果產生巨大的影響，也就是參數的調整「作用太強」。

不過目前已經出現很多避免梯度消失或爆炸的做法（請一併參考 4.3 節）。以下介紹的閘控機制就是其中一種實作。

## 閘控機制

**閘控機制**可以決定要讓**輸入按照原樣傳入**或**截斷輸入**。實作閘控機制的函數就稱為**閘控函數**。**閘控**（gate）的效果可以用運算式 $\mathbf{o} = g \cdot \mathbf{c}$ 實現，其中閘門 $g$ 介於 0 到 1 之間，$\mathbf{c}$ 則是想要傳入的資訊。若 $g$ 的值接近 1，$\mathbf{c}$ 的值就會接近原樣傳入；若 $g$ 的值接近 0，$\mathbf{c}$ 的值相當於被截斷。

在循環神經網路中使用閘控機制，除了可以避免梯度消失／爆炸的問題，還能執行更複雜的計算。這和半導體以閘控機制實作邏輯電路的概念是相同的。

在循環神經網路中，當前的內部狀態可以視為**記憶**（之後在 4.4 節說明）。只要調整混合進當前內部狀態的輸入資訊比例，或是調整要忘掉多少內部狀態，就能決定是以目前的記憶優先，還是希望以新的資訊替換。

此外，之後會介紹的**注意力機制**（4.4 節說明），也可以當作是用閘控機制來過濾部分輸入或內部狀態，再進行計算的機制。

● 代表性的閘控機制

**長期短期記憶**[9] 和**閘控循環單元**[10] 都是較具代表性的閘控機制 圖 3.22 。另外還有一種以閘控機制進行卷積運算的**閘控卷積網路**（gated convolutional network）[11]。

---

註 9 ・參考：S. Hochreiter et al.「Long short-term memory」（Neural Computation, 1997）
註 10・參考：K. Cho et al.「Learning Phrase Representations using RNN Encoder-Decoder for Statistical Machine Translation」（arXiv:1406.1078, 2014）
註 11・參考：Y. Dauphin et al.「Language Modeling with Gated Convolutional Networks」（ICML, 2017）

圖3.22 代表性的閘控機制：長期短期記憶與閘控循環單元

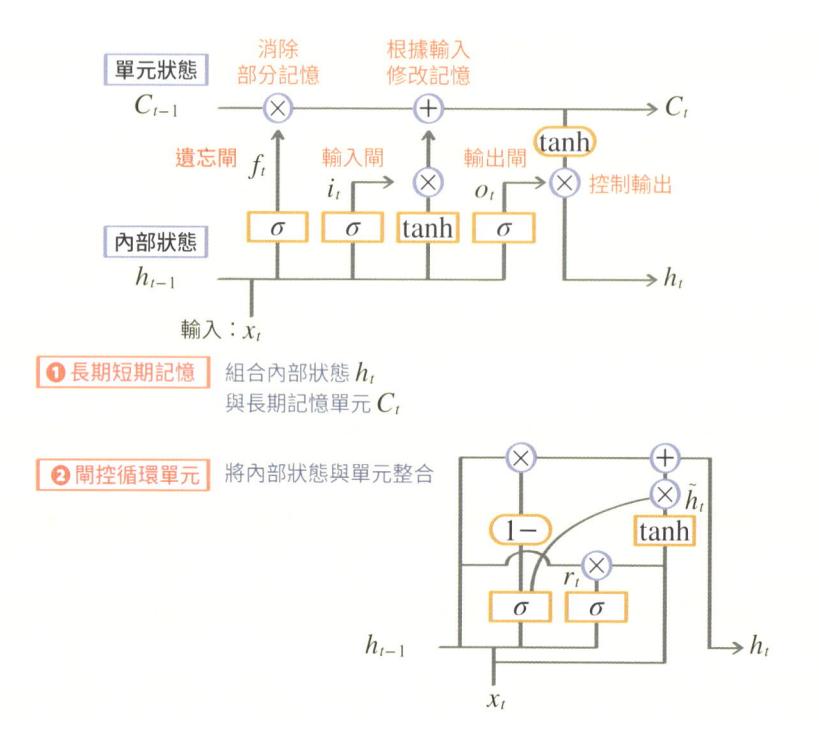

❶ 長期短期記憶　組合內部狀態 $h_t$ 與長期記憶單元 $C_t$

❷ 閘控循環單元　將內部狀態與單元整合

## 長期短期記憶　廣泛使用的閘控機制

**長期短期記憶**（Long short-term memory, LSTM）是一種廣泛使用的閘控機制。雖然早在 1990 年代便已提出，但在技術不斷推陳出新的深度學習領域，仍是持續使用的知名做法。

長期短期記憶會在神經網路計算輸入序列 $\mathbf{x}_1, \cdots, \mathbf{x}_n$ 得出內部狀態序列的同時，另外管理一種狀態，稱為**單元狀態**（cell state）。單元狀態的作用是讓資訊能夠傳遞得更遠，第一步是根據輸入 $x_t$ 與先前的**內部狀態** $h_{t-1}$ 計算出**輸入閘** $i_t$（input gate）、**遺忘閘** $f_t$（forget gate）與**輸出閘** $o_t$（output gate）。

## 3.6 神經網路的主要組成元素

$$i_t = \sigma(W_i[h_{t-1}, x_t] + b_i) \quad \leftarrow 輸入閘（input gate）$$

$$f_t = \sigma(W_f[h_{t-1}, x_t] + b_f) \quad \leftarrow 遺忘閘（forget gate）$$

$$o_t = \sigma(W_o[h_{t-1}, x_t] + b_o) \quad \leftarrow 輸出閘（output gate）$$

其中 $\sigma$ 為 sigmoid 函數（本節稍後會說明），會將輸出正規化為大於 0 且小於 1 的值。

接著再計算單元狀態的更新量 $\tilde{C}_t$。更新量同樣是由輸入及內部狀態算出。

$$\tilde{C}_t = \tanh(W_C[h_{t-1}, x_t] + b_C)$$

這個更新量以 Tanh 函數（之後會詳細介紹）正規化至 -1 與 1 之間。

之後再根據先前的單元狀態 $C_{t-1}$ 與更新量 $\tilde{C}_t$ 來決定單元狀態。

$$C_t = f_t \times C_{t-1} + i_t \times \tilde{C}_t$$

上式可解讀為以遺忘閘 $f_t$ 控制要遺忘掉多少先前的單元狀態 $C_{t-1}$，再以輸入閘 $i_t$ 控制要導入多少更新量 $\tilde{C}_t$。

最後，再次以 Tanh 函數將單元狀態正規化，由輸出閘決定內部狀態 $h_t$。

$$h_t = o_t \times \tanh(C_t)$$

從單元狀態的更新式可以看出，當遺忘閘開啟時（$f_t \simeq 1$），即使是距離較遠的輸入資訊，也能保留下來持續使用，也就是可以**記憶**。而且單元狀態並沒有重複乘上轉移矩陣，只有代入 0 到 1 之間的閘門，因此也可以解決梯度消失／爆炸的問題。

這種能夠不穿越層就將資料依照原樣傳抵遙遠位置的機制，和之後 4.3 節說明的**跳躍連接**相當類似。實際上，跳躍連接的重要性也是先因長期短期記憶而為人所知，後來才有人再提出將應用範圍從循環神經網路擴及到

一般神經網路的<mark>高速公路神經網路</mark>（Highway Networks）[註12]，以及簡化版（去除閘門）的<mark>殘差網路</mark>（ResNet）（之後在 4.3、5.1 節中說明）。

## 閘控循環單元

<mark>閘控循環單元</mark>（Gated recurrent unit, GRU）是一種簡化長期短期記憶的閘控機制，把遺忘閘與輸入閘合而為一，另設更新閘 $z_t$。

$$z_t = \sigma(W_z[h_{t-1}, x_t] + b_z)$$

單元狀態 $C_t$ 與內部狀態 $h_t$ 也會合併起來，只處理內部狀態。

此外，在決定內部狀態的更新量時，會代入參考前一個內部狀態的閘門。

$$r_t = \sigma(W_r[h_{t-1}, x_t] + b_r)$$
$$\tilde{h}_t = \tanh(W_h[r_t h_{t-1}, x_t] + b_h)$$

然後以更新閘來更新內部狀態：

$$h_t = (1 - z_t)h_{t-1} + z_t \tilde{h}_t$$

更新閘越接近 1，就表示忘掉越多先前的內部狀態、採用越多當前的更新；反之越接近 0，則保留越多先前的內部狀態、採用越少當前的更新。相較於長期短期記憶，閘控循環單元不僅參數數量較少，速度也較快，因此可以使用在時間複雜度較大的問題上。尤其在影像處理，常會與卷積運算結合起來使用（卷積閘控循環單元，ConvGRU）。後來也有許多不同的閘門（變體）出現。

---

註12・參考：R. K. Srivastava et al.「Training Very Deep Networks」（NeurIPS, 2015）

## [主要組成元素 ❸] 激活函數　　激活函數的 3 個必要性質

接著要介紹的是**激活函數**（activation function）。神經網路可以在具有線性表現力的連接層之間，引入具有**非線性表現力**的激活函數，藉此表現更複雜的函數。以下就來看看激活函數需要具備哪些性質吧。

首先，激活函數必須是**非線性函數**。因為線性變換不管疊加幾次，都會是線性變換，但若能在其中引入非線性的激活函數，就能使整體轉變為非線性。

再來，激活函數必須**維持值的尺度**，不能將值的尺度縮放得太大或太小。因為激活函數會出現在神經網路的許多位置，在輸入到輸出的計算路徑上多次使用，所以若激活函數將輸入值放大，就會使值發散，反之則會使值消失為 0。

舉例來說，如果以 $f(x) = x^2$ 或 $f(x) = \sqrt{x}$ 作為激活函數，會發生什麼事呢？這兩者雖然都是非線性函數，但輸入值的大小會有顯著的變化。若使用這些非線性函數 10 次，前者的結果會發散為非常大的值或收斂到很小，後者則會收斂為 1。理想中，輸入值的大小不應該有顯著的變化，或是只會在某個上、下限之間變動，即使縮放也不會無止境發散。

最後，激活函數必須是**可微分**函數，而且**微分值**不會過大或過小。因為反向計算和前向計算一樣，過程中都必須重複乘以激活函數的微分值。為了避免誤差發散或消失，**值應該收斂在一定範圍之內**。不過對某些輸入值來說，微分值為 0 也有重要的**過濾**功能，可使誤差在該處停止傳播，在學習更新時忽略[註13]。

兼具這些性質的激活函數已經有很多種，以下就來看看比較有代表性的幾種吧。

---

[註13] 早期的神經網路「感知器」，就是以大多數位置的微分皆為 0 的「階躍函數」（step function）作為激活函數，並在反向傳播時用可微分的恆等函數（Identity function）進行學習。現在這稱為「直通評估器」（Straight-through estimator, STE），在激活函數需要取離散值的學習中，受到廣泛的使用。

## ReLU　有如開關的激活函數

**ReLU**（線性整流單元，Rectified linear unit）是當前深度學習最常使用的激活函數 圖3.23 [註14]。其定義如下：

$$f_{ReLU}(x) = \max(0, x)$$

此函數會在輸入值為正時直接傳回輸入值，並在輸入為負時傳回 0。ReLU 的運作方式就像是**資訊的開關**，當值為正時，讓資訊按照原樣傳遞過去；當值為負時，則停止資訊的傳遞。

**圖3.23**　ReLU

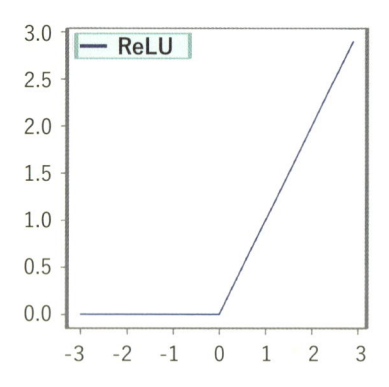

因為這樣的性質，當輸入值為正時就會稱這個**單元正在激活**（active）**狀態**。

● ReLU 的優異性質

ReLU 的優點是它**滿足**了先前提到的**所有理想性質**。

---

[註14] ReLU 最初使用於大型神經網路，其有效性之論述請參考以下論文：
・參考：X. Glorot et al.「Deep Sparse Rectifier Neural Networks」（AISTATS, 2011）

首先是**非線性**，雖然 ReLU 只是很簡單的函數，但也是貨真價實的非線性函數。**使用 ReLU 的神經網路，能以任意準確率近似任意函數**。另外，輸入值的正、負區間分開來看各自都是線性函數，因此也稱為**分段線性函數**（piecewise linear function）。而使用 ReLU 的神經網路，因為各神經元在正、負區間內分別為線性，因此整體也會是分段線性函數。

第二點則是可以**維持值的尺度**。這個函數會在輸入值為正時，直接傳回輸入值，所以輸出值的尺度不會有大幅度的變化。雖然實際上會因為有一半的值變成 0 而使整體尺度變小，但通常都會在初始化連接層權重時採用對應的做法，讓尺度保持不變。

最後一項是關於**微分值的條件**，所以就來看看 ReLU 的微分吧！

$$f'_{ReLU}(x) = \begin{cases} 1 & (x \geq 0) \\ 0 & (x < 0) \end{cases}$$

當值為正時，微分值為 1 且尺度未改變；當值為負時，微分值為 0。可以看出在誤差的正、反向上，ReLU 都具備開關的作用。當開關開啟時（微分為 1），**誤差會由頂層往底層傳遞**；開關關閉時，**誤差則會被截斷**。

● ┈┈ **深度學習中的三大學習發明之一**

雖然 ReLU 非常簡潔，感覺是很理想的激活函數，但實際上在神經網路出現後一直都是以 sigmoid 函數為主流，ReLU 則相當罕見。真正被重視居然是 2012 年左右的事情。

開始使用 ReLU 之後，神經網路的學習就變得比較簡單，即使是含有多層的情況也可以順利學習[註15]。

---

註15 關鍵在於 ReLU 能夠滿足上述 3 項條件。目前除了 ReLU 以外，還有許多激活函數也能滿足這 3 項條件，對於提高神經網路學習的成功率有相當大的貢獻。

因此 ReLU 與之後要介紹的正規化層（尤其是批次正規化）及跳躍連接，可說是並列深度學習在「學習」上的三大發明[註16]。這三者的結合，使神經網路學習的成功率有了顯著的改善，能開始學習更大型的神經網路。

## sigmoid 函數

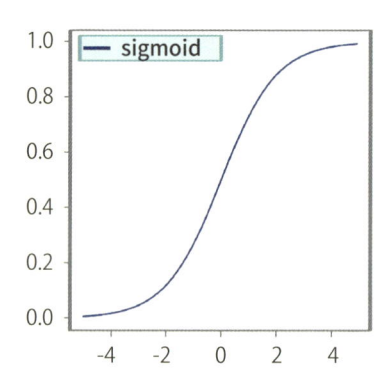

sigmoid 函數是 ReLU 登場之前，許多神經網路使用的激活函數 圖3.24 ，現在也還是經常用於希望輸出值能收斂至一定範圍內的情況，例如之前提到的閘控函數與注意力機制（4.4 節）等。sigmoid 函數的定義如下：

$$f_{sigmoid}(x) = \frac{1}{1 + \exp(-x)}$$

圖3.24　sigmoid 函數

這個函數的值會隨著 $x$ 的增加而逐漸趨近於 1，反向則趨近於 0。sigmoid 函數的特徵之一是無論輸入值的尺度如何，輸出值都會落在 0 與 1 之間。

---

註16　4.4 節的「注意力機制」也在深度學習的發展中扮演重要的角色。雖然注意力機制對學習也有一定程度的貢獻，但主要還是貢獻在普適能力與表現力上。

3-56

## sigmoid 函數的微分

sigmoid 函數的微分 圖3.25 計算方式如下：

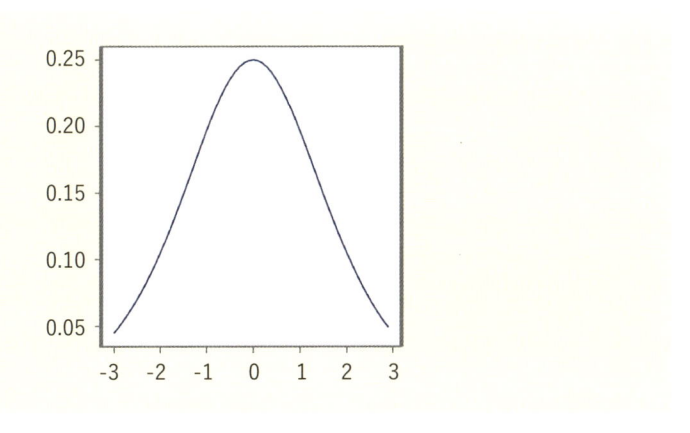

$$f'_{sigmoid}(x) = f_{sigmoid}(x)(1 - f_{sigmoid}(x))$$

從函數的形狀應該可以想像，其微分值會在 $x$ 變大或變小時，逐漸趨近 0。而且 sigmoid 函數的微分值永遠會小於 1，最大值也只有 $f'_{sigmoid}(0)=0.25$。因此若神經網路在輸入到輸出的計算路徑上多次使用 sigmoid 函數，就會出現梯度消失的問題。

圖3.25　sigmoid 函數的微分

為了避免梯度消失，sigmoid 函數通常只會用在最後一層，或搭配梯度不會消失的計算機制（也就是微分值即使消失在某條路徑上，也不會在其他路徑上消失，如循環神經網路的閘控機制或之後說明的跳躍連接）一起使用。

> [參考] sigmoid 函數的微分　　　　　　　　　　　　　Note
>
> 以下針對 sigmoid 函數的微分補充說明。
>
> 為求文字簡化，令 $a(x) = f_{sigmoid}(x)$
>
> $$a(x) = 1/(1+\exp(-x))$$
> $$(1+\exp(-x))a(x) = 1 \quad (\Rightarrow 對\ x\ 微分)$$
> $$-\exp(-x)a(x) + (1+\exp(-x))a'(x) = 0$$
> $$a'(x) = a(x)\exp(-x)/(1+\exp(-x))$$
> $$= a(x)(1-a(x))$$

## Tanh 函數

**Tanh 函數**（Hyperbolic tangent function，雙曲正切函數）會在 $x$ 越大時越趨近於 1；$x$ 越小時越趨近於 -1 圖3.26。

$$f_{tanh}(x) = \frac{\exp(x)-\exp(-x)}{\exp(x)+\exp(-x)} = 1 - \frac{2}{\exp(2x)+1}$$

圖 3.26　Tanh 函數

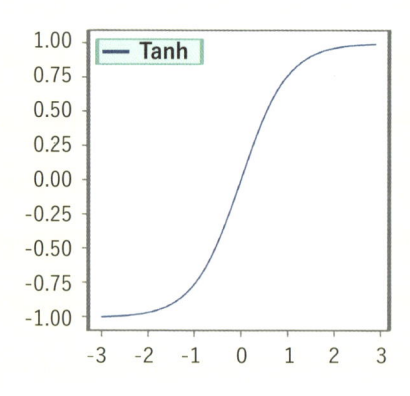

## 與 sigmoid 函數的關係

Tanh 函數與剛才提到的 sigmoid 函數之間有以下關係：

$$f_{tanh}(x) = 2f_{sigmoid}(2x) - 1$$

Tanh 函數雖然和 sigmoid 函數很像，不過另有以下的特性。

首先，Tanh 函數的輸出在正、負兩側都有，函數結果的平均值容易接近於 0，較易進行學習。層的激活值的平均為 0 時會較容易進行學習的原因，之後會在批次正規化的介紹中另作說明（p.4-8）。此外，Tanh 函數的微分在 $x=0$ 時會是最大值 $f'_{tanh}(0)=1$，即使在 $x=1$ 時也會是較大的值 $f'_{tanh}(1)=0.42$，因此比起 sigmoid 函數，梯度消失的可能性較小。

## Hard Tanh 函數

**Hard Tanh 函數**是以連接線段的方式近似 Tanh 的函數，其定義如下圖 3.27。

$$f_{htanh}(x) = \begin{cases} 1 & (x > 1) \\ x & (-1 \leq x \leq 1) \\ -1 & (x < -1) \end{cases}$$

$$f'_{htanh}(x) = \begin{cases} 1 & (-1 \leq x \leq 1) \\ 0 & （其他） \end{cases}$$

圖 3.27　Hard Tanh 函數

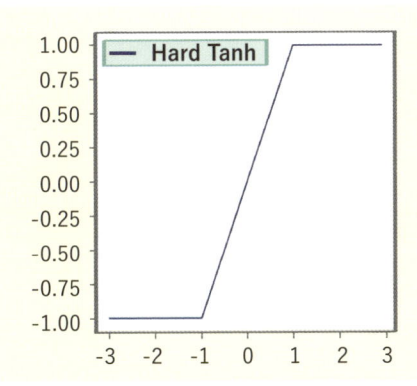

# 第3章　深度學習的技術基礎

Hard Tanh 和 ReLU 很類似，但通常是在期待輸出的平均值為 0 的狀況使用，且無論輸入值為何，都希望輸出值範圍能控制在 [-1, 1]。另外，因為函數值與微分值的計算都很簡單，所以也經常用於硬體的實作。

## LReLU

ReLU 函數只要激活值變成 0，梯度就會跟著變成 0，之後該單位就無法再使用了（但實際學習時，每筆資料之間會有差異，即使某筆資料不使用，其他資料也會使用並繼續更新）。為解決此問題而設計的激活函數 **LReLU**（Leaky ReLU），就是將 ReLU 改為即使輸入負值仍有微幅斜率的函數[註17] 圖3.28。

$$f_{LReLU}(x) = \begin{cases} x & (x \geq 0) \\ ax & (x < 0) \end{cases}$$

$$f'_{LReLU}(x) = \begin{cases} 1 & (x \geq 0) \\ a & (x < 0) \end{cases}$$

**圖3.28**　LReLU

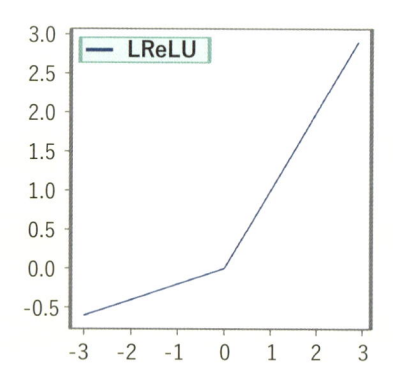

之所以稱為「Leaky」（有漏洞、有縫隙的），是因為即使輸入值為負數，也會稍微洩漏到輸出，值不會直接變為 0 而被完全阻斷。

---

註17・參考：（首次提出 LReLU 的文獻）A. Maas et al.「Rectifier Nonlinearities Improve Neural Network Acoustic Models」(ICML, 2013)

負數部分的斜率 $a$ 是一個預先指定的超參數。若 $a=1$，函數會變成 $f(x)=x$ 的恆等函數，失去非線性的性質；但若再更大，則會出現梯度爆炸等問題，因此 $a$ 通常會是較小的值，如 0.1、0.2 等。

- **PReLU**

反向傳播也能用來計算這個參數 $a$（編註：就是將前面的 $a$ 當成參數而非預先指定的超參數），這樣的方法稱為 **PReLU**（Parametric ReLU）註18。如果應用在卷積層，則可使各過濾器共用參數，減少需要學習的參數數量。

## Softmax 函數

**Softmax 函數**和之前介紹的激活函數皆不相同，是一種接收向量並傳回同維度向量的激活函數 圖3.29 。

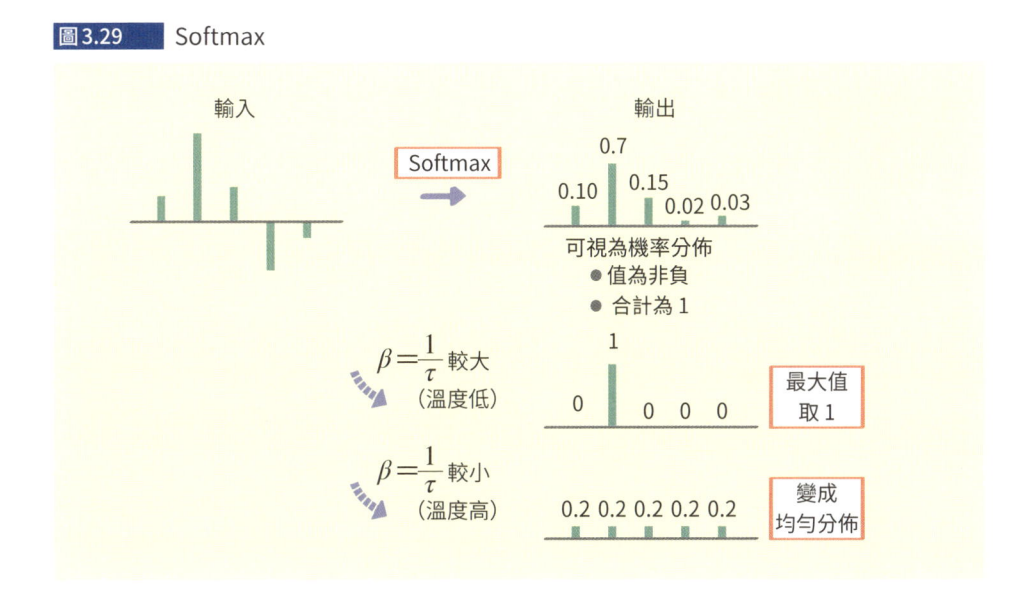

圖3.29　Softmax

輸入　　　　　　　　輸出
　　　　　　　　　　　0.7
　　　　　Softmax　0.10　0.15
　　　　　　→　　　　　　　0.02　0.03
　　　　　　　　　可視為機率分佈
　　　　　　　　　● 值為非負
　　　　　　　　　● 合計為 1

$\beta = \frac{1}{\tau}$ 較大　　1
（溫度低）　　0　　0　0　0　　最大值取 1

$\beta = \frac{1}{\tau}$ 較小
（溫度高）　0.2 0.2 0.2 0.2 0.2　變成均勻分佈

註18・參考：K. He et al.「Delving Deep into Rectifiers: Surpassing Human-Level Performance on ImageNet Classification」(ICCV, 2015)

以元素值為 $x_1, x_2, ..., x_k$ 的向量 **x** 作為輸入時，輸出的 **y** 向量的元素 $y_1, y_2, ..., y_k$ 計算方式為：

$$y_i = \exp(x_i) / \sum_{i'} \exp(x_{i'})$$

這個輸出可以當作是把輸入的向量轉換為「各元素皆為非負（exp 只會得出大於 0 的值），且所有元素總和為 1（$\sum y_i = 1$）」的機率分佈。因此 Softmax 會用在希望**輸出機率分佈**的情況。需要進行 $k$ 種類別分類的神經網路，通常就會把輸出維度為 $k$ 的向量再代入 Softmax 函數，以輸出機率分佈。

此外，也可以用溫度參數 $\beta = 1/\tau > 0$（τ/tau 對應至物理學中的溫度）表示如下：

$$y_i = \exp(\beta x_i) / \sum_{i'} \exp(\beta x_{i'})$$

當 $\beta$ 變大時，$x_1, x_2, ..., x_k$ 中的最大值會變得比其他值更大，結果會變成只有最大值 $y_i = 1$，其餘 $y_j = 0$，也就是取最大值為 1，其餘為 0 的運算。相對地，當 $\beta$ 趨近於 0 時，所有 $i$ 都會是 $y_i = 1/k$，接近均勻分佈。這種將最大值對應的輸出元素值設為 1 的運算，是一種「soft（軟化）」操作，因此取名為 Softmax。

下一章要介紹的**注意力機制**，**在讀取元素並計算加權權重時，使用的就是 Softmax**。

## 各種激活函數　　ELU、SELU、Swish 等

除了前面介紹的幾種之外，還有很多激活函數，例如 ELU[19]、SELU[20]、Swish[21] 以及 GELU[22] 等。目前已經有很多資料顯示，這些激活函數在學習效率與普適性能等方面，都有非常優異的表現。

---

註19・參考：D. Clevert et al.「Fast and Accurate Deep Network Learning by Exponential Linear Units (ELUs)」(ICLR, 2016)
註20・參考：G. Klambauer et al.「Self-Normalizing Neural Networks」(NeurIPS, 2017)
註21・參考：P. Ramachandran et al.「Searching for Activation Functions」(ICLR, 2018)
註22・參考：D. Hendrycks et al.「Gaussian Error Linear Units (GELUs)」(arXiv:1606.08415, 2016)

## 3.6 神經網路的主要組成元素

- ### MaxOut

大部分的激活函數都是針對各元素作用的非線性函數，但也有一些並非如此。比如說 **MaxOut**[註23] 激活函數就是針對多個輸入 $\mathbf{x}$ 計算 $z_i = \mathbf{w}_i\,\mathbf{x} + b_i$ 傳回 $y = \max_i z_i$。$\{\mathbf{w}_i, b_i\}$ 就是要學習的參數，而 MaxOut 則可以當作是學習任意凸函數所得出的激活函數。

- ### CReLU

**CReLU**（Concatenated ReLU）[註24] 是一種反過來增加輸出維度的激活函數。

ReLU 在輸入值為負時會傳回 0，有半數的輸入資訊會被捨棄，但其實負的輸入在很多情況下也能有所貢獻。例如使用神經網路做影像辨識時，常會希望底層能夠同時學習到某個模式的正、反兩面。在這種情況使用 ReLU 學習，若能學會過濾器 $\mathbf{w}$，通常也很容易學會 $-\mathbf{w}$，可是同一個模式圖案如果要加入正、負 2 種相位，又會太過冗餘。

為此，CReLU 接收輸入後，會直接輸出正、負兩個成分。

$$f_{crelu}(x) = (\max(0, x), \max(0, -x))$$

這讓 CReLU 的輸出維度變成輸入維度的 2 倍。如此一來，CReLU 可以控制學習參數的數量與時間複雜度，也能提高函數的表現力。

---

註23・參考：I. J. Goodfellow et al.「Maxout Networks」（ICML, 2013）
註24・參考：W. Shang et al.「Understanding and Improving Convolutional Neural Networks via Concatenated Rectified Linear Units」（ICML, 2016）

## Lifting Layer

**Lifting Layer**[註25] 則進一步推展這個概念，使 1 維輸入增加為 $L$ 維的值。假設輸入值的範圍為 $[t^1, t^L]$，Lifing Layer 的做法是先以 $t^1 < t^2 < t^3 < \ldots < t^L$ 設定邊界值，劃分出 $L-1$ 個範圍，再根據輸入 $x$ 求出可使 $t^l < x < t^{l+1}$ 的 $l$，也就是 $x$ 所屬的範圍。然後找出可滿足 $x = (1 - \lambda_l(x))t^l + \lambda_l(x)t^{l+1}$ 的 $\lambda_l(x) = \dfrac{x - t^l}{t^{l+1} - t^l}$，使輸出中第 $l$ 維的值與第 $l+1$ 維的值如下所示：

$$f_{lifting}(x) = (0, 0, \ldots, 0, 1 - \lambda_l(x), \lambda_l(x), \ldots, 0)$$

Lifting Layer 也是對同一區間的輸入而言可視為線性函數，但在不同區間的輸入之間則是以非線性的方式運作。

# 3.7 本章小結

本章所介紹的都是深度學習的基礎知識。

**特徵學習**是機器學習中，用來學習何為重要特徵的方法。透過**疊加連接層與激活函數**，可以建立出能實現特徵學習的神經網路。

神經網路的主要特色，是能夠用**反向傳播**有效率地找出該如何調整各個參數，讓自身行為改變為需要的樣子。藉此優勢，即使大型的神經網路也能快速完成學習。

神經網路處理的基本資料結構為**張量**，張量可以用來表示**各層的輸入、輸出與參數**。較具代表性的**連接層**有**全連接層**、**卷積層**與**循環層**，常用的**激活函數**則有 **ReLU**、**sigmoid**、**Tanh** 等等。

---

註25 ・參考：P. Ochs et al.「Lifting Layers: Analysis and Applications」（ECCV, 2018）

## 3.7 本章小結

### Column
### 反向傳播在不同領域中的重新發現

在 3.5 節說明過「反向傳播」可以藉由從輸出往輸入方向計算微分，來使梯度的計算更有效率。不過這個做法在神經網路領域中，其實曾被「重新發現」好幾次。當初反向傳播開始廣為人知，是因為 Rumelhart、Hinton 與 Williams 等人在 1986 年的一篇論文[註a]提出反向傳播能夠實現特徵學習，但早在 1960 年代，就已經有許多研究範例的發表。例如日本的甘利俊一就曾在 1967 年介紹過「含有隱藏層之神經網路的學習範例（隱れ層を含むニューラルネットワークの学習例）」。

而且，「反向傳播」其實只是在神經網路領域的說法，在數值分析領域是稱為「反向模式自動微分」（reverse mode automatic differentiation），也是在 1960 年代就已經多次與「前向模式自動微分」（forward mode automatic differentiation）一起提出。由於神經網路的輸入多、輸出少，因此反向使用動態規劃的處理效率較高。相對地，在控制領域及其他需要對輸出多的合成函數進行微分計算的領域來說，前向計算微分的效率會更好，這稱為前向模式自動微分或「敏感度分析」（sensitivity analysis）。

---

註a ・參考：David E. Rumelhart、Geoffrey E. Hinton、Ronald J. Williams「Learning representations by back-propagating errors」（Nature 323, 1986）

# 第4章
# 深度學習的發展

改善學習與預測的
正規化層／跳躍連接／注意力單元

圖4.A　推動神經網路進化的本章 3 大主角
　　　（＋上一章的激活函數）

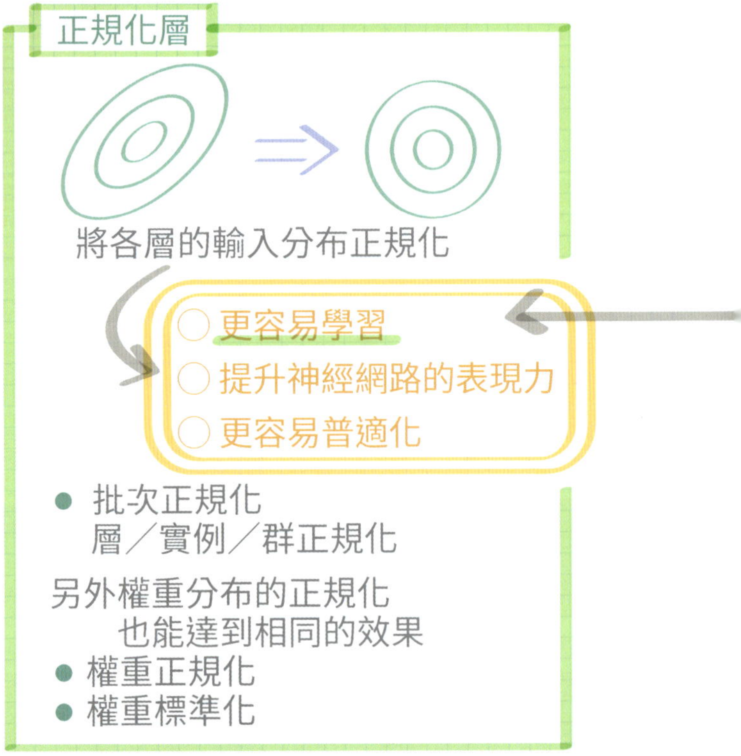

**正規化層**

將各層的輸入分布正規化

- 更容易學習
- 提升神經網路的表現力
- 更容易普適化

- 批次正規化
  層／實例／群正規化

另外權重分布的正規化
　　也能達到相同的效果
- 權重正規化
- 權重標準化

上一章介紹了深度學習的基本概念和基本的組成元素。

接下來，本章將介紹**深度學習的進階技術**。之前曾經提過，**訓練資料的增加**與**計算性能的提升**是神經網路成功的主要因素，但除此之外，2010 下半年開始陸續發現的許多新知識，與這些知識發展出來的做法及設計，也都發揮了重要的作用。這些新發現讓神經網路變得**更容易學習**、**更容易普適化**，在許多領域的性能也飛躍性地提升。

本章會針對在這段發展過程中擔任核心要角的**正規化層**、**跳躍連接**與**注意力單元**，進行重點式的說明 圖4.A。

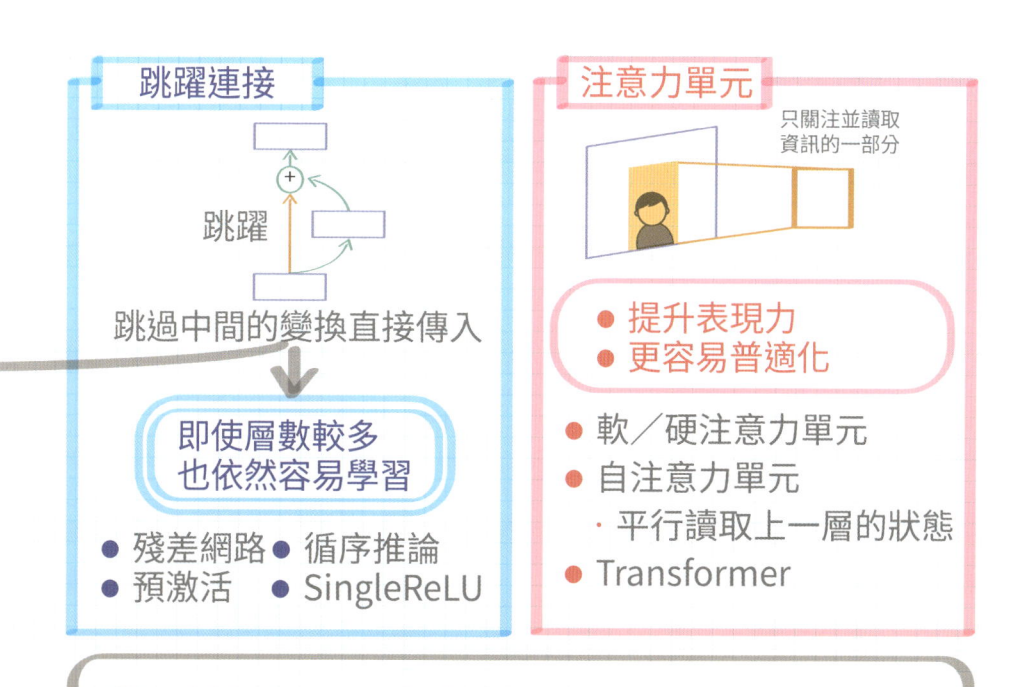

## 跳躍連接

跳躍

跳過中間的變換直接傳入

即使層數較多
也依然容易學習

- 殘差網路 ● 循序推論
- 預激活 ● SingleReLU

## 注意力單元

只關注並讀取
資訊的一部分

- 提升表現力
- 更容易普適化

- 軟／硬注意力單元
- 自注意力單元
  ・平行讀取上一層的狀態
- Transformer

⊕ 激活函數
（保留激活值與誤差
ReLU 等等）

● 完整傳遞誤差
➡ 學習中誤差不消失、不發散

4-1

## 4.1 將「學習」由理論化為現實的基礎技術
### 類似 ReLU 的激活函數

本節要從另一種觀點重新審視**激活函數 ReLU**，說明這為何會是令「學習」出現可能性的基礎技術。

### [重新認識] ReLU：保留激活值與誤差的激活函數

其實神經網路到 2010 上半年為止，都被認為「難以進行學習」。

當時在學習過程中，常會出現**學習停滯**或**參數發散**等現象。因為神經網路的學習是用非線性函數計算**非凸函數最佳化**，所以即使以梯度下降法進行最佳化，也不一定能夠成功。實際上，在 2010 年之前，神經網路的學習都極為困難，不僅失敗時不知該如何修正，就連碰巧的成功也無法重現。

但自從引進本章介紹的這些技術之後，就變得容易到任何人都能輕鬆完成神經網路學習。

這當中扮演重要角色的就是**像 ReLU 這種可保留激活值與誤差的激活函數**，還有**正規化層**、**跳躍連接**與**注意力單元**。

上一章介紹過，ReLU 使用的函數為 $f_{ReLU} = \max(0, x)$。這是一種**非線性函數**，既可維持**值的尺度**，也能維持**微分的尺度**，具備「可以讓誤差完整傳遞」的優異特性。

而所謂「**完整傳遞誤差**」，換句話說，就是讓底層參數的改變維持在**可以對輸出產生適當影響**的範圍之內。如此一來，**就能在誤差不消失也不發散的情況下進行學習**。

接下來幾節將針對正規化層、跳躍連接與注意力單元進行詳細的說明。

## 4.2 正規化層

本節要說明的是讓深度學習得以成為現實的「正規化層」。先講解**激活值的正規化**與其帶來的巨大效果之後，再具體說明正規化層中代表性的**批次正規化**，還有其他不同種類的正規化。

### 正規化函數與正規化層　　激活值的正規化

**正規化函數**（normalization function）所指的是**對激活值進行正規化**的函數。可以放置在連接層後方、激活函數前方的位置 圖4.1 。

**圖4.1**　正規化函數

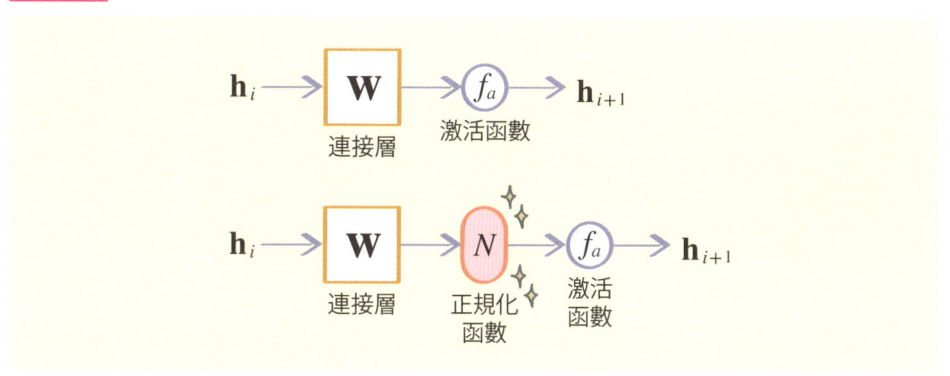

$$\mathbf{h}_i \rightarrow \boxed{\mathbf{W}} \rightarrow f_a \rightarrow \mathbf{h}_{i+1}$$
連接層　　激活函數

$$\mathbf{h}_i \rightarrow \boxed{\mathbf{W}} \rightarrow N \rightarrow f_a \rightarrow \mathbf{h}_{i+1}$$
連接層　正規化函數　激活函數

正規化的作用，是根據統計資訊對各維度的值進行變換，例如使平均值變為 0、變異數變為 1。至於如何取得統計資訊，之後還會再詳細說明。

套用這種正規化函數的層，就稱為**正規化層**（normalization layer）。

### 為何激活值的正規化對學習如此重要？

但是**將激活值的分布正規化**與**使用正規化層**，為何對學習而言如此重要呢？以下說明 3 項理由。

## ●⋯⋯[激活值正規化的重要性 ❶]達成非線性並維持高表現力

使用 ReLU 等分段線性函數作為激活函數時，若激活值偏向於某部分，激活函數就會失去非線性的效果。舉例來說，**圖 4.2** 是將 2 維的輸入傳進 4 個單元 $h_1$、$h_2$、$h_3$、$h_4$ 組成的層轉換後的結果。

**圖 4.2** 由 4 個單元所組成的層轉換後輸出的範例

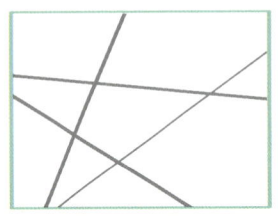

- 各直線代表各單元為 $h_i=\langle w_i, x\rangle=0$ 的位置，若輸入的分布跨越這些直線，就會產生非線性的效果
- ❶ 若所有輸入皆落在同一區域，即使再代入 ReLU，輸出仍會是線性
- ❷ 先使用正規化函數讓輸入散落於各區域，再代入激活函數就會變為非線性

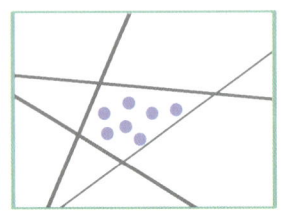

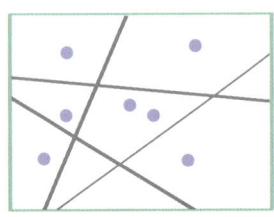

其中的直線分別代表各單元恰好為 0 的位置 $h_i=\langle w_i, x\rangle=0$，各單元會在直線的一側取正值、另一側取負值。若在通過線性連接層之後立即代入 ReLU，取正值的區域會呈線性變化，取負值的區域則會變成 0。所以說 ReLU 唯有輸入值在兩側都有分布時，才會出現非線性的性質。

當輸入值幾乎都為 0 以上或幾乎都為 0 以下時，即使代入 ReLU，也只會有相當於線性函數的表現力 **圖 4.2 ❶**。

但若能將激活值正規化，使輸入值均勻分散在正值與負值 **圖 4.2 ❷**，便能**產生非線性的結果**，**維持高表現力**。

## ●⋯⋯[激活值正規化的重要性 ❷]加速與穩定學習

使用梯度下降法學習線性函數 $h=\mathbf{Wx}$ 時，若**輸入的各維度平均值為 0** 或**變異數的尺度相同**，就會**更容易學習**。

以所有的輸入值皆為正的狀況為例。連接到同一個輸出單元 $h$ 的權重 $\mathbf{w}$（權重矩陣的列向量，決定 $h$ 輸出值的參數）在輸入為 $\mathbf{x}$ 且 $h$ 的誤差為 $e_h$（此為純量）時，以梯度下降法進行更新。參數的梯度 $\mathbf{v}$ 會是 $\mathbf{v}=e_h\mathbf{x}$，可得 $\mathbf{w} \leftarrow \mathbf{w} - \alpha e_h \mathbf{x}$（「←」表示將右側運算式的結果代入左側符號）。其中 $\alpha>0$ 為 ==學習率==（**超參數**）。

此時，更新方向各維度的正負均相同，因此以梯度下降法進行最佳化的過程中，每一維都只能朝同一個方向前進 圖4.3 。

**圖4.3** 輸入的各維度正負與更新方向

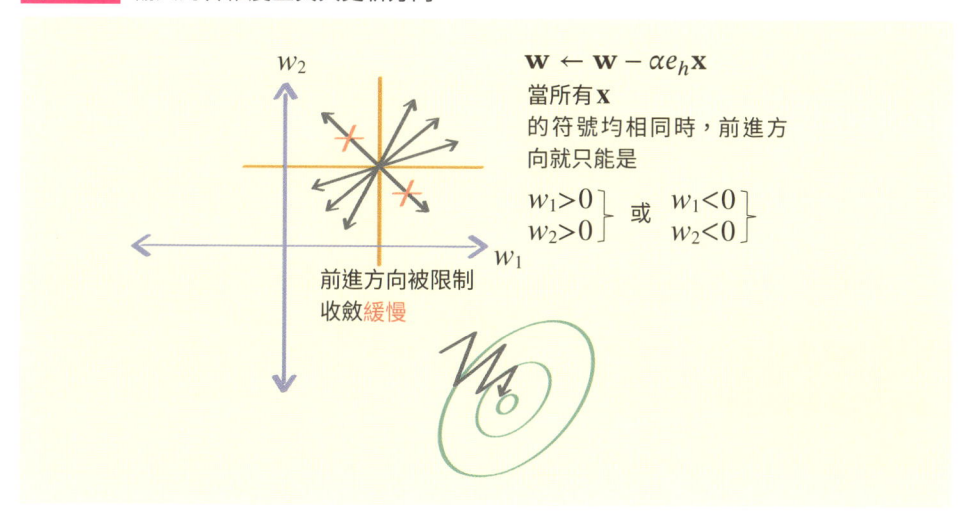

$\mathbf{w} \leftarrow \mathbf{w} - \alpha e_h \mathbf{x}$
當所有 $\mathbf{x}$ 的符號均相同時，前進方向就只能是
$\left.\begin{array}{l}w_1>0 \\ w_2>0\end{array}\right\}$ 或 $\left.\begin{array}{l}w_1<0 \\ w_2<0\end{array}\right\}$

前進方向被限制
收斂緩慢

原本當參數為 $m$ 維時，因為各維有正有負，會產生 $2^m$ 個前進方向。但若更新方向的各維正負均相同，就只能朝著 2 種方向（全正或全負）前進，導致收斂比較耗時。此外，當各維尺度有較大差異時，尺度較大的維度更新幅度也會較大，導致尺度較小的維度被忽略，無法影響結果。

將激活值的分布正規化，可以 ==提升梯度下降法的學習速度== 。

### ●──────［激活值正規化的重要性 ❸］改善普適性能

第 3 種理由著眼的則是 ==改善普適性能== 的效果。原本正規化層的目標只是穩定和加速學習，但實驗證明使用正規化層也能大幅改善普適性能。

一開始認為原因是正規化層近似的雜訊在無意間發揮常規化（regularization）的作用，但目前的理解則是正規化層==穩定了激活值與梯度，因此即使調高梯度下降法的學習率，也能完成學習而不會發散==。使用較大的學習率，就會更容易抵達普適性能較高的「平坦的解」**圖 4.4**。

**圖 4.4** 利用正規化抵達平坦的解

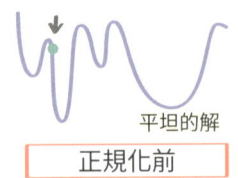

正規化前
梯度過大，必須調低學習率才能穩定學習
➡ 無法抵達平坦的解

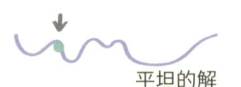

正規化後
可以使用較大的學習率
➡ 可以抵達平坦的解

平坦的解

> Note
>
> 「平坦的解」是指除了該解以外，周圍的值也能得出較低輸出值的解。在目標函數上的形狀會像一個寬底的大碗。相對地，「尖銳的解」則是指在該解周圍的值會讓目標函數的結果變得很大。
>
> 最小描述長度（minimum description length, MDL）原則與 PAC-Bayes 等理論，皆可解釋為何平坦的解會比尖銳的解具有更高的普適性能。

如上所述，將激活值正規化與使用正規化層可以帶來許多優點。接著就來介紹幾款經典的正規化函數吧！

## 批次正規化

**批次正規化**（batch normalization）[註1]是最廣泛使用的一種正規化層，也常稱為「BatchNorm」或「BN」。

---

註1 • 參考：S. Ioffe et al.「Batch Normalization: Accelerating Deep Network Training by Reducing Internal Covariate Shift」（ICML, 2015）

## 4.2 正規化層

正規化層，尤其是當中的「批次正規化」，可謂推動深度學習成功的 3 大發明之一，與之前提到的 ReLU 和跳躍連接並列[註2]。

接下來就以神經網路某一層的輸入 $\mathbf{h}$ 為例，實際說明該如何進行正規化吧！這裡的 $\mathbf{h}$ 是上一層的輸出結果，分布的變化不只和輸入有關，也取決於上一層的參數。假設訓練資料有 $n$ 筆，其中第 $i$ 筆對應的激活值以 $\mathbf{h}^{(i)}$ 表示。

激活值要在該層的分布 $\{\mathbf{h}^{(i)}\}_{i=1}^{n}$ 上正規化。首先，以下式求出此分布中各維的平均值 $\mathbf{m}$ 與變異數 $\mathbf{v}$ 這兩項統計量：

$$\mathbf{m} = \sum_{i=1}^{n} \mathbf{h}^{(i)}/n$$

$$\mathbf{v} = \sum_{i=1}^{n} (\mathbf{h}^{(i)} - \mathbf{m})^2/n$$

接著將平均值與變異數帶入下式執行正規化，再把結果設為 $\mathbf{u}^{(i)}$，變換後各維的平均值為 0、變異數為 1。

$$\mathbf{u}^{(i)} = (\mathbf{h}^{(i)} - \mathbf{m})/\sqrt{\mathbf{v}}$$

為了避免在所有值皆相同、變異數為 0 時發生除以 0 的狀況，實際計算時會在分母加上一個很小的正數 $\epsilon$，改為 $\sqrt{\mathbf{v} + \epsilon}$。

但是以整體訓練資料的統計量（平均值和變異數）做正規化會出現一個問題。神經網路頂層的激活值分布會隨著底層（接近輸入的層）的學習進展而改變，每更新參數一次，就必須根據所有訓練資料重新計算各層激活值的平均值與變異數，**計算時間會非常地長**，也就是會出現**計算量過大的問題**。

---

註2　前面提過，除了這 3 項以外，之後會介紹的「注意力單元」也是推動深度學習發展的重要元素。

## 第4章　深度學習的發展

### ● 以小批次量取代整體資料

為了解決計算時間的問題，批次正規化改以隨機梯度下降法所使用的<mark>小批次量</mark>（mini-batch）$B=\{\mathbf{h}^{(1)}, ..., \mathbf{h}^{|B|}\}$ 來估計平均值與變異數，用於對激活值的正規化 圖4.5。

**圖4.5**　小批次量與批次正規化

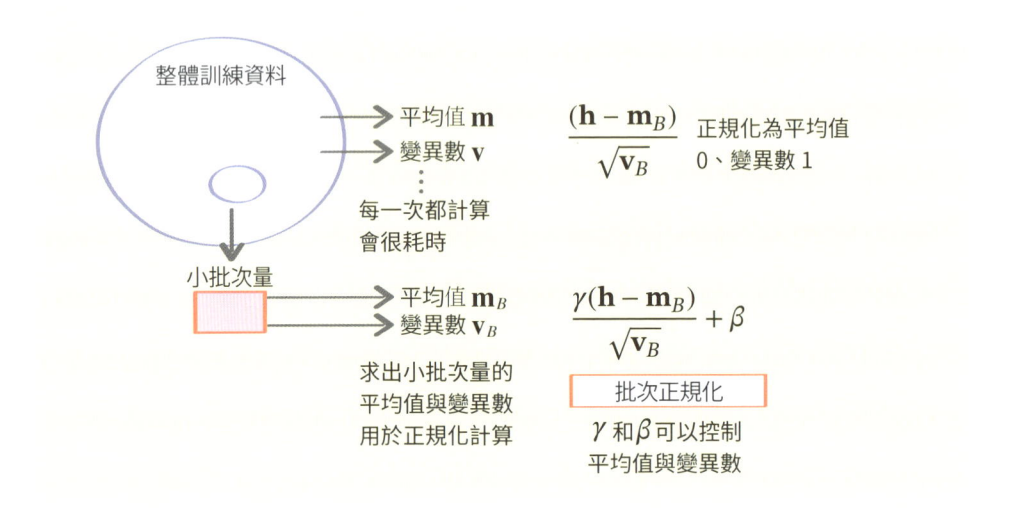

整體訓練資料 → 平均值 $\mathbf{m}$、變異數 $\mathbf{v}$
每一次都計算會很耗時

$\dfrac{(\mathbf{h} - \mathbf{m}_B)}{\sqrt{\mathbf{v}_B}}$　正規化為平均值 0、變異數 1

小批次量 → 平均值 $\mathbf{m}_B$、變異數 $\mathbf{v}_B$
求出小批次量的平均值與變異數用於正規化計算

$\dfrac{\gamma(\mathbf{h} - \mathbf{m}_B)}{\sqrt{\mathbf{v}_B}} + \beta$

批次正規化
$\gamma$ 和 $\beta$ 可以控制平均值與變異數

以下的 $\mathbf{h}^{(i)}$ 代表為小批次量中的第 $i$ 個。

$$\mathbf{m}_B = \sum_{i=1}^{|B|} \mathbf{h}^{(i)}/|B|$$

$$\mathbf{v}_B = \sum_{i=1}^{|B|} (\mathbf{h}^{(i)} - \mathbf{m})^2/|B|$$

$$\mathbf{u}_B^{(i)} = (\mathbf{h}^{(i)} - \mathbf{m}_B)/\sqrt{\mathbf{v}_B}$$

雖然這些平均值與變異數並不是從整體訓練資料中求出，只是取其中一部分來計算，難免會有誤差，但因為只使用小批次量，所以計算速度相當快。這個概念類似於只用小批次量計算梯度的隨機梯度下降法。

## 4.2 正規化層

> **Note**
> **靈感與計算成本**
>
> 從批次正規化的例子就可以看出，深度學習中許多成功的研究都是關於透過演算法的設計降低實際學習中的計算量（如丟棄法、Transformer 等）。
>
> 深度學習就是一場**與龐大計算成本的戰鬥**，找出能夠降低計算量的做法極為重要。即使有再好的靈感，也必須找到在合理計算成本內實現的方法。

### ● 用參數控制正規化後的分布

再回來看看正規化的機制吧！雖然批次正規化一定會輸出平均值為 0、變異數為 1 的分布，但能得出最佳學習結果的分布可能並不是這樣。因此，為了能夠達到任意的最佳結果，需要再加上 2 個**可學習的參數 $\gamma$ 與 $\beta$**（兩者皆為向量），令：

$$\mathbf{u}^{(i)} = \gamma(\mathbf{h}^{(i)} - \mathbf{m}_B)/\sqrt{\mathbf{v}_B} + \beta$$

這也可以說是用係數 $\gamma$ 與偏向量 $\beta$ 進行的**線性變換**。經過這番調整之後，雖然批次正規化還是會先做平均值為 0、變異數為 1 的正規化，不過如果希望學習結果有不同的平均值與變異數，還是可以再修改分布。舉例來說，若正規化之前的原始分布其實才是最佳分布，那學習後就會得出可抵消正規化的 $\gamma = \sqrt{\mathbf{v}_B}$ 與 $\beta = \mathbf{m}_B$。

批次正規化的計算**全都是由可微分的計算組成**，所以包括 $\gamma$ 與 $\beta$ 在內，都能直接以反向傳播學習。另外由於 $\mathbf{m}_B$ 與 $\mathbf{v}_B$ 皆為依賴於參數的變數，因此誤差也會透過這些變數來傳遞。

### ● 在「學習時」估計「推論時」使用的統計量

雖然**學習時**可以用小批次量計算平均值和變異數，但**推論時**（測試學習成果時）必須一筆一筆分開處理資料，無法用小批次量來計算。對於這個問題，可以先在學習時求出**統計量的指數移動平均線**，作為推論時使用的統計量。由於學習時與推論時的統計量不同，學習時通常也會將指數移動平均線與當前小批次量的統計量混合使用。

順帶一提，如果學習後的模型用來預測某個資料集時發現性能明顯下降，通常都是因為統計資訊有較大的差異，必須重新評估目標資料集的統計量。

### ● 批次正規化的應用

批次正規化可以用在神經網路中的各種位置，達成將分布正規化的目的。

批次正規化通常都會放在激活函數之前，但也常見於激活函數之後或合併多個輸入之後等處。

### ● 穩定學習、可調高學習率

導入批次正規化之後，神經網路的學習明顯穩定了下來，任何人都有辦法使用神經網路進行學習。而且批次正規化對最佳化的效果，甚至優於單純改變激活值的尺度。梯度下降法是根據當前參數的梯度來更新參數，但目標函數的形狀經常是扁平狀（目標函數的黑塞矩陣的非對角線元素較大），這會使得當前梯度方向不一定指向目標函數值最小的方向。

使用批次正規化就可以讓目標函數的形狀接近正圓形，使梯度更穩定指向降低目標函數值的方向。如此一來，就能使用較大的學習率了。

原本批次正規化是設計來防止各層輸入的分布不同所產生的問題，但後來的研究表明，在控制輸入分布變化方面的作用其實不大。事實上，批次正規化的主要貢獻反而在於「即使提高學習率仍可穩定學習」的部分[註3]。此外，也有資料顯示批次正規化之所以能夠改善普適性能，最大的原因是在最後一層之前抑制了範數增大[註4]。

### ● β 和 γ 不只決定正規化後的分布，也是影響學習行為的關鍵

目前為止對批次正規化的介紹都只聚焦在「正規化」，不過其中其實還有能在調整神經網路行為上發揮重要作用的參數。

---

註3　參考：J. Bjorck et al.「Understanding Batch Normalization」(NeurIPS, 2018)
　　　參考：S. Santurkar et al.「How Does Batch Normalization Help Optimization?」(NeurIPS, 2018)
註4　參考：Y. Dauphin et al.「Deconstructing the Regularization of BatchNorm」(ICLR, 2021)

## 4.2 正規化層

雖然參數 $\gamma$ 和 $\beta$ 似乎只是用來決定正規化後的資料分布，不過這兩個參數其實也在決定神經網路行為的過程中扮演要角 圖4.6 。

**圖4.6** 參數 $\beta$ 會決定輸出的稀疏程度

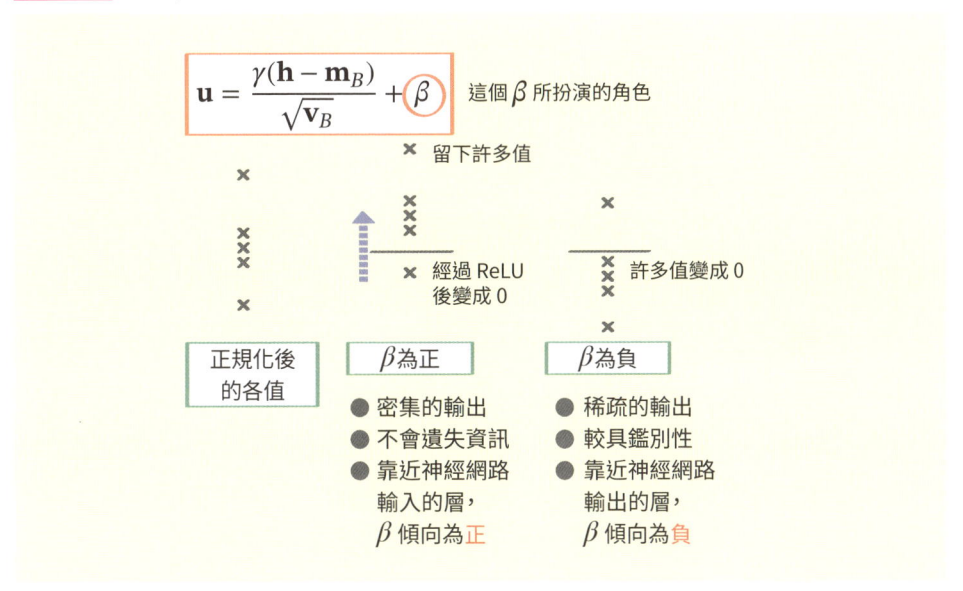

$$u = \frac{\gamma(h - m_B)}{\sqrt{v_B}} + \boxed{\beta}$$ 這個 $\beta$ 所扮演的角色

| 正規化後的各值 | $\beta$為正 | $\beta$為負 |
|---|---|---|
| | 留下許多值<br>經過 ReLU 後變成 0 | 許多值變成 0 |
| | ● 密集的輸出<br>● 不會遺失資訊<br>● 靠近神經網路輸入的層，$\beta$ 傾向為正 | ● 稀疏的輸出<br>● 較具鑑別性<br>● 靠近神經網路輸出的層，$\beta$ 傾向為負 |

以下舉例來看看，如果在批次正規化之後緊接著使用 ReLU，這時 $\beta$ 會扮演什麼樣的角色。首先，批次正規化的第 1 步是減去平均值讓平均變為 0，如果再加上負的 $\beta$，就會有許多值變成負數。在這之後接著代入 ReLU，就會使負值都變成 0。由此可知，$\beta$ 越往負向移動，ReLU 運算後的激活值就越容易成為帶有許多 0 的稀疏向量。而比起保留大量資訊，這種**只選出部分重要資訊的（選擇性）特徵向量，具有較強的鑑別力**。實際上觀察神經網路學習後的結果，$\beta$ 在靠近輸入的層容易是正值、在靠近輸出的層容易是負值。也就是說，在學習時改變 $\beta$ 可以達到**接近輸入時盡量不丟失資訊**和**接近輸出時篩選最終結果所必需的資訊**的效果。

另一個 $\gamma$ 則是扮演**決定輸出尺度**的角色。因為 $\gamma$ 會完全不依賴於輸入一律使用，所以 $\gamma$ 較大就表示比起其他色版，更重視該色版；$\gamma$ 較小則表示不重視該色版。

另外還可以藉由改變 $\gamma$ 與 $\beta$ 來使神經網路的行為產生劇烈的改變。例如使用對抗式生成網路（generative adversarial network）的生成模型中，調整 $\gamma$ 與 $\beta$ 即可大幅改變生成的結果（如影像中的樹或車等）。

- **批次正規化的問題**　　遺失尺度資訊、對其他資料的依賴性

雖然批次正規化有很多優點，可以應用在很多情況，但使用時仍有幾點必須注意。

首先，批次正規化會使**激活值的尺度資訊**（∥h∥）**消失**。若激活值的尺度本身帶有重要的意義，就不可使用批次正規化。例如在使用 Softmax 或 sigmoid 函數之前，如果先經過批次正規化，尺度資訊就會消失，限縮可表現的機率分佈。

還有，尺度資訊對最終輸出為連續值的問題（如迴歸問題）也相當重要，使用批次正規化將導致性能降低，所以這類型的問題必須使用之後介紹的其他正規化方法。這種尺度資訊的遺失，會削弱在對抗式雜訊下的強健性 註5。

批次正規化還有 1 個問題，是**對小批次量中的其他資料有依賴性**。若因晶片或最佳化的限制而需逐筆處理資料，就只能使用之後介紹的其他正規化方法，無法使用批次正規化。

- **張量資料的正規化**　　對色版進行正規化

以上談的正規化都是以向量為對象。不過當目標為影像或語音等 3 軸以上的張量資料時，一般都會使用卷積層或循環神經網路，這時候批次正規化就需要**對色版進行正規化**。

設張量資料 **h** 的批次量大小為 $N$、色版數為 $C$、空間方向的垂直與水平大小為 $H$ 與 $W$，對維度為 $(N, C, H, W)$ 的這個**張量進行批次正規化**

---

註5　參考：A. Galloway「Batch Normalization is a Cause of Adversarial Vulnerability」（ICML, 2019）

時，需要將色版外的各維度邊際化，以該資訊求出長度為 $C$ 的平均值向量 $\mathbf{m}_B$ 與變異數向量 $\mathbf{v}_B$。

$$m[j] = \sum_{i,k,l} h[i,j,k,l]/(NHW)$$
$$v[j] = \sum_{i,k,l} (h[i,j,k,l] - m[j])^2/(NHW)$$

再用這些平均值與變異數，分別對張量元素 $h[i,j,k,l]$ 進行正規化。

$$u[i,j,k,l] = \gamma(h[i,j,k,l] - m[j])/\sqrt{v[j]} + \beta$$

之所以能這樣做，是因為所有位置皆可使用相同的統計資訊。

## 層／實例／群正規化

批次正規化需要許多樣本（64～1024 筆）來計算統計量，但某些問題實在難以從多筆樣本求得統計量。例如輸入資料或要學習的模型比較大的情況，除非降低批次量的大小，否則 GPU 記憶體通常無法容納。這種現象在需要高解析度的物體檢測和語意分段（之後說明）任務中特別明顯。此外，使用循環神經網路時，因為各時間點的激活值分布變化較大，也很難使用批次正規化。

為了解決這類問題，就開始出現一些統計量的計算方式不同於批次正規化的正規化方法 圖4.7。

圖4.7　各種正規化

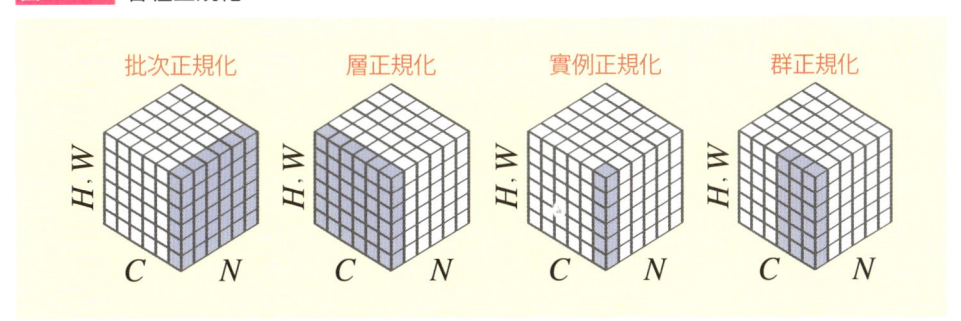

批次正規化在特徵圖的 shape（參考 3.6 節）為 ($N, C, H, W$) 時，會由 ($N, H, W$) 軸計算統計量，再用求得的 $C$ 筆統計量，對各色版做正規化。以下各種變體的概念，則是以其他的維度計算統計量。

### ● 層正規化

**層正規化**（layer normalization）[註6] 是對 ($C, H, W$) 軸，也就是對各個樣本計算**層整體的激活值**的統計量來正規化。不同於對所有樣本求統計量的批次正規化，這種做法是先計算一個樣本裡所有色版的統計量，再以各樣本求出的統計量分別進行正規化。

循環神經網路與 Transformer 的激活值分布會因為輸入值而有較大差異，如果使用批次正規化以小批次量中的所有樣本計算統計量，便會出現學習不穩定或準確率下降的情形。而層正規化是對各樣本分別計算統計量，所以能穩定地正規化。**這在各樣本統計量有較大差異時，是很有效的做法**。

### ● 實例正規化

**實例正規化**（instance normalization）[註7] 是先對 ($H, W$) 計算統計量，再對各樣本與各色版 ($N, C$) 做正規化。

和批次正規化不同，實例正規化相當於是對各樣本計算不同的統計量。但因為統計量的計算範圍很小，導致統計量的準確度變低，正規化時會出現雜訊變大的問題，因此通常使用的是下一個介紹的群正規化。

### ● 群正規化

**群正規化**（group normalization）[註8] 是改良版的實例正規化，先將色版分割成大小為 $G$=4, 8 之類的群組，再以 ($G, H, W$) 計算統計量，最後用算出的 $N \times (C/G)$ 筆統計量，對各個實例與群組進行正規化。

---

[註6] 參考：J. L. Ba et al.「Layer Normalization」（arXiv, 2016）
[註7] 參考：D. Ulyanov et al.「Instance Normalization: The Missing Ingredient for Fast Stylization」（CVPR, 2016）
[註8] 參考：Y. Wu et al.「Group Normalization」（ECCV, 2018）

群正規化的優點是可使用的統計量比實例正規化多，能夠穩定地學習。

## 權重正規化

前面介紹的幾種正規化，都是**對激活值進行正規化的做法**。但激活值在正規化後，還會再經過線性變換 $\mathbf{w}^T\mathbf{x}+b$，而 $\mathbf{w}$ 與輸入 $\mathbf{x}$ 在線性變換中的作用是對稱的，所以可以預期「對權重進行正規化」，應該也能像對激活值進行正規化一樣，帶來穩定學習的效果。

**權重正規化**（weight normalization, WN）[註9] 是將各輸出色版對應的權重 $\mathbf{w}$，以 $\mathbf{w} = \dfrac{g}{\|\mathbf{v}\|}\mathbf{v}$ 的方式分解表現 圖4.8 。

**圖4.8** 權重正規化

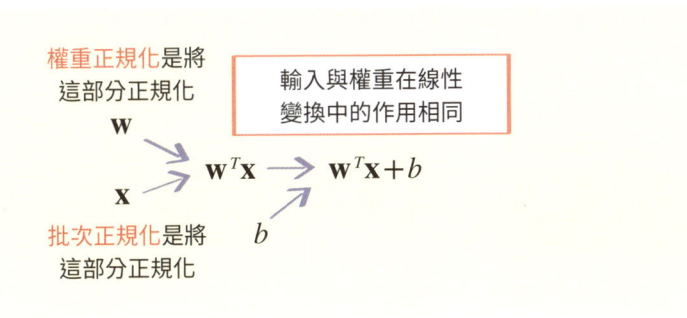

其中 $\mathbf{v}$ 是與 $\mathbf{w}$ 有相同維度的向量，$g$ 是純量，$\|\mathbf{v}\|$ 則是 $\mathbf{v}$ 的範數。學習時會將 $g\mathbf{v}$ 當作參數來學習，再用上式重建的權重 $\mathbf{w}$ 進行線性變換。

雖然權重 $\mathbf{w}$ 經過這樣的分解之後，原本表現的函數也不會改變，看起來只是單純變得比較冗長而已，但其實學習的動態行為會有很大的改變（批次正規化同樣也是表現力不變，但學習動態行為會改變）。

---

[註9] 參考：T. Salimans et al.「Weight Normalization: A Simple Reparameterization to Accelerate Training of Deep Neural Networks」（NeurIPS, 2016）

目標函數 $L$ 對 $\mathbf{v}$ 的梯度 $\nabla_{\mathbf{v}}L$ [註10]，可以這樣求出：

$$\nabla_{\mathbf{v}}L = \frac{g}{||\mathbf{v}||}M_{\mathbf{w}}\nabla_{\mathbf{w}}L$$

$$M_{\mathbf{w}} = I - \frac{\mathbf{w}\mathbf{w}^T}{||\mathbf{w}||^2}$$

由上式可見，權重的梯度可視為用 $\frac{g}{||\mathbf{v}||}$ 對正規化前的權重梯度 $\nabla_{\mathbf{w}}L$ 進行比例縮放，再以 $M_{\mathbf{w}}$ 將其投影到離開當前權重所構成平面的方向 圖4.9。

如此一來，$\mathbf{v}$ 的範數大小就會在每次更新之後單調遞增，達到學習率會隨著學習進行而自動降低的效果。

圖4.9　權重正規化的更新方向

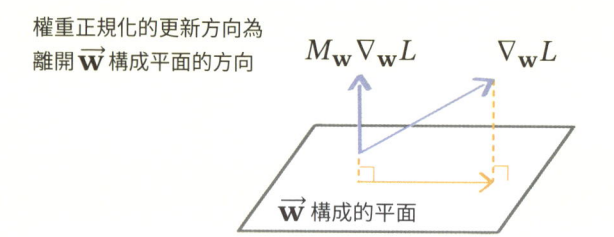

## 權重標準化

接下來要介紹的**權重標準化**（weight standardization, WS）[註11] 與批次正規化相當類似，先計算權重的平均值與變異數，用這兩個值做正規化，使權重的平均值變為 0、變異數變為 1。權重標準化對加速學習與提升普適性能也有很大的貢獻。

---

註10　$\nabla_x y$ 符號表示 $y$ 對 $x$ 的梯度。
註11　參考：S. Qiao et al.「Micro-Batch Training with Batch-Channel Normalization and Weight Standardization」（CVPR, 2019）

令卷積運算（變換）的輸入維度為 $I$，輸出維度為 $O$。以影像為例，就是當輸入色版數為 $C_{in}$、卷積核大小為 $K$ 時，$I=C_{in}K^2$ 且輸出色版數為 $O$。這個變換可表示為 $\mathbf{y}=\hat{\mathbf{W}}*\mathbf{x}$。其中 $\hat{\mathbf{W}}\in R^{O\times I}$ 為卷積層的權重參數，$\mathbf{x}\in R^I$ 為輸入向量、$\mathbf{y}\in R^O$ 為輸出向量，「$*$」代表卷積運算。

權重標準化的做法是對 $I$ 軸，計算以 $(O, I)$ 軸表示的權重統計量，求出 $O$ 個平均值 $\mu_i$ 與變異數 $v_i$ 後，再像批次正規化那樣用統計量對權重進行正規化，使平均值變為 0、變異數變為 1。

$$\hat{W}_{i,j} = \frac{W_{i,j}-\mu_i}{\sqrt{v_i}}$$

$$\mu_i = \frac{1}{I}\sum_{j=1}^{I} W_{i,j}$$

$$v_i = \sqrt{\frac{1}{I}\sum_{j=1}^{I}(W_{i,j}-\mu_i)}$$

### ● 權重標準化的效果與使用方法

權重標準化和批次正規化一樣，都有==令目標函數形狀不要太扁平的效果==，可以讓梯度下降法最佳化更順利。

權重標準化也可以==和激活值的正規化結合==。結合群正規化與權重正規化，可以達到相當於批次正規化（批次量方向的統計量）的準確率。因此這也廣泛應用於批次量大小為 1，或較難在批次量方向上取得統計量的問題。

## [進階介紹] 白化

接下來有關白化的解說會需要較高階的矩陣與統計知識。現在先跳過這段，也不會影響對後續內容的理解，所以可以等到需要時再回過頭來參考。

目前為止介紹的所有正規化方法，都是先求出各維的平均值與變異數等統計量，再用來對各維度做正規化。

但在實際資料中，各維之間會有相關性，如果可以進行轉換、除去這些相關性，就能進一步加快梯度下降法的收斂速度。這種運算稱為白化（whitening）圖 4.10。

**圖 4.10** 白化

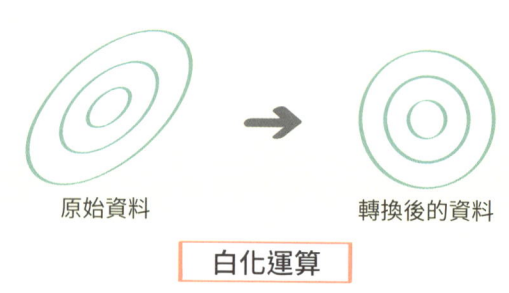

原始資料　→　轉換後的資料

白化運算

把資料分布變成以原點為中心的同心圓

舉例來說，當目標函數的等高線為同心圓時，梯度下降法的收斂速度就會比較快。因為梯度保證會指向最佳值的方向，如果又選到適合的學習率，只要 1 次更新就可以收斂到最佳值。相對地，當目標函數的等高線被擠壓變形成歪斜的橢圓形，那前進方向就會呈現鋸齒狀，收斂速度也會因此減緩。而白化就是一種藉由轉換資料分布，使目標函數的等高線變為同心圓的運算[註12]。

白化運算在影像處理等領域當中，一直都用於輸入的預處理。比如說，使用主成分分析（PCA）的白化運算就很有名，但 PCA 的運算有個問題是軸會隨著各批次量改變，因此接下來要說明的是在白化運算中，特別適合用來學習的 ZCA（zero-phase component analysis，零相位成分分析）白化運算。

● 從共變異數矩陣求出特徵值

共變異數矩陣（variance-covariance matrix）是將本來用於描述 1 個變

---

註12 批次正規化等運算是將橢圓形直接搬移到原點，再把各軸的變異數調整為相同，因此會保持歪斜的形狀。

數的變異數概念，**延伸到多個變數**，用來表示向量元素之間的相關程度。共變異數的概念是，當第 $i$ 個元素與第 $j$ 個元素有同時增加的傾向時，共變異數就會較大；反之，當這兩個元素互相獨立時，共變異數則接近於 0。而共變異數矩陣就是用矩陣中 $i, j$ 位置的元素，表示向量中第 $i$ 個元素與第 $j$ 個元素之間的共變異數。

輸入或某層輸入的資料集為 $\mathbf{h}_1, \mathbf{h}_2, ..., \mathbf{h}_n$ 時，其平均值 $\mathbf{m}$ 與共變異數矩陣 $S$，可以由以下方式求出：

$$\mathbf{m} = \frac{1}{n}\sum_{i=1}^{n}\mathbf{h}^{(i)}$$

$$S = \frac{1}{n}\sum_{i=1}^{n}(\mathbf{h}^{(i)} - \mathbf{m})(\mathbf{h}^{(i)} - \mathbf{m})^T$$

在這個共變異數矩陣 $S$ 中，第 $i$ 列第 $j$ 行的元素 $S[i, j]$ 會儲存第 $i$ 個與第 $j$ 個元素之間的共變異數（對角元素 $S[i, i]$ 則和使用批次正規化時一樣，會儲存各元素的變異數）。

對稱矩陣可以用正交矩陣做對角化，也就是**特徵分解**。共變異數矩陣就屬於對稱矩陣，因此可以用特徵向量組成的矩陣 $Q=[\mathbf{q}_1, \mathbf{q}_2, ..., \mathbf{q}_m]$，與對角元素為特徵值的矩陣 $\Sigma$，以 $S=Q\Sigma Q^T$ 做特徵分解[註13]。像這種用 $Q$ 與 $\Sigma$，對輸入 $\mathbf{h}^{(i)}$ 進行以下轉換的運算，就稱為 **ZCA** 轉換。

$$\hat{\mathbf{h}}^{(i)} = Q\Sigma^{-0.5}Q^T(\mathbf{h}^{(i)} - \mathbf{m})$$

● **用 ZCA 轉換達成特徵的白化**

ZCA 轉換會先減去平均值，使各特徵值元素的影響統一（變成同心圓），再將軸旋轉回原本的方向。最後這個**將軸旋轉回原始空間**的動作是很重要的，如果少了這個運算，每次進行白化變換時（特徵值接近的）軸都可能會改變次序。

---

註13 這裡的 $\Sigma$ 和代表加總的 $\sum$ 符號雖然都是希臘字母 sigma，但這裡代表的是矩陣，通常用來表示特徵值矩陣或奇異值矩陣。

但要在各層執行這項運算，就必須進行剛才提到的特徵分解（從 $S$ 求出 $Q\Sigma Q^T$ 的運算），而特徵分解的計算量非常大，每次都執行是不切實際的。關於這個問題，可以將各維分群，在各群組內（而非在所有維度）以 ZCA 進行白化，這樣就能減少計算量並達到白化效果[註14]。除此之外，也有其他做法是直接提升白化的計算效率[註15]。

## 4.3 跳躍連接

介紹完正規化層，本節將開始說明在神經網路發展中發揮重要作用的跳躍連接。

### 跳躍連接的機制　跳過變換，連接至輸出

首先來看看 圖4.11 中的**跳躍連接**（skip connection，又譯為殘差連接）。

圖4.11　跳躍連接

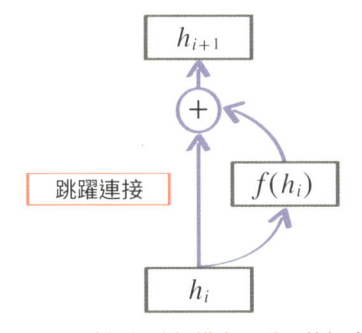

跳躍連接是神經網路架構中最重要的概念之一，不但使學習變得容易許多，也讓超過 100 層的學習得以實現。

---

註14　參考：L. Huang et al.「Decorrelated Batch Normalization」（CVPR, 2018）
註15　參考：W. Shao et al.「Channel Equilibrium Networks for Learning Deep Representation」（ICML, 2020）、C. Ye et al.「Network Deconvolution」（ICLR, 2020）

圖中假設神經網路第 $i$ 層的輸入為 $h_i$，第 $i+1$ 層的輸入為 $h_{i+1}$。當第 $i$ 層的運算為 $f$ 時，一般神經網路都會以 $h_{i+1}=f(h_i;\theta)$ 的方式進行運算。

其中，函數 $f$ 為某種**非線性變換**，通常是由「1 個或更多的**卷積層**、**激活函數**與**正規化層**」組合而成。

至於使用跳躍連接的運算則會是以下形式：

$h_{i+1} = h_i + f(h_i;\theta)$

這個做法是將變換後的結果 $f(h_i)$ 加上完整的輸入 $h_i$。若畫成計算圖，會看到輸入**跳過變換**，**直接連接到輸出**，所以稱為「跳躍連接」。

這個設計雖然看來微不足道，卻會對**學習的穩定性、效率與表現力造成巨大的影響**。

跳躍連接的式子在整理後會得到 $h_{i+1}-h_i=f(h_i;\theta)$，這就像是將變換後的 $h_{i+1}$ 與變換前的 $h_i$ 之間的差值，做為 $f$ 要建立的模型。

也因此，這種引進跳躍連接，以**殘差**（residual）建立模型的神經網路，便稱為「殘差網路」（Residual Network, **ResNet**）[註16]。

**跳躍連接可以解決「梯度消失問題」，實現循序推論**。

## 梯度消失問題　誤差為何在反向傳播的過程中消失

上一章提到，梯度消失問題指的是誤差在神經網路進行反向傳播的過程中消失不見的問題。這在過去是很普遍也很嚴重的問題，因為梯度消失的話就無法用梯度法來學習了。

但為何誤差會在反向傳播的過程中消失呢？因為誤差在各層之間傳遞時，需要將**激活函數的微分乘以權重矩陣的轉置矩陣**。當層數較多時，乘積計算就會進行很多次，原本很大的誤差在反向傳播的過程中會被切割成零散的碎片。誤差到了底層可能會消失無蹤，或是即使在相近位置，所指的方

---

註16　參考：K. He et al.「Deep Residual Learning for Image Recognition」（CVPR, 2016）

向也相當散亂。這種現象也稱為「破碎梯度（shattered gradient）」。

換句話說，這樣的神經網路即使調整底層參數，頂層輸出也完全不會有所變化[註17]。這個問題在於**梯度對應參數的變化不夠平滑**。可以想像成操縱人偶的繩索被胡亂連結，只要輸入稍有動作，輸出就會扭成一團亂。

過去因為梯度消失的問題經常發生，所以**在引進跳躍連接之前，最多就只能學習 10 層左右的神經網路**。層數再多就會無法學習，就算能夠學習也無法將訓練誤差降得夠低，性能一直無法超越層數較少的神經網路。

## 跳躍連接就像傳遞資訊與誤差的直達車

相較之下，**跳躍連接就能在反向傳播時，直接將上層誤差完整地傳遞到下層**。

由 $h_{i+1}=h_i+f(h_i;\theta)$ 可得 $h_{i+1}$ 對 $h_i$ 的亞可比矩陣（Jacobian matrix）為：

$$\frac{\partial h_{i+1}}{\partial h_i} = I + \frac{\partial f(h_i)}{\partial h_i}$$

而 $h_i$ 對 $h_i$ 的亞可比矩陣則為單位矩陣 $I$。

> **Note**
> **亞可比矩陣**
> **亞可比矩陣**是以 $h_{i+1}$ 的各元素對 $h_i$ 的各元素取偏微分後，由求出的值排列而成的矩陣，是梯度向多變數輸出的延伸。進一步的說明，請參考附錄。

所以有跳躍連接時，就可以用以下方式計算出目標函數 $L$ 對 $h_i$ 的梯度：

$$\begin{aligned}\frac{\partial L}{\partial h_i} &= \frac{\partial L}{\partial h_{i+1}}\frac{\partial h_{i+1}}{\partial h_i} \\ &= \frac{\partial L}{\partial h_{i+1}}\left(I + \frac{\partial f(h_i)}{\partial h_i}\right) \\ &= \frac{\partial L}{\partial h_{i+1}} + \frac{\partial L}{\partial h_{i+1}}\frac{\partial f(h_i)}{\partial h_i}\end{aligned}$$

---

[註17] 若從最佳化的角度來看，則類似於梯度幾乎為 0 的「高原」。

由上式可知，除了輸入能夠在前向計算時藉由跳躍連接直接傳遞到上層，反向傳播時也同樣能將上層的誤差（$\frac{\partial L}{\partial h_{i+1}}$）直接傳遞到下層去。

跳躍連接就像直達車一樣，能將上層與下層直接連接，使前向計算的輸入資訊與反向傳播的誤差資訊，都能不受干擾地傳遞到遠方。

## 跳躍連接可以實現循序推論

此外，神經網路也可以透過跳躍連接，逐步對現有資訊進行修改或加工處理。

神經網路若沒有使用跳躍連接，就必須在每一層都將輸入完整更新一遍。而在此變換當中，萬一不小心刪除輸入的重要資訊或發生錯誤，都將無法挽回。這就像畫畫時完全不打草稿、直接下筆一樣。

相對地，**跳躍連接則可以將當前輸入往目標的方向逐步修改**，就像一邊觀察畫作當前的狀態，一邊微幅修改，漸漸改成理想的畫面；原本需要推算較困難變換的問題可以改成用簡單的變換組合來表現。殘差網路就可以實現這種**循序性的資訊處理**。

而且**跳躍連接也可以解釋成以梯度下降法，將當前狀態往降低損失的方向循序更新**[註18]。

舉例來說，假設在以 $n$ 個模塊組成的殘差網路當中，輸入為 $h_1=x$、各模塊為 $h_{i+1}=h_i+f_i(h_i)$，目標函數的值 $L(h_n)$ 是以最後一層 $h_n$ 來計算。這個目標函數可以用泰勒展開式分解如下頁算式。其中，第 2 行是對 $L(h_{n-1}+f_{n-1}(h_{n-1}))$ 在 $h_{n-1}$ 附近取一階泰勒展開，第 3 行則是對 $L(h_{n-1})=L(h_{n-2}+f(h_{n-2}))$ 在 $h_{n-2}$ 附近取一階泰勒展開，如此迭代直到第 $i$ 個模塊為止。

---

註18 參考：S. Jastrzebski et al.「Residual Connections Encourage Iterative Inference」（ICLR, 2018）

$$L(h_n) = L(h_{n-1} + f_{n-1}(h_{n-1}))$$
$$= L(h_{n-1}) + f_{n-1}(h_{n-1}) \cdot \frac{\partial L(h_{n-1})}{\partial h_{n-1}} + \mathcal{O}(f_{n-1}(h_{n-1})^2)$$
$$= L(h_{i-1}) + \sum_{j=i-1}^{n-1} f_j(h_j) \cdot \frac{\partial L(h_j)}{\partial h_j} + \mathcal{O}(f_j(h_j)^2)$$

> **泰勒展開式** *Note*
>
> 當函數 $L(x+a)$ 在 $x$ 附近展開至一階時，泰勒展開式為
> $L(x+a) = L(x) + L'(x)a + \mathcal{O}(a^2)$。

為了降低這個目標函數，各模塊 $f_j(h_j)$ 必須是和 $\frac{\partial L(h_j)}{\partial h_j}$ 指向相反方向的向量（為了使向量之間的內積為負，2 個向量必須要指向相反方向）。也就是 $f_j(h_j) \sim -\alpha \frac{\partial L(h_j)}{\partial h_j}$。

當目標函數值隨著學習的進行而逐漸變小時，$f_j(h_j)$ 就會指向以當前狀態 $h_j$ 為輸入的目標函數 $L(h_j)$ 逐漸減小的方向 $-\frac{\partial L(h_j)}{\partial h_j}$。以跳躍連接將當前狀態 $h_i$ 更新為 $h_{i+1}$（前面 圖4.11 中的 $\oplus$）的部分，則是如下所示：

$$h_{j+1} = h_j + f_j(h_j) \simeq h_j - \alpha \frac{\partial L(h_j)}{\partial h_j}$$

這也可以視為以梯度下降法來改善當前的輸入 $h_j$，殘差網路就像這樣能夠以梯度下降法循序更新當前狀態。

## 跳躍連接不會遺失資訊, 適用於瓶頸設計

另外，使用跳躍連接時還能應用一種稱為「瓶頸」的設計，有效地降低計算量 圖4.12。

## 4.3 跳躍連接

**圖 4.12** 瓶頸

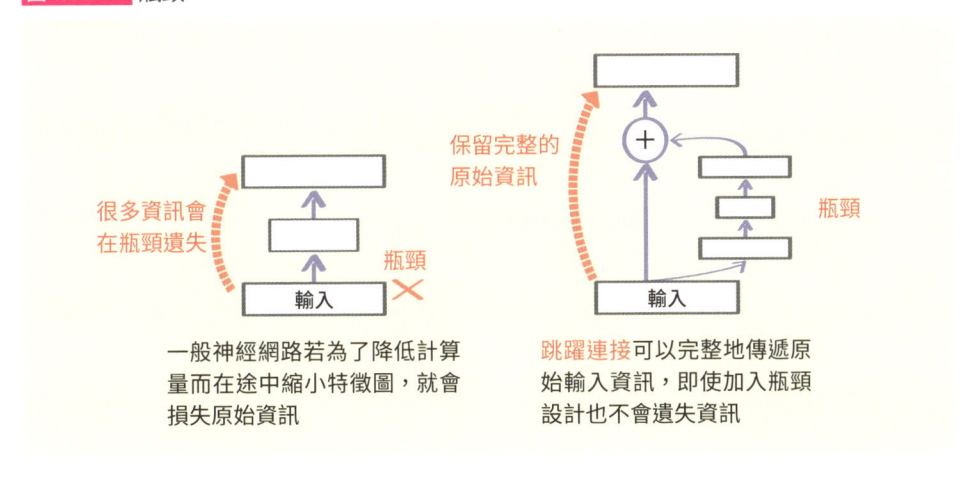

很多資訊會在瓶頸遺失

保留完整的原始資訊

瓶頸

輸入

一般神經網路若為了降低計算量而在途中縮小特徵圖，就會損失原始資訊

跳躍連接可以完整地傳遞原始輸入資訊，即使加入瓶頸設計也不會遺失資訊

**資訊瓶頸**（information bottleneck）的設計是在變換時先壓縮色版數與空間維度上的資料，待執行完計算成本較高的變換之後，再恢復成原始輸入的大小。

一般的瓶頸設計會先以卷積核尺寸為 1×1 的卷積層減少色版數，再以計算量較大、卷積核尺寸為 3×3 的卷積層來進行變換，最後使用卷積核尺寸為 1×1 的卷積層將色版數恢復到原始輸入的數量。

如果在沒有跳躍連接的層中加入瓶頸運算，在該層損失的資訊就會無法在後續層中還原。因此在實作上，這種神經網路的準確率會大幅下降。但殘差網路即使因為瓶頸設計而遺失資訊，也能透過跳躍連接來傳遞原始輸入資訊，後續層就能接觸到所有輸入資訊。瓶頸設計因此廣泛地使用在含有跳躍連接的神經網路中。

### 跳躍連接的變體

跳躍連接也有各式各樣的變體。以下我們要介紹的是當中 2 種較為重要的變體：**預激活**與 **Single ReLU** 圖 4.13 。

4-25

# 第4章　深度學習的發展

**圖 4.13**　預激活與 Single ReLU

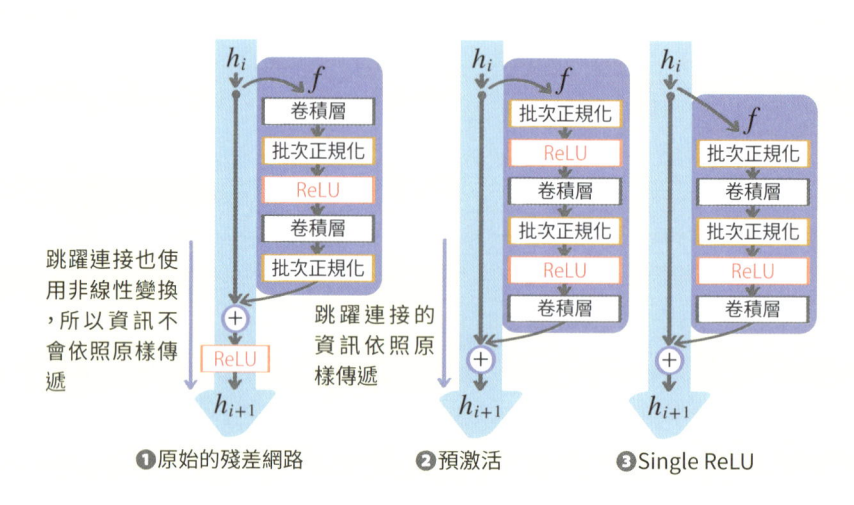

❶原始的殘差網路　❷預激活　❸Single ReLU

跳躍連接可以讓輸入資訊完整、不經變換地傳遞到頂層，並讓頂層傳遞下來的誤差也不會在過程中消失，使學習變得更加容易。因此可以預期，在跳躍連接的路徑上不要使用激活函數等非線性函數會比較好。

**圖 4.13 ❶** 的原始殘差網路，是將跳躍連接的輸入與模塊的結果相加之後，代入激活函數 ReLU，再輸出到下一個模塊與跳躍連接的分歧點。可以寫成運算式如下：

$$h_{i+1} = f_{ReLU}(h_i + f(h_i))$$

在這個情況下，跳躍連接的路徑會反覆代入非線性的激活函數，反向傳播時也會反覆使用激活函數的微分，容易導致梯度消失。

## ●⋯⋯⋯［跳躍連接的變體 ❶］預激活

為了解決這個問題，就有了 **圖 4.13 ❷** 中稱為 **預激活**（PreActivation）的做法。預激活會將激活函數 ReLU 移到模塊 $f$ 當中，使跳躍連接不會遇到非線性變換。在模塊內除了加入 ReLU，開頭也不再是 **卷積層**（權重），而是從 ReLU 開始。由於模塊的開頭是「Activation」（激活），因此稱為「預激活（PreActivation）」。

● ──────[跳躍連接的變體 ❷] Single ReLU

還有一種做法是將預激活模塊內的第 1 個 ReLU 刪除，如此一來模塊內就只有 1 個 ReLU，因此稱為 **Single ReLU** 圖4.13 ❸。Single ReLU 在多數情況下都可以有效提升性能[註19]。

之後介紹的注意力單元就是利用 Single ReLU 提升性能的一個實際案例。詳細說明請參考 p.4-47「MLP 與注意力單元」的專欄。

## 4.4 注意力單元
### 根據輸入，動態改變資料傳遞方式

本節要介紹的**注意力單元**已經有廣泛的應用，不過對今後更高階的運算而言，稱其為「深度學習領域中最重要的元素」也並不為過。以下說明注意力單元的基本概念與實作方法。

### 注意力單元的基本概念

前面介紹過的連接層，如全連接層與卷積層等，都是由人類設計固定的方式來傳遞資料。

而**注意力單元**（attention unit）則相反，這是一種根據輸入資料，**動態改變資料傳遞方式**的機制 圖4.14 。注意力單元能夠大幅提升神經網路的**表現力**，同時提高**學習的效率**及**普適能力**。

---

[註19] 參考：D. Han et al.「Deep Pyramidal Residual Networks」(CVPR, 2017)

圖 4.14　注意力單元的動態改變

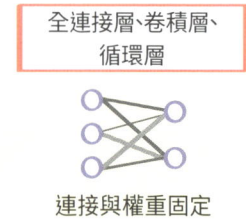

全連接層、卷積層、循環層　　　注意力單元

連接與權重固定　　　連接與權重
不受輸入影響　　　會隨著輸入而變化

## 「注意力」的重要功能與注意力單元　選擇／過濾

「注意」這個詞，在日常生活中肯定不陌生吧！例如「請注意台階」的看板就是提醒行人將注意力轉移到平常不會特別留意的腳邊，檢查地上台階的位置，不要踩空或被絆倒。

雖然人類清醒時隨時隨地都在處理各種感官收集而來的大量資訊，但這些處理幾乎都是無意識完成，並不是刻意為之。只有像上一段的例子，看到「請注意台階」的看板而將意識轉移到特定對象時，該對象才會進入到意識中。這套機制就像從感官訊息的大海中挑選出需要注意的對象，捕撈進意識當中進行更詳細的分析，再根據結果制定計劃、採取行動。

由此可知，**注意力的主要功能**是**集中關注大量資訊中的部分資訊**並捨去其餘資訊，也就是**選擇／過濾**的功能　圖 4.15 。利用這項功能，就能集中精力去處理那些有助於解決問題的資訊，忽略掉其他不相關的影響。

注意力單元會在神經網路中建立類似的「集中注意力」機制，從當前狀態所表示的資訊當中，選擇出一部分資訊來運算。

注意力單元根據輸入，動態改變資料傳遞方式　**4.4**

**圖4.15**　以注意力達成選擇／過濾

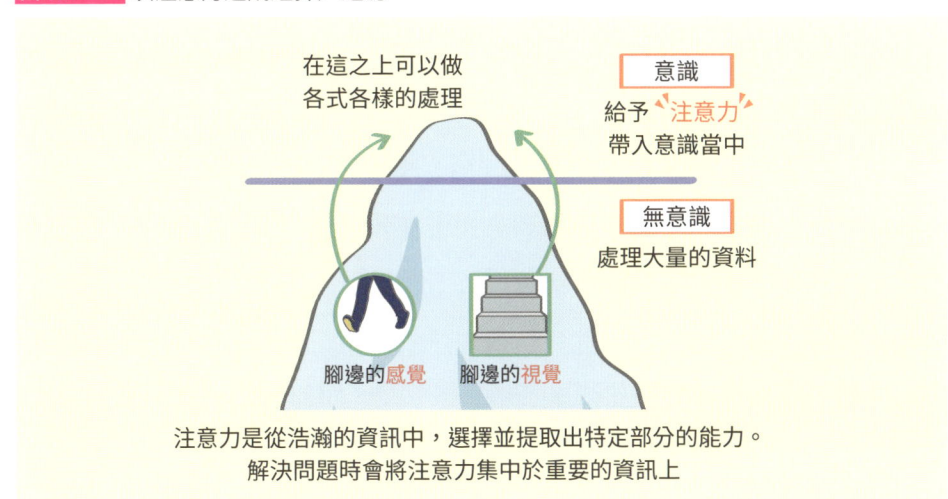

在這之上可以做各式各樣的處理

意識
給予 注意力
帶入意識當中

無意識
處理大量的資料

腳邊的感覺　腳邊的視覺

注意力是從浩瀚的資訊中，選擇並提取出特定部分的能力。
解決問題時會將注意力集中於重要的資訊上

## [注意力單元的功能 ❶] 提升表現力

以下就來介紹注意力單元的重要功能。

注意力單元的第 1 項功能是**提升表現力**。**一般的神經網路**會使用**固定的連接方式與權重**，而且無論輸入何種資料，**函數的參數設定都不會改變**。

相對地，使用注意力單元的神經網路則會根據輸入資料來改變**資料的傳遞方式**與**參數的權重** **圖4.16**。而且還能依照資料需求**調整函數的形狀**。

**圖4.16**　藉由注意力單元提升「表現力」

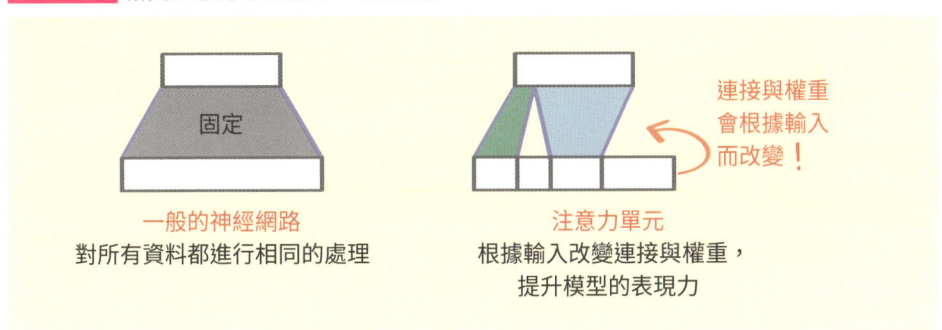

固定

一般的神經網路
對所有資料都進行相同的處理

連接與權重會根據輸入而改變！

注意力單元
根據輸入改變連接與權重，
提升模型的表現力

4-29

# 第4章 深度學習的發展

## ● 根據資料改變函數形狀的能力

不過從另一種角度來看，注意力單元也可以說是**根據輸入資料學習出可以生成連接層權重的函數**。因為「選擇要讀取某一個輸入」和「把權重參數設定為只會留下某個輸入」，其實是同樣的意思。

使用注意力單元時，**資料的傳遞方式會比較自由**，可以使用一般連接層較難處理或範圍較廣的資料做為輸入。

比如說，以過去狀態的某部分做為注意的對象，讀取資訊並用於處理當前的狀態。或是根據資料生成神經網路的參數（如卷積的權重參數），再以該參數進行資料的處理。

這種**能夠根據資料改變函數形狀**的能力，**可以大幅提升函數的表現力**。

## [注意力單元的功能 ❷] 提升學習效率

注意力單元的第 2 項功能是**提升學習效率**。一般的神經網路會充分利用**分散式特徵**（distributed representation），在內部共用許多特徵與運算 **圖 4.17**，這種分散式特徵**可以在任務之間共用學習的結果**。

**圖4.17** 藉由注意力單元提升「學習效率」

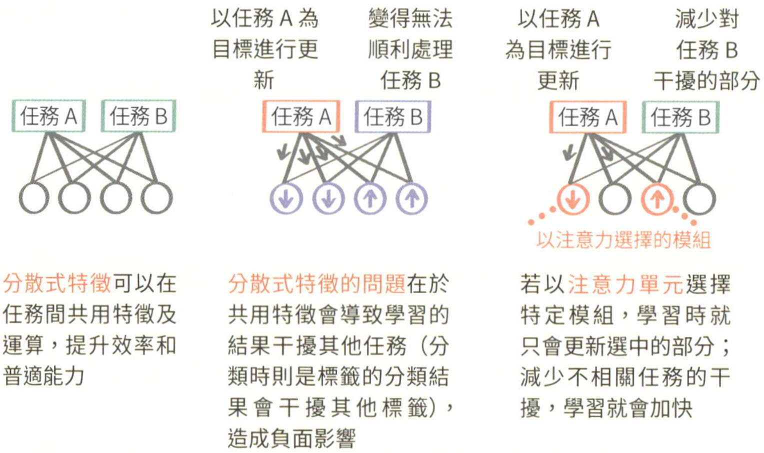

| 以任務 A 為目標進行更新 | 變得無法順利處理任務 B | 以任務 A 為目標進行更新 | 減少對任務 B 干擾的部分 |
|---|---|---|---|
| 任務 A　任務 B | 任務 A　任務 B | 任務 A　任務 B | |
| | | 以注意力選擇的模組 | |
| **分散式特徵**可以在任務間共用特徵及運算，提升效率和普適能力 | **分散式特徵的問題**在於共用特徵會導致學習的結果干擾其他任務（分類時則是標籤的分類結果會干擾其他標籤），造成負面影響 | 若以**注意力單元**選擇特定模組，學習時就只會更新選中的部分；減少不相關任務的干擾，學習就會加快 | |

4-30

但是要像分散式特徵這樣共用大量資訊，也是有代價的。在更新參數以學習某項任務時，有可能會破壞掉其他任務需要的參數。這對人類來說，就像是學會騎腳踏車之後，就變得比較不會游泳一樣，是不可能發生的事情，但當前的神經網路就是會在學習時出現這種現象。這種因為學習到新東西而忘記之前學習結果的現象，有一個術語稱為**災難性遺忘**（catastrophic forgetting，又稱 catastrophic interference，災難性干擾）。

這個現象和軟體內部共用函式庫或對其他軟體有相依性的情形很像。如果為了編寫某個軟體而修改共用的函式庫，就會發生其他軟體無法正確執行的問題。軟體領域為此特別做了許多設計，例如將相依的函式庫或軟體版本固定、在各軟體執行時以容器（container）隔離，使其他模組不受影響等等。

● **限制影響範圍的機制**

注意力單元正好可以用來建立這種**限制影響範圍的機制**。之前提過，注意力單元能夠**選擇內部的部分狀態來進行學習**。

反過來說，神經網路中沒有被注意力單元選中的狀態，就不會影響最終結果。而且用反向傳播計算梯度時，梯度也不會經過前向計算略過的區域，參數也不會更新。

注意力單元**可以鎖定實際在任務中使用的參數來更新，保留其他任務的學習結果**。若沒有使用注意力單元，學習過程就會一直出現災難性遺忘的現象，可能前進兩步就又退後一步；使用注意力單元則可以抑制這種現象，使學習更快速。

## [注意力單元的功能 ❸] 提升普適能力

注意力單元的第 3 項功能是**提升普適能力**。會導致普適能力問題的過度配適，起因是學習時使用了實際上不存在於輸入與輸出之間的**偽相關**。例如，在學習影像辨識手中物體的模型時，若模型學到的並不是物體圖像與物體標籤之間的相關性，而是學到背景或手的形狀與物體標籤之間的相關性，那麼這個模型就會發生過度配適，無法普適化地在其他情況辨識手中物體。

如果加入注意力單元，把影像中的手和背景忽略掉，只提取物體的資訊來建立辨識模型，就能預期這樣的模型不會發生過度配適、可以獲得普適能力。從另一個角度來看，也可以說注意力單元藉由忽略部分輸入來**刻意建立出資訊瓶頸**，降低接觸到偽相關的可能性。

## 「時間尺度」不同的記憶機制

接著，再來看看「注意力單元」與「記憶」之間的關係吧！注意力單元可以當作是一種**時間尺度**不同的**記憶機制**。

神經網路可以處理不同時間尺度的「記憶」。以下是其中幾種時間尺度：

- 關於目前處理中的資料的記憶（激活值／內部狀態）
- 過去曾用於學習的所有資料的記憶（權重／參數）
- 循序處理輸入時，關於過去曾處理過的資料的記憶（注意力單元）。

## 神經網路的記憶方法

**如何儲存資訊**與**如何回憶資訊**是神經網路記憶的重點，在記憶方法的說明中也請特別留意這 2 點 圖4.18。

**圖4.18** 神經網路的記憶方法

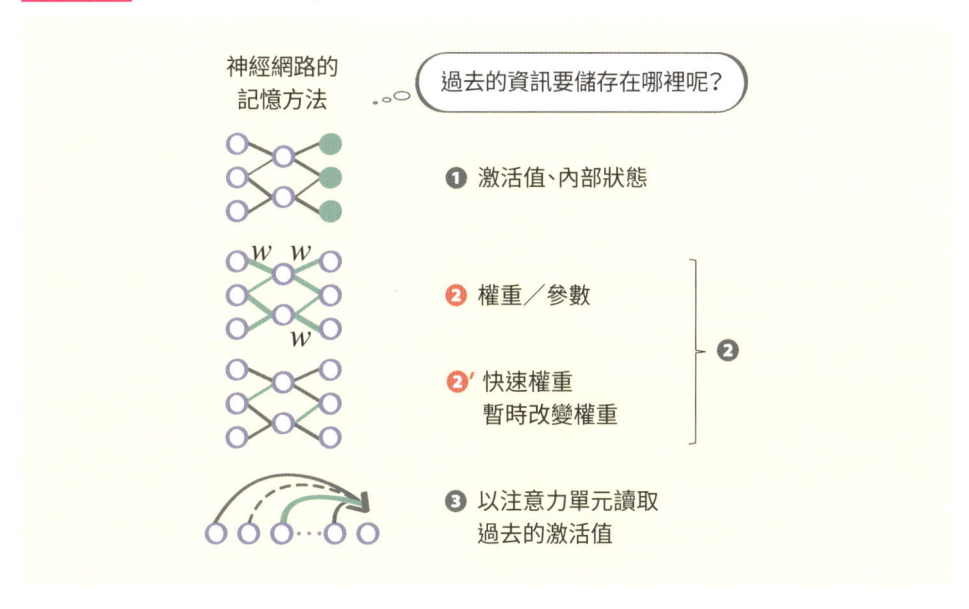

神經網路的記憶方法

過去的資訊要儲存在哪裡呢？

❶ 激活值、內部狀態

❷ 權重／參數

❷' 快速權重
暫時改變權重

❸ 以注意力單元讀取過去的激活值

● ──────［記憶機制 ❶］激活值／內部狀態　　立即存取、小容量

第 1 種記憶機制是保存神經網路的**激活值／內部狀態**。這裡的記憶形式是各層的輸入與輸出，大多是以**張量資料**表示 **圖4.18 ❶**。這種做法就像把資料記錄到電腦的暫存器（register）註20一樣，以立即可用的形式儲存當前的運算結果。儲存起來的資訊在下一層就會立刻使用並丟棄。

不過內部狀態的容量是固定的，無法大量儲存記憶。若想要記住的東西太多，就有可能忘掉其他記憶，或因為不同記憶互相干擾而無法正確記住。

● ──────［記憶機制 ❷］權重／參數　　對照是否與過去一致

第 2 種記憶機制是儲存神經網路的**權重／參數** **圖4.18 ❷**。雖然權重乍看之下與記憶並不相同，但在使用梯度下降法時，這些權重都是以學習時的負梯度逐漸累加而成。由其計算式可知，權重的梯度可表示為該時間點狀

---

註20　配置在處理器運算單元附近，可高速存取的小容量記憶電路，位於電腦記憶體階層的最頂端（最快速、容量最小、成本最高）。

態與輸出誤差的外積（$\partial L/\partial W = \mathbf{e}\mathbf{h}^T$，其中 $\mathbf{e}$ 為傳遞到輸出的誤差，$\mathbf{h}$ 為該時間點的內部狀態）。

因此，權重參數所構成的空間與內部狀態所構成的空間會是一致的。這個權重與內部狀態的內積，可以用來確認內部狀態是否與過去一致，也可以說權重會 ==記憶過去的活動==。關於這部分的補充資訊，請參考 圖 4.19 。

**圖 4.19** 權重會記住過去的輸入

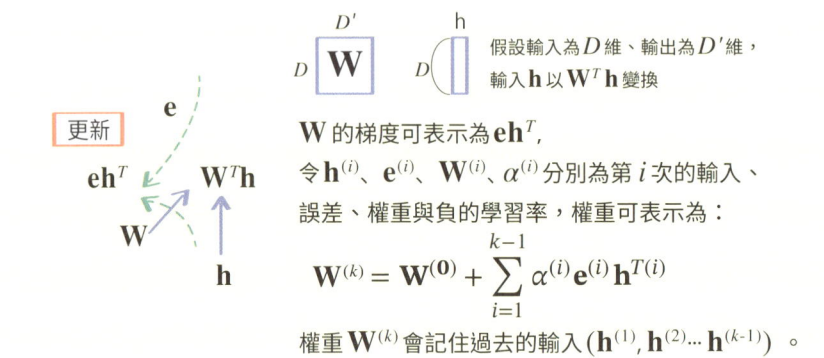

假設輸入為 $D$ 維、輸出為 $D'$ 維，輸入 $\mathbf{h}$ 以 $\mathbf{W}^T\mathbf{h}$ 變換

$\mathbf{W}$ 的梯度可表示為 $\mathbf{e}\mathbf{h}^T$，令 $\mathbf{h}^{(i)}$、$\mathbf{e}^{(i)}$、$\mathbf{W}^{(i)}$、$\alpha^{(i)}$ 分別為第 $i$ 次的輸入、誤差、權重與負的學習率，權重可表示為：

$$\mathbf{W}^{(k)} = \mathbf{W}^{(0)} + \sum_{i=1}^{k-1} \alpha^{(i)} \mathbf{e}^{(i)} \mathbf{h}^{T(i)}$$

權重 $\mathbf{W}^{(k)}$ 會記住過去的輸入（$\mathbf{h}^{(1)}$, $\mathbf{h}^{(2)}$... $\mathbf{h}^{(k-1)}$）。

### ●  [記憶機制 ❷'] 快速權重

另一種可以暫時改變權重的機制也相當受矚目，稱為 ==快速權重==（fast weight）[註21] 圖 4.18 ❷（請一併參考後面的快速權重專欄）。由於權重的數量遠大於激活值的數量，因此可以透過暫時改變權重來大幅增加神經網路的記憶量。

舉例來說，在各層神經元數量皆為 100 的 3 層 MLP 之中，激活值的數量為 $100 \times 3$（層）$=300$，但權重的數量為 $100 \times 100 \times 2$（第 1 層與第 2 層、第 2 層與第 3 層之間的權重數量都是 $100 \times 100$）$=20,000$，儲存量非常多。只要稍微改變這些值，就能用來記憶了。事實上，也有說法認為人類也是藉由暫時改變突觸的訊號強度來維持短期記憶。

---

[註21] 參考：J. Ba et al.「Using Fast Weights to Attend to the Recent Past」（NeurIPS, 2016）

## ●⋯⋯［記憶機制 ❸］以「注意力單元」讀取過去的內部狀態

第 3 種記憶機制是以<mark>注意力單元</mark>讀取過去的內部狀態 圖 4.18 ❸。

注意力單元可以根據當前的輸入與狀態，直接從過去的內部狀態中調出資訊。相較於把不知還會不會用到的資訊全部儲存起來，這種做法更有效率，也能有更大的記憶空間，就連數百步、數千步之前的狀態都可以回想起來。

所以簡單來說，<mark>注意力單元</mark>就是<mark>以內部狀態負責長期記憶，以內部參數負責短期記憶</mark>。

---

**Column**

### 快速權重

使用注意力單元時，必須要能暫時儲存過去的資訊 $h_1, h_2, \ldots$。對電腦來說，暫時儲存資訊當然沒問題，但人類大腦的構造要妥善保存這些資訊，應該就沒那麼容易了（例如記住一堆數字）。即便是電腦，如果要持續記住過去的資訊，記憶體容量也會不敷使用。

根據目前的推測，大腦應該不是完整儲存過去資訊，而是使用<mark>快速權重</mark>的機制[註a]。快速權重其實只會<mark>暫時改變權重參數</mark>，一段時間過後就會恢復成原本的權重參數。舉例來說，若想要記住某層輸入與輸出分別為 $h$ 與 $u$ 的資訊，就將權重參數暫時改為 $W' := W + \alpha h^T u$ 即可。這和赫布理論，也就是腦內突觸的更新定律是一樣的，當突觸前、後的神經元都被激發時，該突觸就會被強化。

要實作這種注意力單元，會需要用更複雜一點的機制來進行更新。不過權重／參數有非常大的容量，可以記住很大量的資訊。

註a 參考：J. Ba et al.「Using Fast Weights to Attend to the Recent Past」（NeurIPS, 2016）

## 代表性的注意力單元

再來看看注意力單元的實作方式吧！

注意力單元可以分為 2 種，一種是**為所有關注目標加上非零權重**的**軟注意力單元**，另一種則是**只為部分關注目標加上非零權重**的**硬注意力單元**。此外，還有以自身過去計算結果為關注目標的**自注意力單元**（self-attention）、以其他神經網路的輸出結果為關注目標的**相互注意力單元**（mutual attention）。稍後都會陸續介紹。

## 最早的注意力單元

注意力單元最早是用於機器翻譯[註22]，但目前的使用範圍很廣，包括影像辨識和控制等問題皆可處理。以下就以最早的自然語言處理問題為例，看看該如何處理**輸入與輸出皆為序列資料**的問題。

設輸入為序列資料 $x_1, x_2, ..., x_n$（如自然語言的單字序列）。由最前端開始，循序處理輸入資料 $x_1 ..., x_{t-1}$ 直到運算結束，可得出中間狀態 $h_1, h_2, ..., h_{t-1}$。其中各 $h_i$ 為對應到第 $i$ 個輸入的中間狀態。想想看，要處理下一筆資料 $x_t$ 以計算出 $h_t$ 時，該如何記錄和使用之前的運算結果 $h_1, h_2, ..., h_{t-1}$ 呢 圖4.20？

若使用循環神經網路，所有資訊都會被整理到前一個內部狀態 $h_{t-1}$ 當中。但因為內部狀態的容量是固定的，所以各種新資訊不斷從輸入湧入時，較久遠的資訊就有可能消失。

---

註22 參考：D. Bahdanau et al.「Neural Machine Translation by Jointly Learning to Align and Translate」(ICLR, 2015)

**圖 4.20** 如何在下一次計算中使用過去的計算結果

該如何記錄過去的運算結果，用在 $\mathbf{h}_t$ 的計算呢？

內部狀態 $\mathbf{h}_1$ $\mathbf{h}_2$ …… $\mathbf{h}_{t-1}$ $\mathbf{h}_t$

輸入 $\mathbf{x}_1$ $\mathbf{x}_2$ …… $\mathbf{x}_{t-1}$ $\mathbf{x}_t$

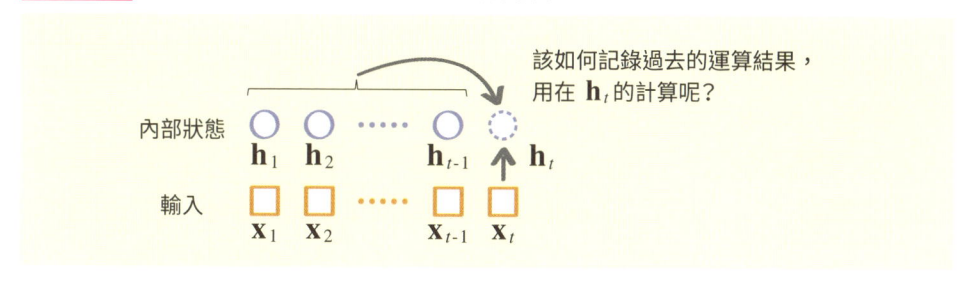

### 該如何處理距離較遠的資訊呢？

自然語言處理當中，常會發生距離較遠的單字帶有重要影響的情形。例如，處理代詞（中文的「這」或英文的「it」）時，代詞本身並無意義，必須知道代詞所指向的<mark>單字的中間狀態</mark>才能瞭解意思。但這些資訊無法全部儲存在容量固定的內部狀態當中。

這個問題的解決方案是直接讀取過去所有的資訊。而其中最簡單的做法，就是利用過去所有內部狀態的加總結果。

這個做法可以用合計值 $\sum_{i=1}^{t-1} \mathbf{h}^{(i)}$ 來實作 **圖 4.21**，而且效果也還算不錯，但是合計值裡面會混雜與當前狀態的計算無關的資訊，也不能說是最理想的做法。

**圖 4.21** 將過去所有內部狀態相加，用於下一次的計算

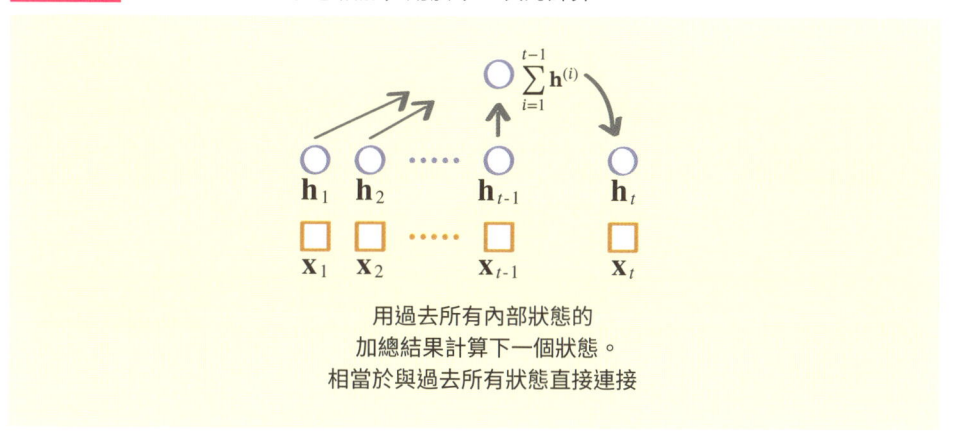

$\sum_{i=1}^{t-1} \mathbf{h}^{(i)}$

$\mathbf{h}_1$ $\mathbf{h}_2$ …… $\mathbf{h}_{t-1}$ $\mathbf{h}_t$

$\mathbf{x}_1$ $\mathbf{x}_2$ …… $\mathbf{x}_{t-1}$ $\mathbf{x}_t$

用過去所有內部狀態的
加總結果計算下一個狀態。
相當於與過去所有狀態直接連接

# 第4章 深度學習的發展

## ● 以注意力單元讀取遠距資訊

如果換種做法，只讀取當前位置的資訊 $h_t$ 所需要的那些資訊呢？首先，根據當前狀態 $h$（以下為求簡化，省略下標 $t$），算出「查詢（query）」$q=W^Q h$ 圖4.22 ❶。查詢代表的是目前的資訊需求。

接著，針對過去各個內部狀態的向量，算出「鍵（key）」$k_i=W^K h_i$，還有「值（value）」$v_i=W^V h_i$ 圖4.22 ❷。鍵代表在過去的內部狀態之中包含哪些資料，就像資料的目錄。值代表實際的資料內容。這些計算都可以用可學習的參數 $W^K$ 與 $W^V$ 的線性變換來完成。

**圖4.22** 根據查詢與鍵計算出注意力並讀取值

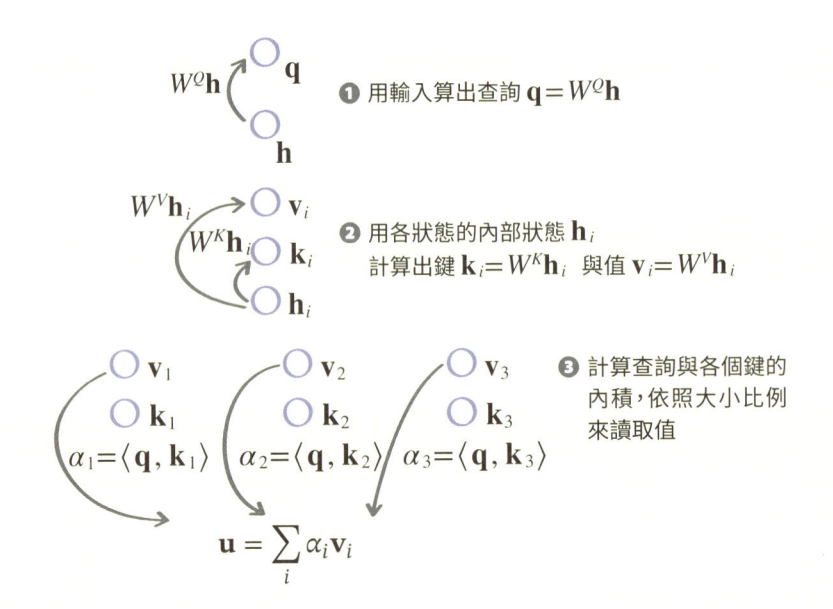

❶ 用輸入算出查詢 $q=W^Q h$

❷ 用各狀態的內部狀態 $h_i$ 計算出鍵 $k_i=W^K h_i$ 與值 $v_i=W^V h_i$

❸ 計算查詢與各個鍵的內積，依照大小比例來讀取值

$$\alpha_1=\langle q, k_1 \rangle \quad \alpha_2=\langle q, k_2 \rangle \quad \alpha_3=\langle q, k_3 \rangle$$

$$u = \sum_i \alpha_i v_i$$

再來，計算查詢與各個鍵之間的內積 $\alpha_i=\langle q, k_i \rangle$ 圖4.22 ❸。注意這裡的內積是純量。內積越大，就表示要從該位置讀取更高比例的值 $v_i$；反之，內積越小，該位置的資訊就越該忽略。這個 $\alpha_i$ 代表的就是**注意力的大小**。寫成運算式如下：

$$\alpha_i = \langle \mathbf{q}, \mathbf{k}_i \rangle$$
$$\mathbf{u} = \sum_i \alpha_i \mathbf{v}_i$$

其中 **u** 代表讀取的結果，可以和當前狀態相加或**拼接**（concat）起來使用[註23]。這種注意力單元的運作機制，有 2 點值得注意：

- **讀取的資料會隨輸入而不同（查詢）**
- **讀取的目標數量即使改變，也同樣可以處理。**

### 注意力單元可選擇想要讀取的資訊

不像前面提到那種毫不考慮就加總過去所有資訊的做法，注意力單元能根據**查詢與鍵的遠近程度**來控制要優先讀取或不讀取哪些資訊。

查詢與鍵代表**高維空間**中的一種**查找表**（lookup table），可以根據資料是否有用來控制讀取。由於查詢與鍵在高維空間，因此與雜湊表（hash table）之類的離散型查找鍵（lookup key）不同，相似的查詢與鍵可以聚集在相似的位置。這項特性也會推展到從新資料生成的查詢與鍵，使資訊的聚合更加順利。

> **Note**
> **查找表與雜湊表**
> **查找表**是將計算結果儲存在陣列或關聯陣列中，以便之後取用的做法。**雜湊表**則是以雜湊函數用輸入計算出雜湊值，之後以雜湊值當作查找索引的做法。

### 注意力單元可微分

注意力單元的所有運算都是**可微分的運算**，可以用反向傳播來更新查詢、鍵、值還有生成的參數 $W^Q, W^K, W^V$。

---

註23 在色版的方向上連接，建立新的結果。

# 第 4 章　深度學習的發展

　　如果某位置讀取出的資訊，最終發現確實能派上用場，那麼查詢與對應鍵的內積就會變大，也就是查詢與鍵會往更靠近彼此的方向更新 圖 4.23 。

**圖 4.23**　若注意力有助於減少損失，就拉近查詢與鍵的距離

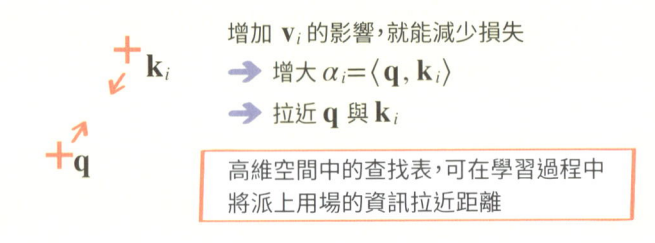

增加 $\mathbf{v}_i$ 的影響，就能減少損失
→ 增大 $\alpha_i = \langle \mathbf{q}, \mathbf{k}_i \rangle$
→ 拉近 $\mathbf{q}$ 與 $\mathbf{k}_i$

高維空間中的查找表，可在學習過程中將派上用場的資訊拉近距離

## 注意力單元可一步讀取遠距資訊

**注意力單元的優點是即使距離很遠的資訊，也可以一步收集** 圖 4.24 。

　　卷積層因為只能向相鄰位置傳遞資訊，所以若要將資訊傳到較遠的位置，就必須增加步長（每次滑動卷積核的格數），轉換為較低的解析度。但即使用降取樣（down-sampling）將解析度每次減少 1/2，仍需要 6 步才能將資訊傳遞到相隔 64 的位置。

　　相較之下，注意力單元不管相距多遠，都只要一步就能將資訊傳遞到位。

**圖 4.24**　注意力單元只需要一步就能聚合遠距資訊

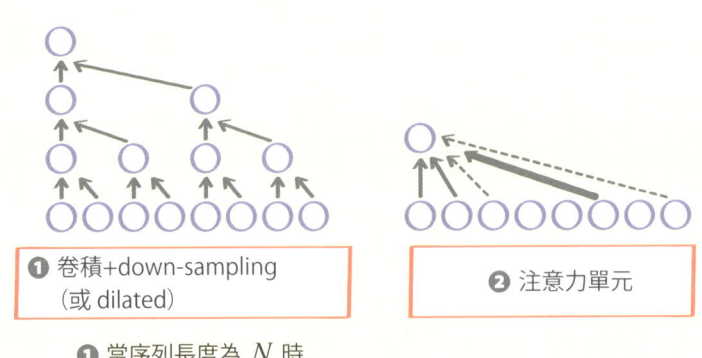

❶ 卷積+down-sampling（或 dilated）
❷ 注意力單元

❶ 當序列長度為 $N$ 時，卷積層需要 $O(\log N)$ 步才能收集遠距離的資訊；相對地，
❷ 注意力單元只要一步便能收集完成。

## 軟注意力單元與硬注意力單元

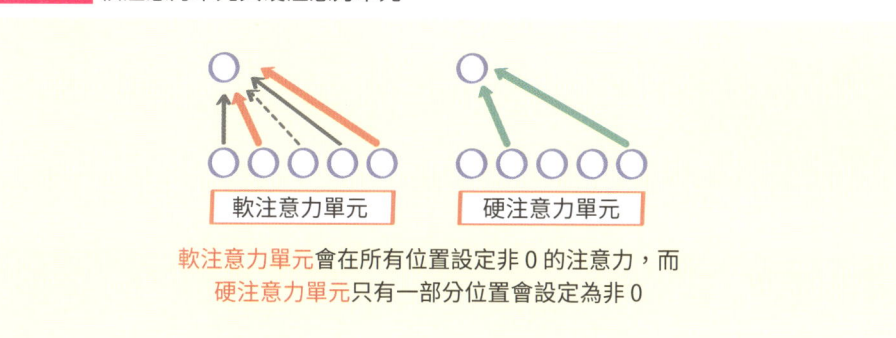

前面介紹的注意力單元，所有注意力 $α_i$ 皆不為 0（內積剛好為 0 的情形除外），符合這種性質的就稱為**軟注意力單元**（soft attention unit）。這種設計能在反向傳播學習時，使誤差流經所有元素，測試有哪些元素為必要而哪些不是。

相對的**硬注意力單元**（hard attention unit）則是只有部分注意力不為 0，其餘皆為 0（例如，在 100 個可能的注意力位置中，只有 3 個位置設有非 0 的注意力權重 **圖 4.25**。這種設計在僅有一部分位置對最終結果有貢獻的情況下很有效，而且能夠提升普適性能。至於軟注意力單元則會納入所有不相關的資訊。不過硬注意力單元中，注意力沒有選擇到的位置誤差就會是 0，無法進行學習，所以即使某些位置沒有希望也必須偶爾測試。這也表示硬注意力單元和強化式學習一樣，都會遇到「回饋值與探索的困境」。

**圖 4.25** 軟注意力單元與硬注意力單元

軟注意力單元會在所有位置設定非 0 的注意力，而硬注意力單元只有一部分位置會設定為非 0

## 自注意力單元／Transformer

目前為止介紹的注意力單元，都是從較遠的位置或其他神經網路的運算結果中讀取資訊。接下來要介紹的**自注意力單元**（self-attention unit／**Transformer**）[註24] 則是以上一層的結果為關注目標、在下一層中合併處理。

註24 參考：A. Vaswani et al.「Attention Is All You Need」（NeurIPS, 2017）

具體來說，自注意力單元就是一種將輸入集合 $\mathbf{x}=x_1, x_2, ..., x_n$ 變換為另一個輸出集合 $\mathbf{h}=y_1, y_2, ..., y_m$ 的函數。輸入與輸出的尺寸通常都會相同（$n=m$），但即使不同也可以處理。

自注意力單元的做法可以看成是先==學習依賴於輸入的資料傳遞方式==，再用學到的方式來傳遞資料。雖然這原本是為了自然語言處理等序列資料而設計的方法，但現在也可以應用在影像等 2 維資料，或是點雲（點的集合／point cloud）、蛋白質的資料等 3 維資料上。

而自注意力單元之所以能夠有這種彈性，是因為==以集合做為輸入與輸出==，將 2 維、3 維或序列中的資料等幾何資訊，以==位置編碼==的形式嵌入其中。

自注意力單元除了應用在自然語言處理中的 BERT 與 GPT-3 等多種重要架構之外，也開始用於處理影像辨識等其他問題，可說是目前最受矚目的一種架構。

以下要介紹的「尺度化點積注意力單元」，則是自注意力單元中最標準的使用方法。利用尺度化點積注意力單元，就能以相同的模型處理數量不同的關注目標。

● ……… 尺度化點積注意力單元

假設現在的目標是處理序列或集合等多個元素 $x_1, x_2, ..., x_n$，以得到內部狀態 $\mathbf{h}_1, \mathbf{h}_2, ..., \mathbf{h}_n$。

首先，以各位置的查詢權重矩陣 $W^Q$、鍵權重矩陣 $W^K$ 與值權重矩陣 $W^V$，計算出查詢 $\mathbf{q}_i = W^Q \mathbf{h}_i$、鍵 $\mathbf{k}_i = W^K \mathbf{h}_i$ 與值 $\mathbf{v}_i = W^V \mathbf{h}_i$ **圖4.26 ❶**。令計算結果作為列組成的矩陣為 $Q$、$K$、$V$，由內部狀態作為列組成的矩陣為 $\mathbf{H}$，則上述計算可以用矩陣運算表示為 $Q=H(W^Q)^T$，$K=H(W^K)^T$，$V=H(W^V)^T$。

接著，以矩陣乘法 $QK^T$ 計算出查詢與鍵的內積。注意 $QK^T$ 矩陣第 $i$ 列第 $j$ 行的元素，就是查詢 $\mathbf{q}_i$ 與鍵 $\mathbf{k}_j$ 的內積。這些內積要再除以鍵或查詢的維度 $d_k$ 的平方根 $\sqrt{d_k}$。因為平均值為 0、變異數為 1、維度為 $d_k$ 的

**圖4.26** 尺度化點積注意力單元

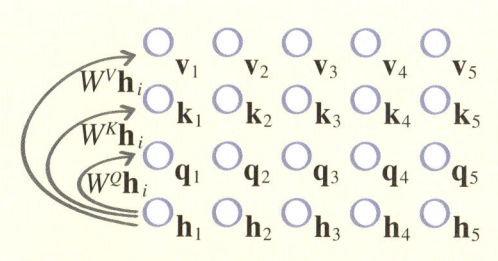

❶ 在各位置以共用的線性變換 $W^Q, W^K, W^V$ 計算出
查詢 $\mathbf{q}_i$、鍵 $\mathbf{k}_i$、值 $\mathbf{v}_i$

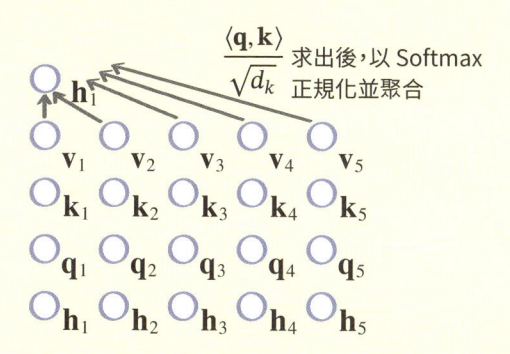

❷ 將查詢與鍵的內積 $\langle\mathbf{q},\mathbf{k}\rangle$ 除以維度 $d_k$ 的 $\sqrt{d_k}$ 後，
以 Softmax 函數正規化決定權重，並聚合以該權重加權的值。

隨機向量之間，內積結果的平均值會是 0、變異數會是 $d_k$，所以將內積結果除以 $\sqrt{d_k}$，便能保證內積的變異數是 1。

最後，把行向量代入 Softmax 運算[註25]，取得權重 $\alpha_1, \alpha_2, ..., \alpha_n$，再依這些權重的比例將值向量加總（$\sum_i \alpha_i \mathbf{v}_i$）後輸出 **圖4.26 ❷**。

令輸入 $Q, K, V$ 至輸出的一連串運算為函數 $\text{Attention}(Q, K, V)$，可用矩陣運算表示如下：

$$\text{Attention}(Q,K,V) = \text{Softmax}\left(\frac{QK^T}{\sqrt{d_k}}\right)V$$

---

註25 如前所述，Softmax 運算會輸出非負值且向量元素總和為 1 的機率分佈。

# 第 4 章　深度學習的發展

這稱為**尺度化點積注意力單元**（scaled dot-product attention unit）。這個計算全部都由矩陣運算完成。現在的硬體對於矩陣運算之類的平行運算都有很好的最佳化，因此尺度化點積注意力單元在現在的硬體上就可以非常有效率地處理。圖 4.27。

**圖 4.27**　自注意力單元可以由矩陣運算實作

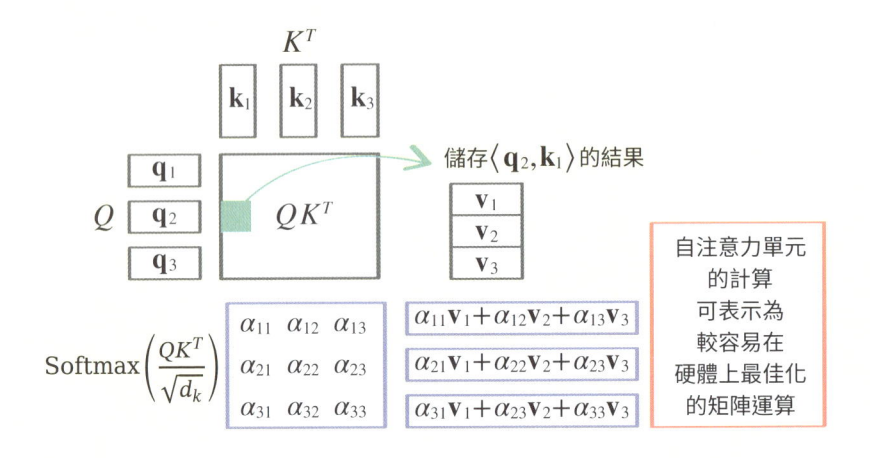

## 使用複數讀寫頭的注意力單元

從另一個角度來看，也可以把注意力單元想成像是以讀寫頭（硬碟的讀寫頭、磁頭）從各個位置讀取資料。

以影像為例，一個讀寫頭就相當於一個模式圖案（pattern）。但卷積運算會以**複數個模式圖案**來提取不同類型的資訊，注意力單元也需要使用**複數個注意力模式**來取得不同類型的資訊。

在此要說明的就是如何用多個讀寫頭來讀取資訊。首先，根據查詢、鍵與值建立投影矩陣 $W_i^Q$、$W_i^K$、$W_i^V$，用來生成各個讀寫頭專用的查詢 $QW_i^Q$、鍵 $KW_i^K$ 與值 $VW_i^V$。接著將其代入尺度化點積注意力單元，並拼接求出的結果。最後再以矩陣 $W^O$ 對拼接結果進行變換，讓輸出的維度和輸入相同。這種作法稱為 **MHA**（multi-head attention）圖 4.28。

$$\text{MultiHead}(Q, K, V) = \text{concat}(\text{head}_1, \text{head}_2, \ldots, \text{head}_h)W^O$$
$$\text{head}_i = \text{Attention}(QW_i^Q, KW_i^K, VW_i^V)$$

**圖 4.28** 用複數讀寫頭，發揮複數注意力

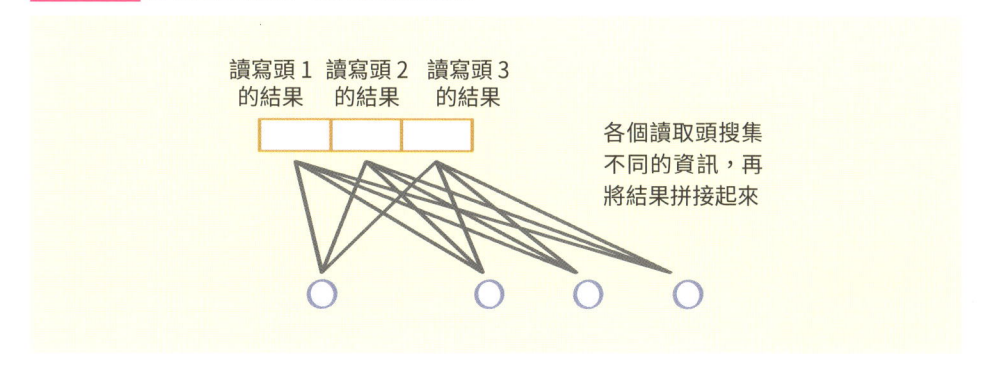

其中，$W_i^Q$、$W_i^K$、$W_i^V$、$W^O$ 是可學習的矩陣。$h$（讀寫頭數量）通常是 4 或 8。

MHA 可以用來模擬卷積運算，其中各個讀寫頭分別對應到卷積中各位置的讀取[註26]。隨著學習進行，各讀寫頭會漸漸變得能讀取彼此互補的資訊。

### 使用各元素的 MLP 進行變換

經過上述步驟取得結果之後，再以 MLP 對各位置進行變換。通常變換前會先執行層正規化，或併用跳躍連接。這種**在 MHA 後使用 MLP 的運算**，會當作是 1 個**模塊**（block）。其中用 MLP 進行運算的部分，又特別稱為**前饋式神經網路**（feedforward neural network，請參考 3.6 節）。

$$\text{FFN}(x) = W_2 f_{ReLU}(W_1 x + b_1) + b_2$$

另外，也可以用**跳躍連接**與**層正規化**讓學習更容易。

---

[註26] 參考：J. Cordonnier et al.「On the Relationship between Self-Attention and Convolutional Layers」（ICLR, 2020）

# 第 4 章　深度學習的發展

　　各元素的 MLP 就相當於參照過去訓練資料的記憶來運算（可參考後面的專欄「MLP 與注意力單元」）註27。因此整體來說，上述步驟就是先利用 MHA 聚合當前處理資料中其他位置的資訊，再以前饋式神經網路根據當前資訊聚合過去的資訊。

　　原始的自注意力單元是在 MHA 與前饋式神經網路上分別設置跳躍連接，緊接著執行層正規化。

　　根據跳躍連接與層正規化的使用時機，又有許多變體的衍生。例如，將正規化移動到 MHA 與前饋式神經網路之前，再照常進行跳躍連接的 **Pre-LN**註28，以及外加一條只傳遞注意力分數的通道到原始版本上的 **RealFormer**註29。

## 由編碼與解碼組成的「Transformer」

　　使用自注意力單元將字串變換為字串——或是更廣泛來說，**將集合變換成集合**——的情況，則稱為 **Transformer**。例如，以句子為輸入，以翻譯結果為輸出。

　　Transformer 是由「編碼器」與「解碼器」所組成。其中**編碼器**（encoder）又是由使用自注意力單元的多個模塊所組成，負責將輸入變換為內部狀態。**解碼器**（decoder）中同樣也使用自注意力單元，不過，解碼器的查詢雖然是由底層計算上來，鍵與值卻是從編碼器的內部狀態計算而來。像這種從其他位置讀取資訊的注意力單元，稱為**相互注意力單元**（mutual attention）。這樣的設計可以讀取編碼器提供的內部狀態，用於求出輸出序列 圖 4.29。

---

註27　參考：M. Geva et al.「Transformer Feed-Forward Layers Are Key-Value Memories」（EMNLP, 2021）
註28　參考：R. Child et al.「Generating Long Sequences with Sparse Transformers」（arXiv, 2019）
註29　參考：R. He et al.「RealFormer: Transformer Likes Residual Attention」（arXiv, 2020）

## 圖 4.29　Transformer

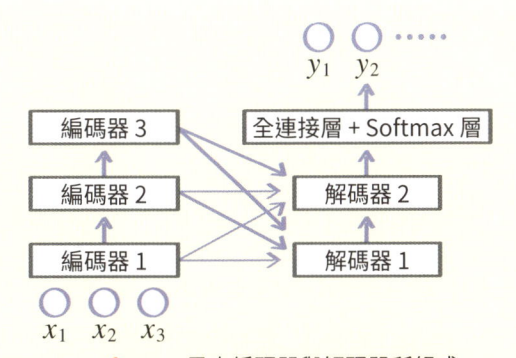

```
                    y₁  y₂ ......
                    ↑   ↑
       ┌─────────┐  ┌──────────────┐
       │ 編碼器 3 │→→│ 全連接層+Softmax 層 │
       └─────────┘  └──────────────┘
            ↑              ↑
       ┌─────────┐  ┌──────────┐
       │ 編碼器 2 │→→│ 解碼器 2  │
       └─────────┘  └──────────┘
            ↑              ↑
       ┌─────────┐  ┌──────────┐
       │ 編碼器 1 │→→│ 解碼器 1  │
       └─────────┘  └──────────┘
         ↑ ↑ ↑
         x₁ x₂ x₃
```

Transformer 是由編碼器與解碼器所組成。
編碼器結合自注意力單元與 MLP，
解碼器先以下方解碼器的結果計算出查詢，
再以編碼器計算出鍵與值，用注意力單元聚合資訊。

---

### Column

## MLP 與注意力單元

注意力單元的運算過程是先根據當前狀態 $\mathbf{h}$ 輸出查詢 $\mathbf{q}$，再根據關注目標的元素輸出鍵 $\mathbf{k}_i$ 與值 $\mathbf{v}_i$。然後用 Softmax 等運算將查詢與鍵的內積大小正規化，以正規化結果對關注目標的值 $\mathbf{v}_i$ 加權，最後使用其加總的結果 圖C4.A 。

$$\mathbf{u} = \sum_i \text{Softmax}(\langle \mathbf{k}_i, \mathbf{q} \rangle) \mathbf{v}_i$$

相對的，MLP 則是由輸入層、隱藏層與輸出層組成。以下會針對隱藏層中只使用 1 次 ReLU 的 MLP 來討論，因為跳躍連接的 Single ReLU 與 Transformer 的 MLP 皆為此形式。

$$\mathbf{u} = V f_{ReLU}(K\mathbf{q})$$

上式中的輸入為 $\mathbf{q}$。令第 1 層的權重矩陣為 $K$，第 2 層的權重矩陣為 $V$。

再來，令向量 $k_i$ 為連接到隱藏層中第 $i$ 個單元的權重，則第 2 層輸出結果的第 $i$ 個元素，即為向量 $\langle \mathbf{k}_i, \mathbf{q} \rangle$。這個向量會代入 ReLU。接著，令向量 $\mathbf{v}_i$ 為連接第 $i$ 個單元與輸出的權重。如此一來，這 3 層 MLP 的輸出 $\mathbf{u}$，即可表示為：

$$\mathbf{u} = \sum_i f_{ReLU}(\langle \mathbf{k}_i, \mathbf{q} \rangle) \mathbf{v}_i$$

比較這個式子與注意力單元的運算式，可以看出 MLP 與注意力單元其實執行的是相同的計算。其中關注目標的鍵與值，會對應到連接隱藏層中第 $i$ 個單元的權重。

從另一個角度來看，也可以說在 MLP 的隱藏層中，每個單元會負責一個記憶，單元連接的上一層權重是鍵、連接的下一層權重是值，這 3 層作為一組，就可以從過去的記憶中把值讀取出來。

不過 MLP 記憶和呼叫的是什麼值呢？使用梯度法時，損失 $V$ 的梯度為 $\mathbf{u}$ 的誤差與隱藏層輸入的向量積（外積），而且這個梯度會再加到 $V$ 上；因此可以解釋為從過去的記憶中，回想起可降低損失的值。

**圖C4.A** 注意力單元與 3 層 MLP & Single ReLU

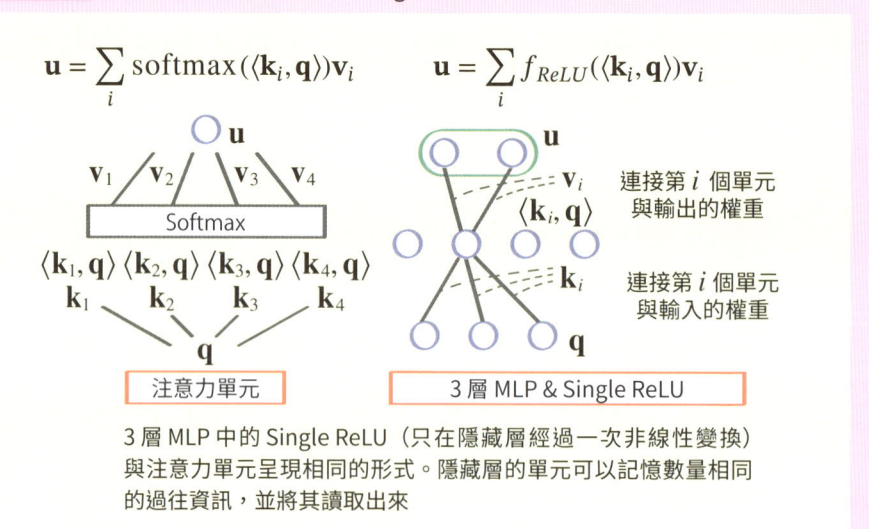

$$\mathbf{u} = \sum_i \text{softmax}(\langle \mathbf{k}_i, \mathbf{q} \rangle) \mathbf{v}_i \qquad \mathbf{u} = \sum_i f_{ReLU}(\langle \mathbf{k}_i, \mathbf{q} \rangle) \mathbf{v}_i$$

注意力單元　　　　　3 層 MLP & Single ReLU

3 層 MLP 中的 Single ReLU（只在隱藏層經過一次非線性變換）與注意力單元呈現相同的形式。隱藏層的單元可以記憶數量相同的過往資訊，並將其讀取出來

## 位置編碼

注意力單元有一點與卷積神經網路和循環神經網路不同。因為注意力單元在所有位置都執行完全相同的計算，所以會有「無法使用位置資訊」的問題（MLP 也無法使用位置資訊）。到目前為止的計算式中，完全都沒有出

現過輸入的位置資訊。也就是說，諸如 2 個元素的距離遠近、其中一個元素位於另一個元素的正右方等資訊，都無法加以利用。實際狀況就像單字是否位於句子開頭、是否與某單字相鄰等資訊，皆無法納入考慮。

現在要做的就是將==當前的位置資訊==加進各元素的輸入當中。具體做法是使用以向量表示的==位置編碼==（positional encoding, PE）。此向量是以不同頻率的 sin 函數與 cos 函數，對位置 $p$ 進行變換，再將結果連結而成。

$$PE(p, 2i) = \sin(\frac{p}{10000^{2i/d_{\text{model}}}})$$
$$PE(p, 2i+1) = \cos(\frac{p}{10000^{2i/d_{\text{model}}}})$$

其中，$d_{\text{model}}$ 為內部狀態的維度 圖4.30 。輸入（前面 圖4.29 中的 $x_1$、$x_2$、$x_3$）之中加入了位置編碼的向量（以拼接等方式），運算時就可以處理位置資訊。

圖4.30　注意力單元的位置資訊與位置編碼

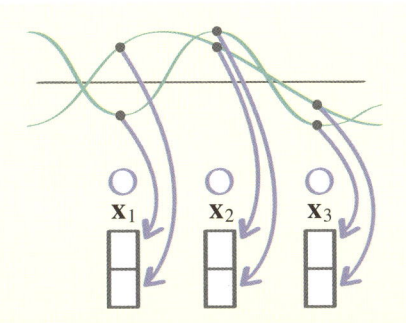

注意力單元在所有位置的運算都是對稱的，因此會遺失位置資訊。
位置編碼是把位置代入多種頻率的 sin 與 cos 函數，以函數結果連接而成的向量。
使用時會將輸入與位置編碼的向量拼接。

雖然這裡是以自然語言處理為例，但其實位置編碼在其他類型的工作中也有廣泛的應用。只要使用位置編碼，==就可以在不同大小與資訊間變換==。例如從 3 維資訊變換到 2 維資訊。

## 打造更有效率的自注意力單元　自注意力單元的致命缺陷

雖然自注意力單元有很多優點，但也有一個致命性的缺點，那就是當序列長度為 $N$ 時，其時間複雜度為 $O(N^2)$，因為在每一個位置都必須對所有位置計算注意力。

為了在實際可行的計算時間內運算，就必須將序列分割成較短的長度（例如 512）來處理。但自然語言處理中距離較遠的單字或句子之間有依賴關係、基因序列分析等領域中也可以看到更遠距離之間的依賴性。所以後來就陸續有人提出許多既能維持 Transformer 的表現力，又能降低時間複雜度的方法。

### Big Bird　可將時間複雜度下降至線性的自注意力單元

比如說以下介紹的 **Big Bird** [註30] 就能在輸入長度為 $N$ 時，將時間複雜度降至線性的 $O(N)$，還能使模型維持相同的表現力，實際上的準確率也相當高。

如果將互相連接的元素以列或行排列成相鄰矩陣的話，Transformer 的相鄰矩陣會出現所有元素都被填滿的情形。而 Big Bird 的特別之處，便在於綜合應用以下 3 種不同類型的注意力（連接方式）圖4.31。

**圖4.31**　Big Bird

關注目標

關注來源

隨機注意力　　窗口注意力　　全域注意力

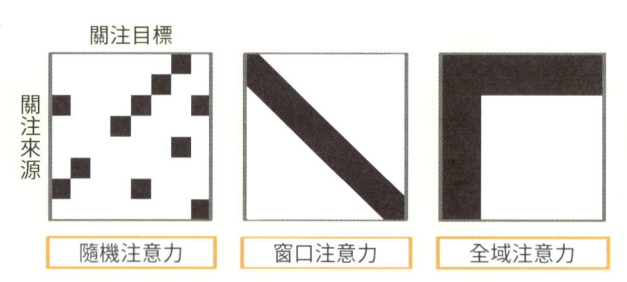

Big Bird 透過隨機注意力、窗口注意力與全域注意力的結合，將整體時間複雜度降至 $O(N)$（每個元素的關注目標為 $O(1)$），並維持與全注意力單元相同的表現力

註30　參考：M. Zahher et al.「Big Bird: Transformers for Longer Sequences」（NeurIPS, 2020）

第 1 種是鬆散的**隨機注意力**（random attention）。每個位置都只會以預先決定的幾個固定位置作為關注目標。

第 2 種是**窗口注意力**（window attention）。每個位置都固定只以周圍鄰近資料作為關注目標。使用的是「鄰近的資訊較為重要」的先驗知識。

第 3 種是**全域注意力**（global attention）。只會用在固定的 1、2 個位置，以所有位置作為關注目標。也可以設定不存在於實際輸入的虛擬位置，作為全域連接使用。

這 3 種注意力的關注目標數量都是輸入長度乘上固定的常數，因此計算的時間複雜度為 $O(N)$，結合後整體也是 $O(N)$，即使是非常長的序列也同樣能夠計算。

另外 **Lambda Network**[註31] 則會把所有輸入計算而出的特徵向量應用於整體，藉由限制那些依賴於位置的運算，提高整體的計算效率並增強表現力。其他還有**無注意力 Transformer**（Attention Free Transformer, **AFT**）[註32]，令讀寫頭的數量與維度數量相同，每個讀寫頭都只對應到一個維度來對各元素進行運算；再藉由優先執行鍵與值的計算，將時間複雜度降至線性。研究認為這樣的做法也能達到同樣的性能。

## 4.5 本章小結

本章介紹了大型神經網路的進階內容。包括可以穩定學習、使任何人都能執行學習的**正規化層**與**跳躍連接**，還有**批次正規化**、**層／實例／群正規化**、**權重正規化**、**權重標準化**和**白化**，作為正規化函數的具體範例。

再來還說明了可以大幅度改善神經網路表現力與普適能力的**注意力單元**，並介紹了**軟注意力單元**、**硬注意力單元**、**快速權重**、**自注意力單元**、**Transformer**、**尺度化點積注意力單元**、**位置編碼**與**線性時間注意力單元（Big Bird）**。

..................

註31 參考：I. Bello et al.「Lambda Networks: Modeling Long-Range Interactions Without Attention」（ICLR, 2021）
註32 參考：S. Zhai et al.「An Attention Free Transformer」（arXiv.、2021）

# 第5章
# 深度學習的應用技術

大幅進化的影像辨識、語音辨識、自然語言處理

**圖 5.A** 主要的應用領域

**影像辨識**

**影像分類**

ImageNet
ILSVRC的發展
- 2012　AlexNet
- 2013　VGG
- 2013　GoogLeNet
- 2015　ResNet ⇨ 跳躍連接
- 2017　SENet ⇨ 注意力機制

**語意分段**

實例分段
全景分段

**影像檢測**

定界框檢測
關鍵點檢測

**辨識加速**

- 分組卷積
- 色版重組
- 深度卷積
- 平移

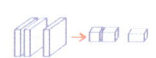

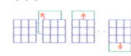

深度學習強大的性能與彈性，使其廣泛地應用於許多領域之中。

在特徵學習可以有效發揮的領域尤其明顯。比起已經整理好的結構化資料，深度學習在非結構化的資料處理上達成更顯著的進展，精度遠勝於以往的做法。某些領域更是因為深度學習的引入而得以邁入具有實用價值的階段。

本節將以眾多經典案例，介紹影像辨識、語音辨識、自然語言處理等領域中如何應用深度學習的技術 圖5.A。

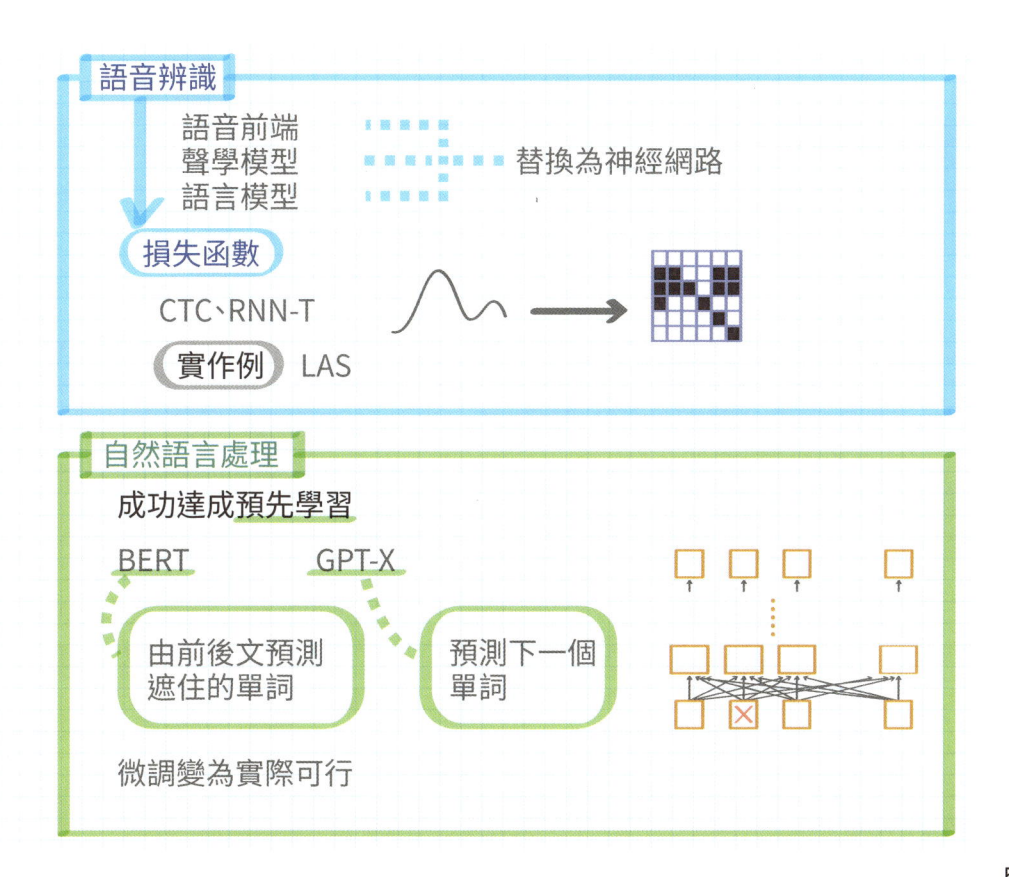

### 語音辨識

語音前端
聲學模型　　替換為神經網路
語言模型

**損失函數**

CTC、RNN-T

實作例　LAS

### 自然語言處理

**成功達成預先學習**

BERT　　GPT-X

由前後文預測遮住的單詞　　預測下一個單詞

微調變為實際可行

5-1

# 第 5 章　深度學習的應用技術

## 5.1 影像辨識

本節將介紹**影像辨識**（image recognition）這項技術。先從判斷影像內容的**影像分類**開始，再來依序說明**檢測**、**分段**、以及**影像辨識的加速技術**。

### 影像分類

圖 5.1 是**影像分類**（image classification）的示意圖。常見的簡單例子是以 0 到 9 總計 10 種數字的手寫圖像做為輸入，判斷圖像中所寫的是哪一個數字；像這樣的題目就能當作是要將輸入圖像分類為 {0, 1, ..., 9} 這 10 種類別（class）。至於對應任意物體的泛用影像分類，則是要將影像分類為更廣泛的類別（可能是電視、番茄、山羊等等），類別的數量從數千到數十萬不等。

圖 5.1　影像分類

學習　　測試
1　2　9　　7
　　　　　　?　➡　7！

番茄　西瓜　小黃瓜　　?　➡　西瓜！

影像分類顧名思義就是判斷影像中有什麼內容並予以分類（因為是影像辨識中的基礎項目，也經常作為測試性能的指標）

影像分類位處深度學習發展過程的核心位置，誕生於其中的技術也經常被應用於影像分類以外的許多領域。因此本書會特別詳細介紹影像分類這一主題。

- **神經網路的影像處理**

首先來看看，神經網路執行影像辨識時如何處理輸入的影像。

神經網路中的影像會以 4 階張量的形式表示，其中的個別元素以「NCHW」4 個數字來指定。張量整體即為 $\mathbf{X} \in R^{N \times C \times H \times W}$。

其中 N 是影像的編號、C（channel）是色版（又稱頻譜）、H（height）是影像的高度、W（width）是影像的寬度。$\mathbf{X}[n, c, h, w]$ 表示的就是「在第 n 個影像中的 (h, w) 位置上，第 c 個色版的值」。影像以 N 個一組處理的好處在於可以用小批次量計算梯度，多圖預測時也是集中計算比較有效率。

> **軸的順序是 NCHW 還是 NHWC？** Note
>
> 感覺上，軸的順序應該把色版放在最後，改用 NHWC 會更直觀，計算效率可能也更高，而不是像範例中的 NCHW 把色版放在第 2 位。其實會使用 NCHW 的原因很單純，只是因為早期的深度學習框架 Caffe 採用的就是 NCHW 順序，之後的設計也就跟著蕭規曹隨。
>
> 最近也有越來越多設計改為採用 NHWC 順序，或是可以在內部自動轉換這兩種系統。

色版的各個位置是用來標示不同類型的資料。舉例來說，RGB 全彩影像有 3 個色版，分別對應紅、綠、藍的數值。

另外在第 3 章提過，卷積層輸出的特徵圖裡，各色版的數值代表的是各個模式圖案（pattern）是否有出現。

### ● 影像辨識的基本處理流程

輸入的影像資料中（先不考慮 N），在空間方向（寬與高）的尺寸可能高達數十到數千，然而色版的數量在黑白影像就只有 1，在全彩影像也只有 3，資料的形狀就像非常薄的木板一樣。

想要辨識一個影像，當然不可能只看著某一個像素就辨識出影像的內容，而是至少需要整合數十到數百像素的廣範圍資訊來判斷。

影像辨識在實作上，會先讓輸入經過卷積層與池化層，漸漸減少影像的解析度，同時增加色版的數量，使整體張量資料在空間方向縮小、在色版方向增大。

# 第5章　深度學習的應用技術

**圖5.2** 整理了普遍的處理流程。在特定層數的卷積層和池化層計算中，每層變換會讓空間方向的解析度減半，色版數則是增為 2 倍。空間方向的長與寬都變為 1/2、色版變為 2 倍，整體資料量就壓縮為一半。如此反覆操作之後，最終空間方向 $W, H$ 的尺寸會變為 $1×1$，色版數則是變為數百到數千。

**圖5.2**　神經網路進行影像辨識的流程

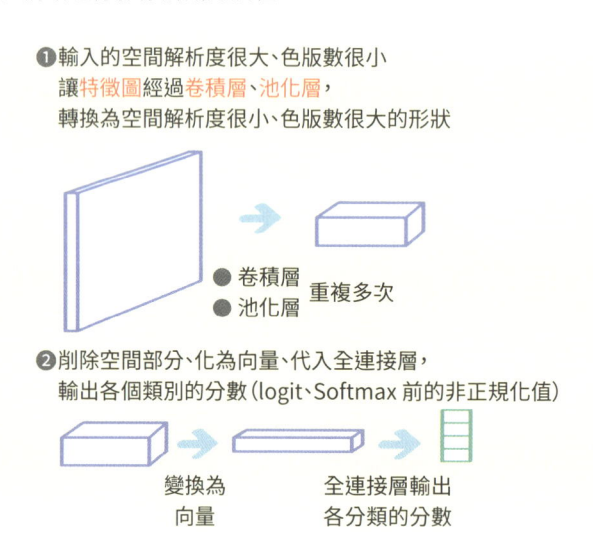

❶輸入的空間解析度很大、色版數很小
讓特徵圖經過卷積層、池化層，
轉換為空間解析度很小、色版數很大的形狀

● 卷積層
● 池化層　重複多次

❷削除空間部分、化為向量、代入全連接層，
輸出各個類別的分數 (logit、Softmax 前的非正規化值)

變換為向量　　全連接層輸出各分類的分數

轉換後的資料在空間方向上沒有寬度，因此可以就這樣當作向量來處理。這個向量經過全連接層後，維度的數量轉換為和影像的類別數量相同，其中數值最大的維度對應的類別就是影像分類的結果。此外，也有一種手法是在空間方向縮小到某個尺寸（如 $8×8$）之後，就用 $8×8$ 的核（kernel）直接進行平均池化（見 p.3-44），一口氣將空間大小壓成 $1×1$。這種做法可以跳過最後的幾個層，大幅減少參數的數量，還可以讓損失函數成為更容易最佳化的平滑形狀。

這種把「影像」在空間方向上逐漸壓縮、同時逐漸增加色版數的設計，在深度學習影像辨識的使用上，最初是源自於 AlexNet（後面說明），後來也幾乎都是以這個概念實作。

## 影像分類的發展歷史

影像分類這門技術，可說是位於深度學習進化歷程的正中心。特別是 2012 年 AlexNet 的登場，在 ILSVRC 達成錯誤率比上一屆少 40% 的優異成績，這樣的改善進展還一直持續到 2017 年的最後一屆 ILSVRC。在這幾年也出現了許多神經網路的重要技術。

以下介紹這段歷史中登場的技術。

- CNN
  - AlexNet（2012 年）
  - VGGNet（2013 年）
  - Inception（2015 年）
  - ResNet / 跳躍連接 / 批次正規化（2015 年）
  - SENet / 全域注意力機制（2017 年）
- Transformer
  - ViT（2020 年）
- MLP
  - MLP-Mixer（2021 年）

## AlexNet

AlexNet 在 2012 年的 ILSVRC（ImageNet Large Scale Visual Recognition Challange，ImageNet 大規模視覺辨識挑戰賽）奪得優勝，深度學習因此而一戰成名、廣受關注。AlexNet 也成為日後神經網路的發展基礎，有著金字塔一般的標誌性地位[註1]。這個網路的名稱來自於作者的名字，Alex Krizhevsky。

---

註1 • 參考 A. Krizhevsky et al.「ImageNet Classification with Deep Convolutional Neural Networks」（NeurIPS, 2012）

# 第5章 深度學習的應用技術

Alex Krizhevsky 使用了當時還在理論階段的 GPU 運算，以卓越的實作與實驗能力，完成「以大型神經網路學習大型資料集」這個構想，向世人證明神經網路的效力。就連他的指導教授，在當時身為傳奇人物的 Geoffrey Hinton，一開始也不贊同直接用神經網路處理任意物體的影像辨識問題，後來才表示自己對此有所改觀。

## AlexNet 的基礎　導入影像辨識的基礎構想

AlexNet 涵蓋了當前影像辨識技術的所有基礎構想 圖 5.3 。

**圖 5.3** AlexNet

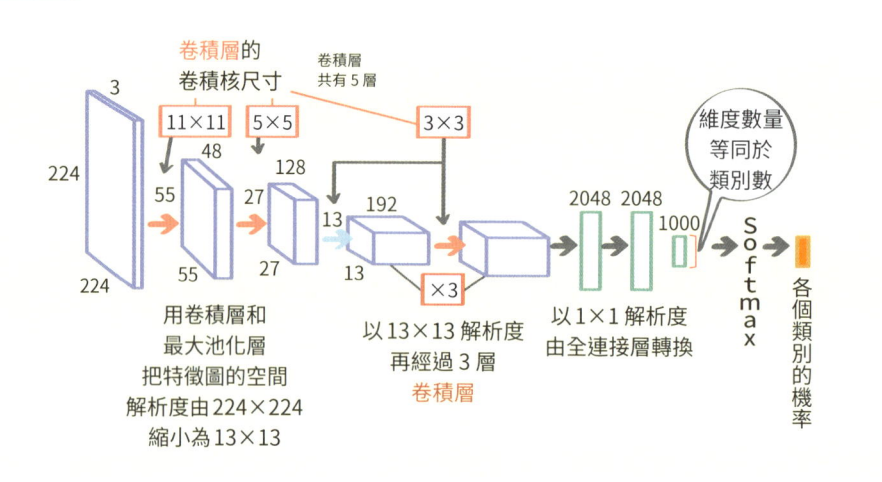

最前面幾層先採用較大步長的卷積層和最大池化層，將特徵圖的空間大小從輸入時的 224×224 縮小為 13×13。再來維持空間大小不變，套用 3 層卷積層，最後通過 2 層全連接層，代入 Softmax 輸出各個圖像類別的機率。

一開始就把空間解析度一口氣縮小到剛好包含足夠空間資訊的大小（AlexNet 採用 13×13），然後才用好幾個卷積層執行實際的辨識工作，像這樣的做法到現在依然經常使用。

> **模型平行** Note
>
> 　圖 5.3 省略了一部分流程。在資料輸入後，其實會分歧為 2 個獨立的網路，分別由不同 GPU 處理，最後到全連接層才會整合。
>
> 　這種把單一 GPU 無法負荷的模型分散給複數 GPU 執行的方法就稱為模型平行（model parallelism），近年來模型變得越來越大，這項技術也因此再次受到關注。

### ● AlexNet 的參數數量與特徵圖

　關於 AlexNet 整體網路的**參數數量**與配置方式，**全連接層佔有最關鍵的地位**。假設 1 層卷積層的參數數量（以下略去偏值）約為 35,000 個（輸入的色版數為 3、輸出的色版數為 48、卷積核尺寸為 11，得 $3 \times 48 \times 11 \times 11 = 17,424$，兩個平行模型合計為 34,848），中途空間縮小為 $13 \times 13$ 時的參數會有約 130 萬個（$3 \times 3 \times 192 \times 2 \times 192 \times 2 = 1,327,104$）個，相較之下全連接層的參數則有約 1,700 萬個[註2]，非常的龐大。

　全連接層參數數量過多**可能會導致過度配適**，不過論文中也有提到用於預防的**丟棄法**（dropout）。此外還會搭配**資料擴增**（data augmentation），藉由將訓練資料反轉或是加入雜訊來擴大訓練資料，提升模型的普適能力。

> **丟棄法（dropout）** Note
>
> 　丟棄法會在學習過程中隨機把固定數量的單元設為 0（丟棄）來學習。推論時則會改用訓練完成後的所有單元來推論。
>
> 　這就像是在學習時，每次都採用連接方式不同的網路，推論時就使用這些網路的平均結果來推論，如此一來就能改善普適能力。此外，用多個分類器執行多數決的集成學習（ensemble learning）也同樣可以避免過度配適。

　再來注意到**特徵圖的 shape**，輸入時是 $224 \times 224 \times 3 =$ 約 15 萬，第一個卷積層後擴大為 $55 \times 55 \times 48 \times 2$（模型平行的 2 倍）= 約 29 萬。之後的

---

註2　模型平行的 2 個向量分別有 2048 個維度，全連接層需要將其全部連接起來，共計 $2048 \times 2 \times 2048 \times 2 = 16777216$。

特徵圖則是持續縮小，每通過一層，空間的尺寸變為 1/4（長寬各一半）、色版數變為 2 倍。

卷積神經網路會像這樣，在輸入後的第一層縮小空間尺寸並大幅增加色版數，因此在輸入後得出的第一個特徵圖會是所有特徵圖之中最大的。

---

### Column

### Geoffrey Hinton

AlexNet 的作者 Alex Krizhevsky 的指導教授 Geoffrey Hinton，是演示現在深度學習的重要觀念與運作方式的關鍵人物，他與 Yoshua Bengio、Yann LeCun 因深度學習的研究成果共同獲頒 2018 年的圖靈獎（ACM A. M. Turing Award，又稱為「計算機科學界的諾貝爾獎」）[註a]。

他的代表成就是於 1986 年提出在神經網路中以誤差的反向傳播來實現特徵學習。其他還有波茲曼機（Boltzmann machine）、深度信念網路（deep belief net）、荷姆霍茲機（Helmholtz machine，與後來的變分自編碼器 / variational autoencoder 有關）、用於資料視覺化的 t-SNE（t-distributed stochastic neighbor embedding，t 分布隨機鄰近嵌入）等等許多成果。

截至 2021 年，Hinton 教授的論文被引用數多達 50 萬，不只在人工智慧領域，更是整個計算機科學領域中被引用最多的人物[註b]（編註：於 2024 年已達 80 萬）。2012 年他在線上開放式課程網站 Coursera 的深度學習課程[註c]，幾乎所有當時的研究者都曾修習（包含筆者），對於深度學習的普及帶來巨大的貢獻。

另外，AlexNet 的第二作者 Ilya Sutskever 是將 AlexNet 的實際概念構思並實現的人，之後成為 word2vec、seq2seq、TensorFlow、AlphaGo、GPT-X 等眾多研究的共同作者及 OpenAI[註d] 的聯合創始人，目前是深度學習研究的核心人物之一。

註a　https://awards.acm.org/about/2018-turing/
註b　https://scholar.google.com/citations?view_op=search_authors&hl=en&mauthors=label:computer_science
註c　「Neural Networks for Machine Learning」，公開於以下網址。https://www.cs.toronto.edu/~hinton/coursera_lectures.html
註d　研究人工智慧的非營利組織。其他創始人包括 Elon Musk、Sam Altman、Greg Brockman、Wojciech Zaremba、John Schulman 等人。https://openai.com

## VGGNet

VGGNet[註3]於2014年的ILSVRC獲得第2名的成績，僅次於GoogLeNet（後面介紹），其中引入許多創新的想法，成為後續研究的基礎。

不同於AlexNet使用11×11的大型卷積核，VGGNet的卷積核是小尺寸的3×3。另一方面，AlexNet的卷積層層數只有5層，而VGGNet則是遽增為16到19層。雖然現在超過100層的神經網路也不足為奇，但大幅增加層數的VGGNet在當時的登場可說是相當具有衝擊性。

此外，層與層之間的組合也模組化，將複數層作為一個**模塊**（block）來處理 圖5.4 ，由不同參數的模塊來組合出網路。

圖5.4　VGGNet的模塊

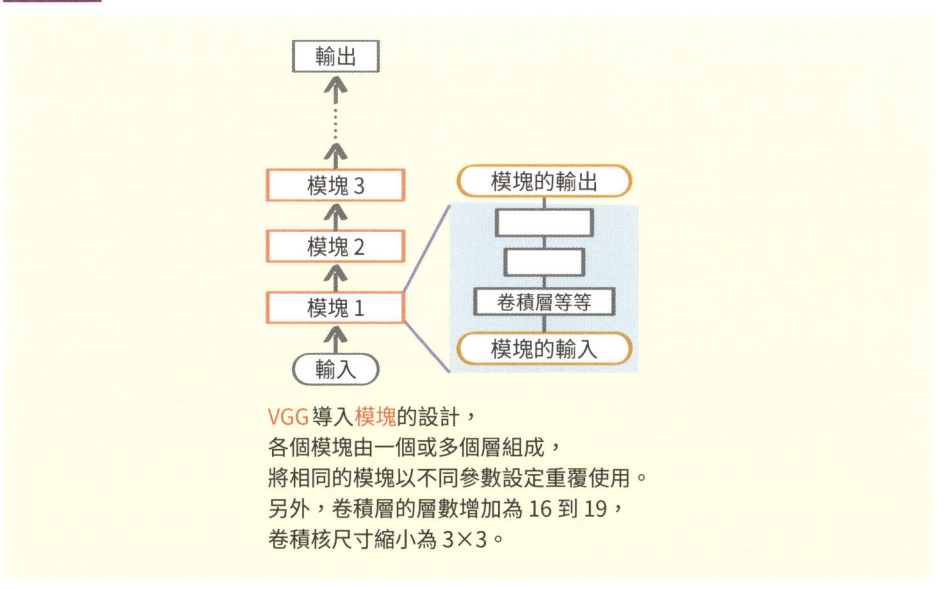

VGG導入模塊的設計，
各個模塊由一個或多個層組成，
將相同的模塊以不同參數設定重覆使用。
另外，卷積層的層數增加為16到19，
卷積核尺寸縮小為3×3。

在每個模塊中會經過一個或多個卷積層，之後用最大池化層將空間尺寸減半、色版數加倍。這種以模塊為單位的設計方式，現在受到廣泛的運用。

---

註3　VGG是visual geometry group（視覺幾何群）的縮寫。
　　　參考：K. Simonyan et al.「Very Deep Convolutional Networks for Large-Scale Image Recognition」(ICLR, 2015)

VGGNet 和 AlexNet 一樣，最後的**全連接層之中第一層的參數數量非常的多**，在整體參數數量中佔有極大比例（約 25088×4096= 約 1 億）。在比較模型的壓縮方法時，會發現 VGGNet 的壓縮率比較高，這就是因為**全連接層有很大量參數**的緣故。（編註：全連接層較容易使用壓縮技術來減少參數量及計算量）

由於構造相對單純，VGGNet 經常用來實驗新的想法，或是作為新做法的比較基準。常用的有 16 層的版本 **VGG16**，還有 19 層的 **VGG19**。

## GoogLeNet　Inception 模組

接著介紹在 2014 年的 ILSVRC 勝出的 GoogLeNet[4] 以及其中使用的 Inception 模組。

GoogLeNet 最大的特色就是使用名為「Inception」圖5.5 的模組。**Inception 會平行使用不同卷積核尺寸的卷積層**，再**把分別的結果拼接**在一起。

圖5.5

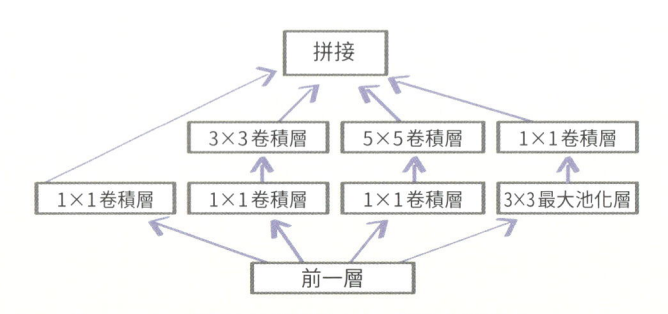

```
                        拼接
         ↗        ↑        ↑        ↖
    3×3卷積層  5×5卷積層  1×1卷積層
      ↑          ↑          ↑
   1×1卷積層  1×1卷積層  1×1卷積層  3×3最大池化層
      ↖        ↑        ↑        ↗
                       前一層
```

GoogLeNet 的 Inception 模組會將卷積核大小不同的卷積層（1×1、3×3、5×5）
與池化層（3×3）並列平行執行，再將結果組合起來。
另外為了減少運算成本，最開始會先通過1×1的卷積層，降低維度數量。

具體來說，Inception 會使用卷積核尺寸為 1×1、3×3、5×5 的不同卷積層，還有 3×3 的最大池化層。如果核的大小不是 1×1，會在該層的前面多加上一個 1×1 的卷積層，用於減少色版的數量（以減少總參數量）。

---

註4　C. Szegedy et al.「Going Deeper with Convolutions」（CVPR, 2015）

## ● 影像辨識必須克服物體尺寸不同的問題

影像處理領域的其中一項難題是「就算物體的尺寸有極大差異，也必須做出同樣的辨識結果」。舉例來說，分別辨識站在鏡頭前的人和站在 10 公尺外的人，人在圖像裡的大小雖然相差好幾倍，但應該要給出一樣的辨識結果。

Inception **設置這些不同尺寸的卷積核**，就是為了在遇到不同大小的物體或部件時也可以順利檢測。另外還有一個重點，就是 Inception 裡的各個結果並不是相加，而是會**拼接 ( concat )** 起來。

$$c = a + b \quad \cdots\cdots\cdots \text{相加}$$
$$c = \text{concat}(a, b) \quad \cdots\cdots \text{拼接}$$

## ● 各層結果相加與拼接的差異

來看看各層的結果「相加」和「拼接」，會產生什麼樣的差異吧！

**相加**的情況下，$c$ 的色版數量會和 $a, b$ 相同，每個色版裡都會混合來自 $a$ 和 $b$ 的資訊。這麼一來，之後就無法從 $c$ 判斷資訊的來源是 $a$ 還是 $b$。而且 $a$ 和 $b$ 的資訊重要程度會無法區分，傳播誤差時也只能以同樣的誤差來傳播。不過相加後輸出的色版數量會和輸入相同，對於控制網路的大小而言是一項優點。

相較之下，**拼接**的情況則可由不同色版來區分資訊的來源，也可以分別傳播不同的誤差。但缺點是輸出的色版數量會增加，所需的計算量與記憶體空間也會隨之增加。

Inception 基於這樣的概念，把不同卷積核尺寸的卷積層輸出組合在一起，就能順利處理不同尺寸的同一種物體。

## ResNet　跳躍連接的引入

在 2015 年 ILSVRC 勝出的 ResNet（Residual network，殘差網路）[5]引入了神經網路架構中最重要的概念之一：**跳躍連接**。跳躍連接在 4.3 節有詳細的說明，若有需要可參考。

ResNet 因為引入了跳躍連接，層數一口氣增加到 152 層，**性能也有飛躍性的成長**。

而且 ResNet 還**導入了批次正規化**，這是在 ResNet 開發前不久才發表的新技術。[6] 這也讓 ResNet 的學習得以更加穩定。

在這個時間點，可以**增進學習穩定度的 ReLU、批次正規化、跳躍連接 3 者就全部到齊**了。

## DenseNet

**跳躍連接**不只可以連接一個模塊，也可以把**複數模塊**連接起來。這種做法的代表就是 DenseNet[7] 圖 5.6。

圖 5.6　DenseNet

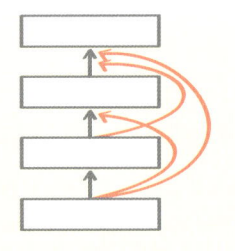

DenseNet 會將前面的所有輸出
直接連接到後面的所有層。
不像 ResNet 把連接的資料相加，
而是採用拼接，當作複數輸入來處理。

---

註 5　K. He et al.「Deep Residual Learning for Image Recognition」（CVPR, 2016）
註 6　就像這裡的批次正規化一樣，很多有效的新做法在發表的數週後就會被其他研究採用、納入設計之中，這種開發速度也是深度學習研究的特色之一。
註 7　G. Huang et al.「Densely Connected Convolutional Networks」（CVPR, 2017）

DenseNet 和 ResNet 一樣使用跳躍連接，不過一個層會跳躍連接到同一個模塊內的後面所有層。還有，跳躍連接的結果並不是加總，而是在色版方向**拼接**。就像 Inception 採用拼接方式的優點一樣，可以徹底地把輸入分開處理，也可以各有各的誤差傳播。

而且，DenseNet 在每一層之間都會設置跳躍連接，因此不需要特意在中間的層記憶某一層的結果。

DenseNet 不只是增加跳躍連接的密度來讓學習更加容易，數據顯示在效能相同的情況下，參數數量還只有過往的一半。

## SENet　　注意力機制的先驅

2017 年在 ILSVRC 得到優勝的 SENet（sequeeze-and-excitation networks，擠壓與激發網路）[註8]，是第一個引入注意力機制且大有斬獲的影像辨識模型。

SENet 由以下兩項運算構成：

- 擠壓（squeeze）：將特徵圖壓縮
- 激發（excitation）：挑選出特定色版的資料

可以把這想成是**針對色版的注意力機制**。SENet 一般來說會接在 ResNet 計算模塊的正後方（作為跳躍連接的最後一個模塊）。來看看詳細的執行步驟吧！

### ● 組合擠壓運算和激發運算

計算流程如 圖 5.7 所示。**擠壓**的運算是對特徵圖整體做平均池化，計算每個色版的的平均值（最開始的池化）。由於會完全**壓縮空間方向**，所以才稱為「擠壓」。擠壓之後，會得出空間方向只有 1×1、長度和色版數量相同的向量。

---

[註8]　J. Hu et al.「Squeeze-and-Excitation Networks」（CVPR, 2018）

圖 5.7　SENet 的擠壓運算和激發運算

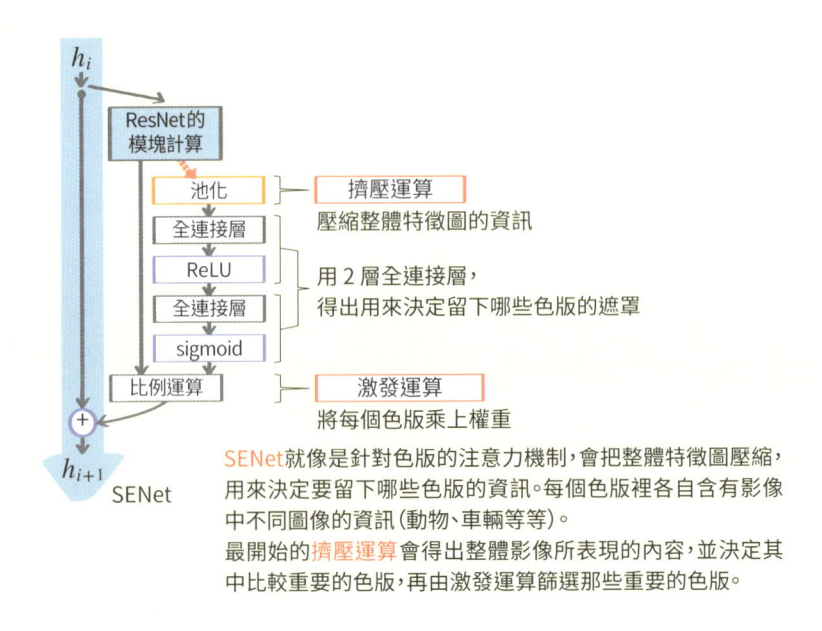

SENet 就像是針對色版的注意力機制，會把整體特徵圖壓縮，用來決定要留下哪些色版的資訊。每個色版裡各自含有影像中不同圖像的資訊（動物、車輛等等）。
最開始的擠壓運算會得出整體影像所表現的內容，並決定其中比較重要的色版，再由激發運算篩選那些重要的色版。

　　接著通過 2 層全連接層後，以 sigmoid 做出一個<mark>遮罩</mark>，用來表示哪些色版比較重要。最後再用這個遮罩 $m$ 做比例運算（scaling），把原本的特徵圖乘上遮罩（$h=h \odot m$）。因為就像是把特定色版變為激發狀態，所以稱為「<mark>激發</mark>」運算。

● 在整體影像中找出「需要注意的色版」

　　這個擠壓、激發的運算究竟有什麼樣的效果呢？在此用比較直觀的方式來說明（可配合 圖 5.7 一起理解）。

　　每個色版的內容都是在影像上搜尋模式圖案（pattern）的結果，代表影像中的不同特徵。例如某一個色版是檢測動物毛皮的結果、另一個色版是檢測交通工具的結果等等。最開始的擠壓運算會合併整張影像的特徵圖資訊，從結果就能看出影像內容和什麼有關。假設是關於動物，再來就會製作一個遮罩，只會留下關於動物特徵的色版，用激發運算把其他無關的色版都過濾掉。

在說明注意力單元的時候有提到，**過濾不需要的資訊**除了有助於提升分類能力，還可以確保學習時不會更新到與這次目標無關的色版（例如正在學習動物的圖像時，就不會更新關於植物特徵的色版），讓學習更穩定、更快速收斂，對普適能力也有很大的貢獻。

SENet 可說是用注意力機制進行影像處理的先驅。現在已經出現許多方法，可以用注意力機制達到超越卷積層的性能。

## ILSVRC 之後

ILSVRC 雖然是影像分類的競賽，但對於影像辨識領域（包含後面會提到的影像檢測和語意分段）還有整體深度學習的發展都帶來很大的貢獻。最後一屆的 ILSVRC 舉辦於 2017 年，當時所達到的錯誤率（Top-5 error，辨識結果的前 5 名都不是正確答案的比例）為 2.3%，已經低於人類的錯誤率（5.1%，不過此數據有爭議）。

後來性能也持續改進，本書執筆時的 Top-5 error 已經降至 1.2%（NF-Net [註9]、Meta Pseudo Labels [註10]）。

## ViT、MLP-Mixer

前面介紹的都是以卷積神經網路為核心的影像分類，不過 2020 年後使用 **Transformer**、**MLP**（多層感知器，見 3.6 節）的模型也能達成同樣等級的準確度。使用 Transformer 的模型在自然語言處理的領域獲得佳績後，將 Transformer 應用於影像分類的 **ViT**（vision transformer）也隨之登場 [註11]。

---

[註9] 參考：A. Brock et al.「High-Performance Large-Scale Image Recognition Without Normalization」(CVPR, 2021)
[註10] 參考：H. Pham et al.「Meta Pseudo Labels」(CVPR, 2021)
[註11] 參考：A. Dosovitskiy et al.「An Image is Worth 16 × 16 Words: Transformers for Image Recognition at Scale」(ICLR, 2021)

這個模型完全不使用卷積層，而是把影像先分割成尺寸為 16×16 的小區塊，再把各區塊用 MLP 轉換成 16×16 的 token，之後就像自然語言處理的 Transformer 一樣在 token 使用**自注意力單元**。特徵經過轉換的 token 稱為 **class-token**，可以用來求出各個分類的分數。這些 token 就相當於一個個的單字，整個影像就像一個句子，可以讓 transformer 用處理文字的方式來處理影像。雖然 ViT 比起卷積神經網路需要更多的預先學習，不過性能也得以匹敵於最強的卷積網路模型。

後來經過改良，就算只使用和卷積神經網路相同的學習資料，也能達到同樣的判斷能力[註12]。

而且，ViT 和卷積神經網路擅長分辨的影像特徵並不一樣[註13]。ViT 會集中於低頻的區域，而卷積神經網路則會注意到高頻的部分。因此，後來也出現一些做法試圖結合兩者的強處彼此互補。

此外還有以 MLP 取代自注意力單元來壓縮空間方向資訊的 MLP-Mixer [註14]。經過改良後的 MLP-Mixer 也能和卷積神經網路及 transformer 達到相同程度的性能[註15]。

## [分類以外的功能] 影像檢測、語意分段

在影像辨識領域中，除了影像的分類以外，還有在影像裡找出特定物體的「影像檢測」，以及像著色本那樣判斷各個像素屬於什麼類別的「語意分段」，在此分別介紹。

---

註12 參考：Z. Liu et al.「Swin Transformer: Hierarchical Vision Transformer using Shifted Windows」（arXiv:2103.14030）
註13 參考：N. Park et al.「How Do Vision Transformers Work?」（arXiv:2202.06709）
註14 參考：I. Tolstikhin et al.「MLP-Mixer: An all-MLP Architecture for Vision」（CVPR, 2021）
註15 參考：C. Tang et al.「Sparse MLP for Image Recognition: Is Self-Attention Really Necessary?」（CVPR, 2021）

影像辨識 5.1

## 影像檢測

影像檢測就是判斷畫面中有哪些物體、出現在哪裡。影像分類只需要判斷畫面整體的主題就好，而檢測則是還要指出<mark>物體在畫面上的位置</mark>。

影像檢測可分為兩大類型：「定界框檢測」和「關鍵點檢測」圖 5.8。

**圖 5.8** 定界框檢測和關鍵點檢測

**定界框檢測**是以方框
標示物體出現的範圍。
**關鍵點檢測**是檢測事先設定好的關鍵點
（例如人的頭、手、肩，或車輛的左上、左下）。

<mark>**定界框檢測**</mark>（bounding box detection, BB）會計算出一個矩形，把檢測對象包在這個矩形內。決定一個矩形的大小與位置需要 4 個數字，例如矩形左上角和右下角的座標，或是矩形的長、寬和中心的座標。

而**關鍵點檢測**（keypoint detection）則是要先定義目標物體的關鍵點，讓模型學習找出這些點的位置。例如人的關鍵點可能會設為頭部和主要的關節，只要找出這些點的位置，就能大致推測人的姿勢是站著、蹲著或是舉起右手等等。

以車輛的檢測為例，定界框檢測會找出一個圍住車體的矩形，不過就無法判斷車頭朝向哪個方向。用關鍵點檢測的話就要先定義車子的關鍵點（車頭的最左端、最右端、輪胎的位置等等），然後會找出這些點的位置。至於應該使用哪種檢測，就取決於後續要用於什麼樣的應用。

## 語意分段

語意分段（semantic segmentation）會以像素為單位，判斷每個像素各自屬於什麼分類。（編註：「語意」在此和語言無關。在計算機科學中，「語意」代表針對「意義」的處理，而非針對其他如數學、物理上的性質。）

**圖 5.9** 語意分段

語意分段會分辨每個像素的所屬分類

分段的結果就會像是把同一類別的物體塗上同一種顏色的==著色本==一樣。

定界框檢測只是找出包圍物體的矩形，並沒有辦法確切判斷物體的狀態。語意分段就能取得物體詳細的位置、狀態等資訊。

定界框檢測和語意分段各有優缺點。舉例來說，若要用影像辨識的結果來做出避開物體的功能，那使用定界框檢測找出的物體粗略位置就能很方便地完成，但語意分段的結果還需要經過很多困難的後續處理。至於物體之間有重疊，又需要瞭解物體的細部狀態時，語意分段就較為適合。

### U-Net

定界框檢測和關鍵點檢測需要辨識的物體數量都不固定；相較之下語意分段需要辨識的「物體」就是輸入的所有像素，實作上會更容易。不過，語意分段需要所有像素的詳細情報，如果在上層的特徵圖只剩下很小的空間解析度，可能就會導致資訊量不足。

在這種狀況通常就會出動稱為 **U-Net**[註16] 的結構，藉由跳躍連接來取用下層特徵圖的資訊 圖 5.10。

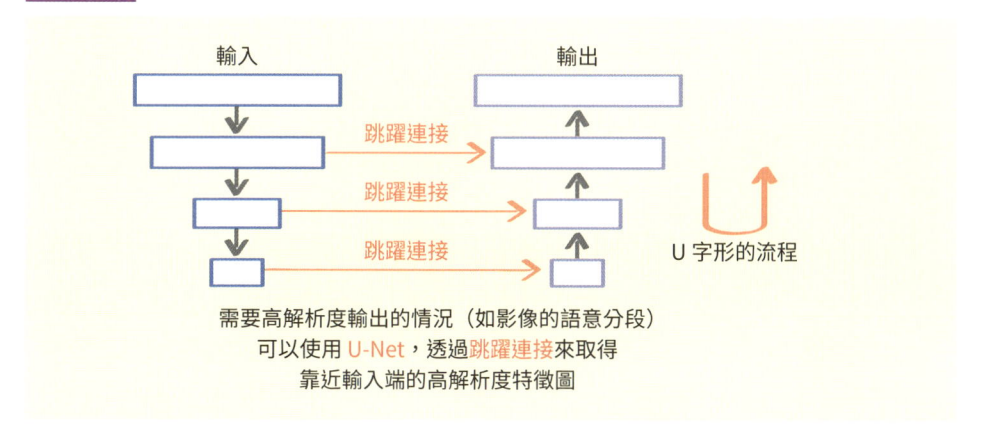

圖 5.10　U-Net

需要高解析度輸出的情況（如影像的語意分段）
可以使用 U-Net，透過跳躍連接來取得
靠近輸入端的高解析度特徵圖

● ……… **實例分段**

語意分段也有其他如實例分段（instance segmentation）這樣的延伸題目。

實例分段的目標是把每個個體都分開識別，即便屬於同一種類別也一樣。舉例來說，許多人在畫面裡彼此重疊的狀況，語意分段的結果就只能看出那些全都是「人」，無法分辨哪些範圍屬於同一個人；而實例分段的目標則是標記出每個不同的人。不過，像天空或地面這種沒有明確個體概念的對象，對實例分段來說就比較難以處理。

● ……… **全景分段**

全景分段（panoptic segmentation）[註17] 是同時處理語意分段和實例分段的技術。

---

註16　參考：O. Ronneberger et al.「U-Net: Convolutional Networks for Biomedical Image Segmentation」（MICCAI, 2015）
註17　參考：A. Kirillov et al.「Panoptic Segmentation」（CVPR, 2019）

全景分段的對象有 stuff 和 thing 兩項。天空或地面這種無法分成個體的就是 stuff，人或車這種可以一個個分開的則是 thing，stuff 和 thing 會一起完成分段。

## Mask R-CNN　　影像檢測與實例分段的實作範例

關於該如何實作影像檢測和分段，這邊以 Mask R-CNN[註18] 作為範例來說明。

Mask R-CNN 可以**輸出影像檢測和實例分段的結果**。影像檢測的部分，是先由 CNN（卷積神經網路）萃取特徵，以這些特徵為基礎，用 **RPN**（regional proposal network，區域候選網絡）列舉出物體檢測的候選答案，檢查這些候選答案是否確實有出現，再判斷正確的所在位置。這段列舉並處理每個候選答案的過程，也稱為 **R-CNN**（region based convolutional neural network，區域型卷積神經網路）。後續再把影像檢測的各個候選答案**實際出現的位置加上遮罩（mask）**，就能完成實例分段。

### ● ⸺[ Mask R-CNN ❶ ] 用 CNN 抽取特徵

首先要用 CNN 從影像中萃取特徵。這一步驟一般會使用過去用於影像分類的網路（如 ResNet），不同的是，一般影像分類會採用最後池化層的結果，但這裡是採用中間層的輸出。這樣的網路會稱為主幹（trunk）或骨幹網路（backbone network）。

這個網路通常會用 ImageNet 之類的影像分類訓練結果當作權重的初始值，因為有助於影像分類的特徵，大多也會有助於影像檢測。不過要是用於檢測的新的訓練資料非常龐大，重覆利用學習過的模型就不會有太大的幫助。

---

註18　參考：K. He et al.「Mask R-CNN」（ICCV, 2017）

## [ Mask R-CNN ❷ ] 列舉檢測的候選答案

完成特徵萃取後，就要用來進行影像檢測 圖 5.11。影像檢測有一些特殊的性質，和影像分類很不一樣。

其一，**影像檢測的對象尺度差異非常大**。例如想要檢測影像中是否有人的話，需要檢測在畫面遠方、大小只有 30 像素的人，也要檢測非常靠近鏡頭、蓋住大部分畫面而且沒有完全入鏡的人。即便物體的大小有這麼極端的差異，還是要找出相同的特徵，做出相同的檢測結果。

其二，**影像檢測的對象數量不固定**。因此，不能使用輸出長度固定的網路，必須用輸出長度可以變化的網路來處理。

Mask R-CNN 會先列舉檢測的候選答案，再對每個候選答案做各別的處理。

圖 5.11　Mask R-CNN

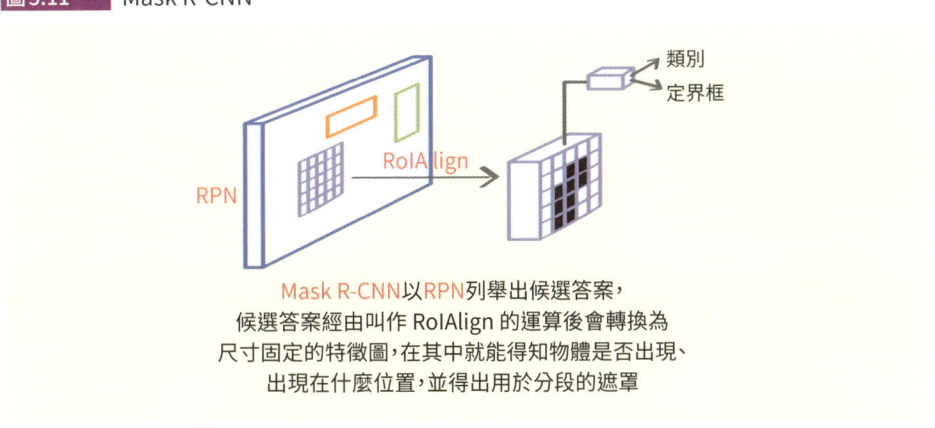

Mask R-CNN 以 RPN 列舉出候選答案，候選答案經由叫作 RoIAlign 的運算後會轉換為尺寸固定的特徵圖，在其中就能得知物體是否出現、出現在什麼位置，並得出用於分段的遮罩

Mask R-CNN 在最開始的步驟用來列舉候選答案的網路稱為 **RPN**（regional proposal network，區域候選網絡）。骨幹網路最後算出的特徵圖會輸入 RPN，判別特徵圖上的各個位置是否出現特定尺寸的圖形，比如「這個位置是否有大約高 20、寬 30 的車子呢？」這樣的判斷。這些準備被檢測的候選物體稱為**錨點框**（anchor box）。錨點框的功能類似於影像檢測

最後想找出的定界框的初始值，後續會再仔細檢查並調整錨點框的位置和大小。一般來說會列舉一些典型的矩形，或是從訓練資料的統計值中選一些矩形當作錨點框來使用。

在各個位置使用 RPN，就可以推測各個位置有沒有出現想要檢測的物體，同時也能推測物體的大小、中心的座標、寬度和高度（寬度和高度是以錨點框的尺寸為基準，按比例推算）。這些推測都是以 1×1 卷積核的卷積運算來實作，所有的位置和錨點框都可以平行運算。到這裡就完成了「列舉檢測的候選答案」這一步驟。

## [ Mask R-CNN ❸ ] 對候選答案進行驗證

接下來，要分別檢查各個候選答案是否為真的檢測目標，並求出詳細的位置資訊。為了解決檢測對象大小不同的問題，要先把候選答案都統一轉換為同樣的尺寸。

具體的做法是從候選答案中切出特徵圖，使用雙線性內插法將其轉換為特定尺寸的特徵圖。這個做法就是 RoIAlign（region of interest align）。

> **雙線性內插法（bilinear interpolation）** Note
> 
> 　雙線性內插法是影像處理領域中經常用於縮放影像的運算，也可以應用於將特徵圖轉換為不同尺寸。轉換後各點的特徵，是由原本輸入的圖中周圍 4 個像素的值對輸出點的距離做線性內插法求出。

這個運算就像把檢測的候選答案放大為特定的解析度一樣。RoIAlign 的雙線性內插法是可以微分的運算，之後的檢測和分段運算也都可以微分，全體的運算都是可以微分的，因此可以進行端對端的學習（讓誤差經過 RoIAlign 反向傳播）。

以 RoIAlign 所取出的特徵圖可以用影像分類的方式來標記標籤，表示某物體是否確實出現在取出的影像中，另外也能以數值表示物體出現的位置。到這一步，就成功實作出「影像檢測」的功能了。

## Column

### 以熱圖執行影像檢測的做法

像 Mask R-CNN 這樣的影像檢測需要處理總數不固定的檢測對象，程序會十分複雜，也不容易用平行運算之類的手法來提升效率。不過也有別的方法，可以對特徵圖的所有位置進行相同的推論，將過程中的中間值（heat map，熱圖）用於預測，藉此簡化計算程序。

舉例來說，CornerNet 這個模型會在每個位置輸出「這是否為某個物體的左上角」，以及連結到該物體的嵌入向量 圖C5.A。同樣的方式可以再製作一個熱圖，標示物體的右下角和連結到物體的嵌入向量。最後就可以對應嵌入向量相似的左上角和右下角，組合成為矩形。

**圖C5.A　CornerNet**

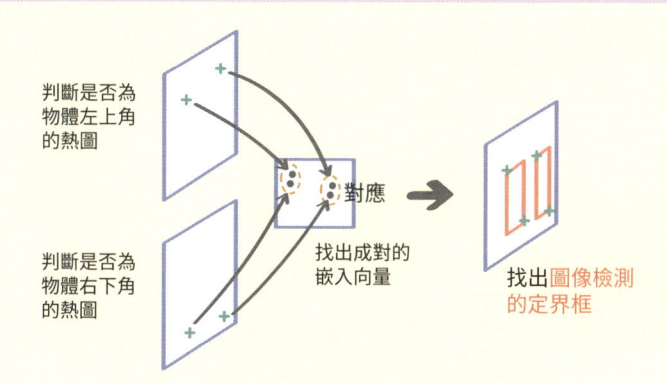

CornerNet會輸出兩個熱圖，分別標示特徵圖的各個位置是否為物體的左上角、右下角。
為了檢查兩者的對應關係，也會輸出嵌入向量，如果相近就視為成對。

後繼的 CenterNet 則是再加上中心點的判斷，改善準確度。

註a　• 參考：H. Law et al.「CornerNet: Detecting Objects as Paired Keypoints」（ECCV, 2018）
註b　• 參考：K. Duan et al.「CenterNet: Keypoint Triplets for Object Detection」（ICCV, 2019）

## [ Mask R-CNN ❹ ] 實例分段

最後說明分段的做法。一般的分段是在特徵圖中使用 $1 \times 1$ 的卷積運算，判斷每一個像素所屬的類別。在 Mask R-CNN 實作實例分段的方式，就是對每個檢測的候選答案執行分段。

實例分段還有其他的實作方式，例如將模型訓練為對屬於同一實例的像素會輸出相似的嵌入向量，把相似的向量聚集起來之後，找出各個實例的分段做法，輸出指向實例中心的向量再藉此區分實例。

經過以上這些步驟，Mask R-CNN 就能成功完成影像檢測與實例分段。

## 影像辨識的加速

影像辨識使用在自動車或手機這類的行動裝置上時，經常需要處理即時運算。這些行動裝置比起伺服器、工作站等電腦，有更嚴格的硬體性能和電力消耗限制，卻又必須以更高的幀率（frame rate，每單位時間處理的影像數）進行辨識，因此非常講求辨識的效率。

這邊以 3 項運算為主軸，介紹提升影像處理效率的代表性做法 圖 5.12 。

- 分組卷積
- 深度卷積
- 平移

**圖 5.12** 分組卷積、深度卷積、平移

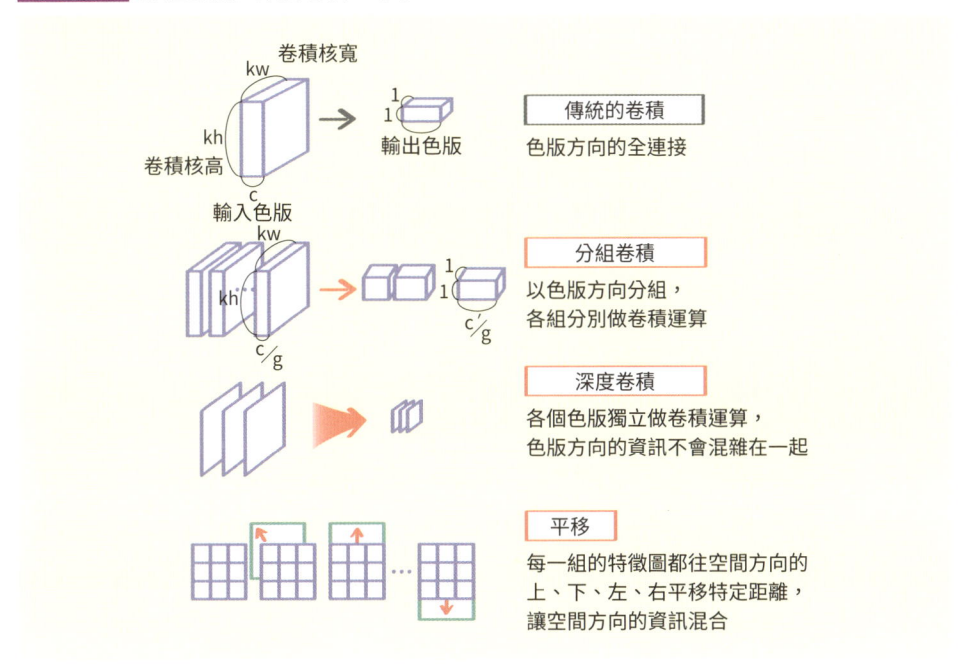

傳統的卷積
色版方向的全連接

分組卷積
以色版方向分組，
各組分別做卷積運算

深度卷積
各個色版獨立做卷積運算，
色版方向的資訊不會混雜在一起

平移
每一組的特徵圖都往空間方向的
上、下、左、右平移特定距離，
讓空間方向的資訊混合

● ……… **分組卷積運算**

　卷積運算使用的卷積核（3×3、5×5 等等）只在空間方向上局部連接（只有核內的神經之間有連接），但色版方向全部連接在一起。如果使用 1×1 的卷積核，就相當於在空間方向沒有連接，但在色版方向做全連接。

　和全連接層不同的是，各個位置的權重參數是共用的。以 1×1 尺寸的卷積核來說，假設輸入的色版數是 $c$，輸出的色版數是 $c'$，就會有 $cc'$ 個參數，使用同樣的參數在所有的位置平行處理。

　可是，網路後半段幾個層的色版會增加到數百、數千個，就算卷積核的尺寸非常小，參數數量也會多達數萬甚至數百萬。

　為了降低參數數量和計算量，便出現另一種卷積運算的設計，稱為 **分組卷積**（grouped convolution），把所有色版分成幾個大小相同的群組，將色版之間的連接限縮在各個群組之內 **圖 5.13**。在 ResNet 中使用分組卷積的模型，又特別被稱為 **ResNeXT**。

**圖 5.13**　傳統的卷積層與分組卷積層

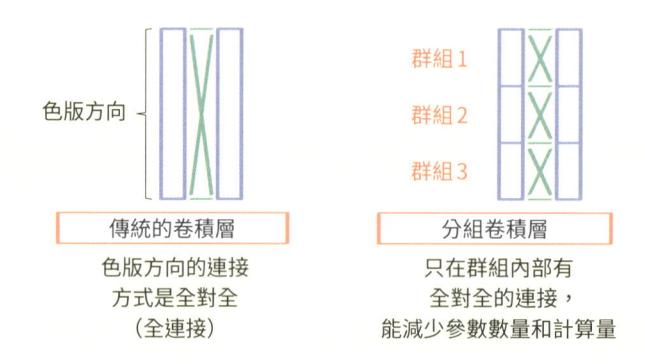

傳統的卷積層：色版方向的連接方式是全對全（全連接）

分組卷積層：只在群組內部有全對全的連接，能減少參數數量和計算量

　　舉例來說，假設卷積核的尺寸是 $k \times k$、輸入和輸出的色版數都是 $c$，原本會需要 $k^2 c^2$ 個參數。不過如果把色版分為 $g$ 個群組使用分組卷積運算，每組內的色版就是 $c/g$ 個，每個色版只會和 $c/g$ 個色版連接。因為總共有 $g$ 組，所有參數數量合計就是 $k^2 \times (c/g) \times (c/g) \times g = k^2 c^2 / g$ 個。和使用一般卷積的 $k^2 c^2$ 個比起來，分組卷積將參數數量減為原本的 $1/g$。雖然會犧牲表現力，但實驗結果顯示依然能保持準確率。

　　而且，分組卷積還有助於提升普適能力[19]。研究認為這是因為各群組分開計算後再組合，達到集成的效果。

　　現在的許多深度學習框架都可以在卷積層用引數指定群組數量，只要設為大於 1 的整數就能使用分組卷積。

● **色版重組**　解決分組卷積的問題

　　使用分組卷積的問題在於不同群組之間的資訊沒有辦法交換。針對這個問題，可以將特徵圖依照事先決定的順序「洗牌」，也就是**色版重組**（channel shuffle）。原本在各個色版的資訊可以由跳躍連接傳遞並混合。

---

註19　●參考：S. Xie et al.「Aggregated Residual Transformations for Deep Neural Networks」（CVPR, 2017）

色版重組沒有任何需要學習的參數，只要把固定的重組順序記下來就可以了。另外，色版重組也是可微分的運算（誤差可以延著反向的重組順序傳播）。

### ● 深度卷積運算

卷積運算也可以只連接同一個色版，這樣的卷積就稱為 **深度卷積**（depth-wise convolution）。

分組卷積運算中，也可以把群組的數量設為和色版數量相同，也就是每個色版都獨立為一組。在這種設定下，色版方向的資訊完全不會互通，所以後續一定要加上 1×1 的卷積運算（色版方向的全連接層）或是色版重組。

傳統的卷積層在卷積核為 $k \times k$、輸入輸出的色版數都是 $c$ 時會有 $k^2 c^2$ 個參數，使用深度卷積就會變為 $k^2 c$ 個。

### ● 平移

深度卷積運算不會混合色版方向的資訊，只混合空間方向的資訊，並能大幅減少參數數量。**平移**運算[20]更將這個概念推展，把色版分組後，每個群組的特徵圖都往上、下、左、右不同方向移動特定距離，混合空間方向的資訊。這個操作中沒有需要學習的參數。

色版群組的平移是計算量很少的運算，但卻會佔用大量的記憶體頻寬，導致計算成本非常高。這是因為現在的電腦通常會發生記憶體瓶頸的問題。

> **記憶體瓶頸** *Note*
> 記憶體瓶頸是指，由記憶體將輸入資料傳到電腦處理器的速度過慢，限制了整體的運算速度。

---

註20 ● 參考：B. Wu et al.「Shift: A Zero FLOP, Zero Parameter Alternative to Spatial Convolutions」（CVPR, 2018）

這個問題可以用**位址平移**（address shift）[註21]來解決，也就是將指向特徵圖資料本體的位址指標（address pointer）加上偏移（offset），藉由位址的移動來實現特徵圖的平移。這種做法不需要移動記憶體內的資料，可以避開記憶體瓶頸，大幅改善實際的運算時間。

### ● 其他卷積運算　　擴張卷積、變形卷積

卷積運算只會連接**在空間上鄰近的區域**，無法使用遠處的資訊。這種性質對於影像的語意分段這類需要影像整體資訊的題目而言，是個不小的問題。

擴張（dilated）卷積，又稱為空洞（atrous）卷積，是以 $k$ 為間隔連接到遠處的卷積做法。若 $k=2$，就是用卷積核以每兩格空一格的方式聚合資訊。以 2 的倍數，也就是 $k=2, 4, 8, 16$ 為間隔來疊加擴張卷積，就可以把距離 $N$ 的資訊用 $\log_2 N$ 層卷積聚合起來。

變形（deformable）卷積則是以學習來決定要從哪些位置蒐集資訊。一開始先用一般的卷積層，從輸入得出偏移值，之後就用套用偏移值的卷積來進行轉換。對基於注意力機制的影像辨識而言，也可以把這個偏移值當作是由鍵 / 查詢的相似度決定的。

---

註21・參考：Y. He et al.「AddressNet: Shift-Based Primitives for Efficient Convolutional Neural Networks」（WACV, 2019）

## 5.2 語音辨識

和影像辨識一樣，深度學習也幫助語音辨識大大提升了準確率，應用範圍也因此大幅擴張。本節會介紹語音辨識的基礎，以及 LAS 語音辨識模型。

### 語音辨識的 3 步驟

語音辨識（speech recognition）是指從麥克風等設備收錄的波形資料中推測出語音資訊的技術。語音辨識由 3 段流程所構成：**語音前端**、**聲學模型**、**語言模型** 圖 5.14 。

圖5.14　語音辨識的基本流程

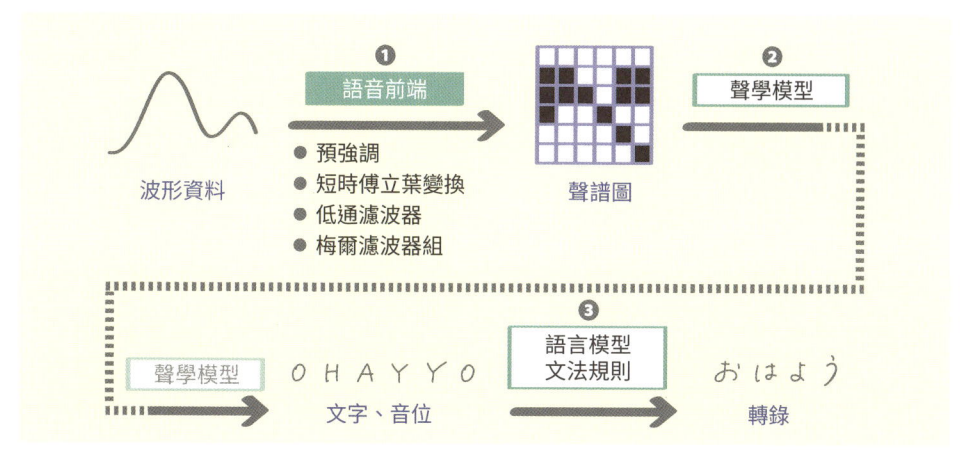

### ［流程 ❶］語音前端

第 1 步的語音前端（frontend）會從波型資料裡萃取出特徵量。先經過預強調（pre-emphasis）強化波形的特徵後，使用短時傅立葉變換（short-time Fourier transform）將訊號轉為聲譜圖（spectrogram），顯示聲波在各時間

與頻率的強度。再來套用低通濾波器（low-pass filter），保留語音所在的低頻部分，過濾掉高頻的環境音和雜訊。最後因應人類聽覺的特性，加上梅爾濾波器組（mel filter bank），隨頻率的增加減少抽樣數。

● ……[步驟 ❷] 聲學模型

第 2 步的聲學模型會將萃取出的特徵量轉換為**音位**（語言中最小的語音單位），最後轉換為文字。也有一些做法不會經過音位，直接轉成文字。

在其他技術中，也有需要在序列資料上標註序列標籤的情況。雖然聲學模型也可以看成類似的需求，不過語音資料的特性會讓這個步驟特別困難。不同文字和音位對應的時間長度會有很大的差異，就算是同樣的文字和音位，也會因為說話的人、說話的環境和前後文而影響長度。像是許多標籤對應到一個文字的狀況就會需要特殊的處理。

● ……[步驟 ❸] 語言模型

第 3 步是語言模型。語言模型會依據語言意義（semantics）和使用方式（pragmatics）上的合理性，對輸入的字串評分，正確的字串就評予高分，錯誤的字串則評予低分。這些分數會用來評估聲學模型得出的候選答案，決定最終的結果。

> **Note**
>
> **語言模型**
>
> 　語言模型是用來預測指定字串的出現機率的模型，通常會做成從前後文預測中間詞彙或後續詞彙的自迴歸模型。
>
> 　實際的例子有 N-gram-based 模型，這是以文本中連續 n 個文字構成的「子字串」的統計數據來預測的模型；還有使用長短期記憶或 Transformer 的模型。過去語言模型通常用在語音辨識和機器翻譯，近年則在學習自然語言表達的領域廣受矚目，像是最熱門的 GPT-X。請參考下一節的說明。

## 神經網路與語音辨識

神經網路現在已經大量用於語音辨識技術，不過當時並不是 3 個步驟都同時引入神經網路。

最開始是把聲學模型替換成基於 RNN 或 CNN 的做法，再來語言模型也從過去的 N-gram-based 模型換成使用長短期記憶等技術的模型。現在很多語音前端還是使用傳統做法，不過也出現直接把輸入的波形資料交給神經網路處理的方式，從最初的波型資料到最後轉錄成文字都是由神經網路來實作。

---

### Column

### 語音辨識的損失函數
**CTC、RNN-T**

語音辨識會使用 CTC（connectionist temporal classification，連結時序分類）[a] 和 RNN-T（RNN-transducer）[b] 作為損失函數。

語音辨識的網路需要對每個輸入的訊號框（frame）輸出各個文字的對應機率。不過在訓練資料中，通常不會提供每個訊號框和文字的對應關係。也因此，會設計為把很多組候選答案都當作成功對應到正確的轉譯文字。

而且語音之中還會有代表空白的輸出，也就是不對應到任何文字的部分。這是為了把字與字之間無意義的聲音都納入模型中，並區分出多餘的重複部分。

語音辨識的所有可能結果會表示為一個圖（graph，此處是指一種資料結構，並非實際圖形），候選答案則表示為圖上從起點到終點的特定幾條路徑（path）。舉例來說，假設正確的字串是「cat」，那麼只要是符合正規表達式「@\*c+@\*a+@\*t+@\*」的路徑都可以算是正確答案。這裡的 @ 代表空白，\* 代表前一個字 @ 出現 0 次或任意多次，+ 則代表至少出現 1 次的任意多次。像 @@caa@@ttt@ 這樣的字串就符合上述的正規表達式，也就是其中一組正確答案。

[a] 參考：A. Graves et al.「Connectionist Temporal Classification: Labelling Unsegmented Sequence Data with Recurrent Neural Networks」（ICML, 2006）
[b] 參考：A. Graves「Sequence Transduction with Recurrent Neural Networks」（ICML, 2012）

設所有符合正規表達式的路徑所組成的集合為 $G$、$\pi = \pi_1, \pi_2, ..., \pi_T \in G$ 為路徑裡的文字。例如某路徑是 $\pi=$"cc@attt@@"，那麼其中的文字就是 $\pi_1=c$、$\pi_2=c$、$\pi_3=@$ 依序定義。

若輸入為 $\mathbf{x}$，CTC 損失函數就可以用 $\mathbf{x}$ 和 $G$ 定義如下：

$$\text{CTC}(\mathbf{x}, G) = -\log \text{add}_{\pi \in G} f_\pi(\mathbf{x})$$

其中的 log add 是「LogSumExp」運算，是在對數空間上做加法計算後再以指數運算轉換回原本的空間。例如有兩項元素時，$\log \text{add}(a, b) = \exp(\log(a) + \log(b))$，3 項元素以上則以此類推。

這個式子可以求出正確答案路徑的對數概度總和的最大值。CTC 最大的限制就是，以輸入 $\mathbf{x}$ 做為條件時，生成的每個文字都會假設與之前生成的文字是獨立關係。以數學式來表示，就是 $p(y_t|x, y_{<t}) = p(y_t|x)$。

在這個假設之下，CTC 可以很有效率地以動態規劃計算對數概度的總和。在條件隨機場（conditional random field，CRF）也能看到像這樣的計算。不過由於先前生成的字串並不在條件之中，大大限制了表現力。

RNN-T 為了解決這個問題，設計了將過去的輸出 $y_{<t}$ 做為條件來生成後續輸出的模型（$p(y_t|x, y_{<t})$）。如果生成的文字是空白以外的文字，就把輸出文字平移一個字；反之如果生成出空白，就把輸入的訊號框平移一個字。在隱藏式馬可夫模型（hidden Markov model）等處會使用的「前向式/後向式動態規劃」可以運用在這裡，快速求出各個參數的梯度。

## LAS 語音辨識

語音辨識的實作方式有許多種，這裡介紹其中一項經典的做法：LAS（listen attend spell）[註22] 語音辨識模型。LAS 以語音波形的特徵向量作為輸入，輸出轉錄的字串，可以做到端對端（end-to-end）的學習。

---

註22 參考：W. Chan et al.「Listen, attend and spell: A neural network for large vocabulary conversational speech recognition」（ICASP, 2016）

## LAS 的基礎知識

輸入的部分，是以對數梅爾濾波器組轉換過的波形資料。輸入的語音波形資料會分段以梅爾濾波器組轉換，例如以 25 毫秒的滑動框、每次滑動 10 毫秒，轉換為特徵向量 $\mathbf{x}=x_1, x_2, ..., x_T$。每個 $x_i$ 都由數十個維度的特徵量所組成。

輸出 $\mathbf{y}=(<sos>, y_1, y_2, ..., y_s, <eos>)$ 是由 $y_i \in \{a, b, c, ..., z, 0, ..., 9\}$ 這樣的文字和數字構成的。<sos>、<eos> 分別表示起始記號和終止記號。LAS 跳過以往語音辨識使用的音位過程，直接輸出文字。

多數語音辨識的訓練資料都只有以句子為單位的轉錄，並沒有提供語音和文字的詳細對應關係（alignment，對齊）。因此，在學習及辨識的過程中，也必須一併解決對齊的問題。輸入 $\mathbf{x}$ 對輸出 $\mathbf{y}$ 的條件模型 $P(\mathbf{y}|\mathbf{x})$ 可以當作語音辨識的機率模型。每個輸出都是以輸入和過去的輸出作為條件來生成的。

$$P(\mathbf{y}|\mathbf{x}) = \prod_i P(y_i|\mathbf{x}, y_{<i})$$

這裡的 $y_{<i}$ 代表 $y_1, y_2, ..., y_{i-1}$。

LAS 是由 Listener（聽覺模組）和 Speller（注意與拼寫模組）這兩個模組所構成 圖 5.15。

圖 5.15　LAS

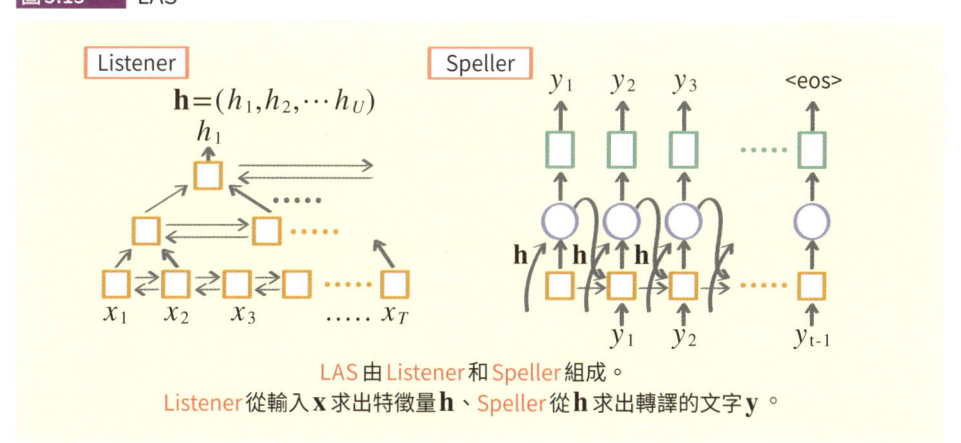

LAS 由 Listener 和 Speller 組成。
Listener 從輸入 $\mathbf{x}$ 求出特徵量 $\mathbf{h}$、Speller 從 $\mathbf{h}$ 求出轉譯的文字 $\mathbf{y}$。

Listener 模組會從輸入 **x** 求出特徵量 **h**=$(h_1, h_2, ..., h_U)$。這個特徵量 **h** 的長度 $U$ 會變得比原本的輸入長度 $T$ 還要小（$U \leq T$）。

$$\mathbf{h} = \text{Listener}(\mathbf{x})$$

再來，Speller 模組會用求得的特徵量 **h** 來計算出輸出 **y** 的機率分布。

$$P(\mathbf{y}|\mathbf{x}) = \text{Speller}(\mathbf{h}, \mathbf{y})$$

來更仔細的看看這兩個模組的運作方式吧。

## Listener

Listener 內部使用的是雙向的 LSTM（bidirectional LSTM, BLSTM）。這是由 $i=0 \ldots T$ 的順向 RNN 和 $i=T \ldots 0$ 的逆向 RNN 組成。然後，每一層的每個狀態都是由前一個隱藏狀態和下層中順向和逆向的狀態組合後計算而來。許多語音辨識和機器翻譯都會使用 BLSTM 模型。

LAS 的 Listener 修改了 BLSTM，使用金字塔形的雙向 LSTM（pyramidal BLSTM, pBLSTM），也就是以下層的兩個狀態來對應上層的一個狀態。若第 $j$ 層的第 $i$ 個狀態表示為 $h_i^j$，那各狀態的決定方式就是：

$$h_i^j = pBLSTM(h_{i-1}^j, [h_{2i}^{j-1}, h_{2i+1}^{j-1}])$$

有點類似於步長為 2 的卷積層，pBLSTM 的序列長度每往上一層就會減為 1/2。LAS 使用 3 層的 pBLSTM，當輸入的序列長度為 $T$，最後留下的長度會是 $U=T/2^3=T/8$。序列的長度縮短，上層的狀態就能收到更廣範圍的輸入。各個狀態所能收到的輸入範圍稱為 **接受域**（receptive field），所以也可以說 pBLSTM 能擴大上層狀態的接受域。每 10 毫秒的輸入對應到一個 $x_i$，若總共有 10 秒的輸入就是 $T=1000$，在 LAS 的 Listener 處理後得到的特徵量就是 $U=125$，每個 $h_i$ 會對應到 80 毫秒的輸入範圍。

縮短整體序列的長度（語音辨識的特徵圖在空間方向只有 1 個維度，也就是縮短這個維度的大小），也會有助於簡化後續使用注意力機制的問題。

## Speller

再來說明 Speller。

首先要用前一個語境向量 $c_{i-1}$ 和前一個狀態 $s_{i-1}$，再加上前一個生成的字串 $y_{i-1}$，代入 RNN 求出狀態 $s_i$。

$$s_i = \text{RNN}(s_{i-1}, y_{i-1}, c_{i-1})$$

接著使用 AttentionContext 求出語境（context）向量 $c_i$。==語境向量是以注意力機制讀取 Listener 計算出的資訊 h 與當前的狀態 $s_i$ 所得出==。AttentionContext 會先由現在的狀態 $s_i$ 和某個時間點的資訊 $h_u$ 得出純量 $e_{i,u}$。

$$e_{i,u} = \langle \phi(s_i), \psi(h_u) \rangle$$

其中的 $\phi$（phi）和 $\psi$（psi）都是 MLP，也就是全連接層組成的神經網路。然後以 Softmax 轉換為機率分布 $\alpha$。

$$\alpha_{i,u} = \frac{\exp(e_{i,u})}{\sum_{u'} \exp(e_{i,u'})}$$

最後根據機率分布 $\alpha$，以 $\alpha_{i,u}$ 讀取各個 $h_u$，求出 $c_i$。

$$c_i = \sum_u \alpha_{i,u} h_u$$

以上求語境向量 $c_i$ 的過程可整理為下式。

$$c_i = \text{AttentionContext}(s_i, \mathbf{h})$$

最後用狀態 $s_i$ 和語境向量 $c_i$ 預測接下來文字的機率分布。

$$P(y_i|x, y_{<i}) = \text{CharacterDistribution}(s_i, c_i)$$

以上介紹的模型可以推算出由輸入 **x** 生成輸出 **y** 的機率 $P(\mathbf{y}|\mathbf{x}) = \prod_i P(y_i | \mathbf{x}, y_{<i})$。

至於學習方式的實作，則是推算讓正確答案的輸出序列 $\mathbf{y}^*$ 的概度達到最大值的參數。

$$\max_\theta \sum_i \log P(y_i^* | \mathbf{x}, y_{<i}^*; \theta)$$

## 處理學習與推論分布不同的情況

前面有提到，把整體的概度分解為條件概度時，若把正確答案的輸出序列用在各個條件會導致問題發生。這是因為**學習時**只會在正確答案序列的附近學習，但**推論時**可能會根據錯誤的結果來進行條件推論。如果學習時和推論時的條件分布有很大的差異，就會嚴重降低性能。這種關於結構化輸出的問題也稱為「exposure bias」[註23]。

想要解決這個問題，就必須確保學習時即使出現稍微偏離正確答案的序列，也可以準確做出預測。例如 LAS 只有 90% 的取樣來自正確解答的序列，剩下 10% 取樣來自模型推論的文字分布。

---

[註23] 參考：M. Ranzato et al.「Sequence Level Training with Recurrent Neural Networks」(ICLR, 2016)

## 推論

最後,推論就是要找出在輸入的條件下機率最高的輸出序列。在分類問題中,可以將全部類別的機率都列舉出來,找出最大的機率就好;但語音辨識的可能路徑非常多,就計算量而言不可能把全部的序列都列舉出來。

$$\hat{y} = \arg\max_{y} P(y|x)$$

如果每個狀態都依附於上一個狀態和當下的輸入,那就可以在圖的邊上設定分數,用動態規劃來快速求出最佳解(維特比解碼器 / Viterbi decoder)。

不過在這個情況,每個狀態是依附於過去的所有狀態,所以無法使用動態規劃法,需要改用只能求近似解的定向搜尋(beam search)。這個演算法會在所有可能的下一個文字中留下最適合的 $\beta$ 個候選,再重覆執行這個程序。雖然無法保證找出最佳解[註24],但在經驗上經常能找到還不錯的結果。

另外,語言模型的重新排序(reranking)也可以用來改善準確度。語言模型是一種機率模型,會對給定的文字 $y$ 輸出概度 $P_{LM}(y)$。

語言模型和語音辨識模型不同,可以使用大量的文本作為學習資料。前面提到語言模型在過去是使用 N-gram-based 模型,不過現在也會使用神經網路。

透過這個模型,使用條件機率 $\log P(y|x)$ 和語言模型 $\log P_{LM}(y)$ 得出的下一次的分數 $s(y|x)$,就可以將候選的答案重新排序。

$$s(y|x) = \frac{\log P(y|x)}{|y|_c} + \lambda \log P_{LM}(y)$$

LAS 由於結構單純與性能優異,受到廣泛的使用。

---

註24 假如最佳解在前半段的分數特別低,就會在搜尋途中被捨棄、不列入候選。

## 5.3 自然語言處理

第 5 章最後的應用範例是自然語言處理（natural language processing, **NLP**）。NLP 指的是以電腦來處理語言資訊的技術。NLP 領域中有各式各樣的題目，這裡以其中特別具代表性，用於判斷輸入文本含意的「語言理解」作為說明範例。

### 語言理解　利用語料庫「預先學習」

語言理解（language understanding）藉由使用大型文本資料（稱為 corpus，語料庫）來預先學習（pretraining），獲得了顯著的成果。

在影像辨識領域中，用 ImageNet 這種大型資料集來做監督式學習的模型經常會當作完成預先學習的模型，在其他學習項目作為初始值來使用。

自然語言處理和語音理解也一樣，可以用**大量的語料庫**來進行**預先學習**，學會從前後文預測單字、句子或段落，再以學習結果作為初始值或字典，用於更多其他類型的問題。像是 **word2vec** 和 **GloVe** 等技術都是使用這種方式。在這些地方，**單字會被神經網路轉換為能反映文字相關性的高維度嵌入向量**（編註：語意相似的字詞在向量空間中的距離會比較近）。在處理預測單字這類問題時，就可以得知單字、句子和段落分別對應到什麼嵌入向量。

而且還不只能用來轉換成嵌入向量。模型學會從前後文預測下一個單字之後，還可以用**學習後的模型**對各種不同的項目進行**微調**（fine-tuning），讓這些項目達到更高的準確度。

## BERT　推測遮住的單詞

這裡要介紹的是名為 BERT（bidirectional encoder representations from transformers，transformer 雙向編碼器表示法）[註25] 的技術 圖5.16。BERT 使用「預先學習」來學習語言特徵，在當時大幅刷新了許多語言理解項目的最高準確度紀錄，為語言處理技術的實用化帶來急遽發展。在那之後又有許多 BERT 的變體和相似的手法（例如後面會介紹的 GPT-3），持續改進語言處理的性能。

### BERT的模型學習

BERT 訓練模型的方式如下所述。首先，在語料庫裡連續的句子之間加入分隔 token，把全部的句子連接成一個很長的句子，作為輸入的資料。再來，隨機挑出句子裡的一部分單字（例如 15% 的單字），替換成遮罩 token，然後學習推測這些被遮住的單字。這個學習題目的正確答案不需要任何成本就能取得（就是被遮掉的單字），因此可以使用大量的、沒有註釋答案的文本資料來學習。

圖5.16　BERT

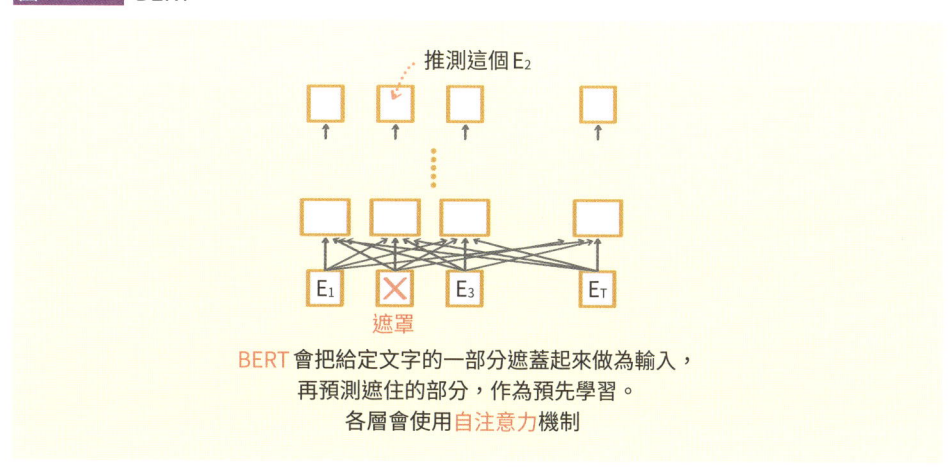

BERT 會把給定文字的一部分遮蓋起來做為輸入，再預測遮住的部分，作為預先學習。
各層會使用自注意力機制

註25 參考：J. Devlin et al.「BERT: Pre-training of Deep Bidirectional Transformers for Language Understanding」（ACL, 2019）

像這樣的問題就是在國文、英文等考試也會見到的填空題。若要準確答題，就不能只注意空格前後的單字，而是要掌握句子整體的主題，瞭解其中包含什麼資訊、欠缺什麼資訊、該用什麼單字來表達缺少的資訊。

在學習解答填空題的同時，神經網路就順便學會了如何理解文本。之後要用這個預先學習過的模型來處理其他題目時，就會把模型最後預測單字的部分（神經層）去掉，再接上各種題目需要的網路（神經層），再用監督式學習微調整體的參數。

### ● 學習「學習與推論時不一致的分布」

把 BERT 用在別的題目時要注意，預先學習的輸入分布和其他題目可能不同。預先學習的時候會將句子的一部分遮起來作為輸入，但後續題目會輸入完整的句子來做預測，兩種輸入分布將會無法對應。

為了避免這個問題，本來在預先學習時會加上遮罩的推測對象需要做一些調整：一小部分的單字不加上遮罩、保持原樣，還有一些單字則隨機替換成別的單字。研究發現這麼做可以減少輸入分布不同的狀況[註26]。

### ● 立功無數的 BERT

BERT 這個模型使用的是稱為 **Transformer** 的自注意力機制（只有使用 Transformer 的解碼部分）。

學會從前後文的脈絡來做出推測後，這樣的成果就可以有效運用在眾多題目上。那麼，究竟為什麼 BERT 可以獲得如此的成功呢？

---

註26 參考：J. Devlin et al.「BERT: Pre-training of Deep Bidirectional Transformers for Language Understanding」(ACL, 2019)

### ●········ [ BERT 的特徵 ❶ ] 自注意力機制可大幅提升表現力

第一是 **Transformer 的使用**，使用 Transformer 就可以自由地從周圍的單字搜集資訊。分析**自注意力機制**在過程中會使用哪些位置的資訊後，發現在嘗試理解特定部分時會取用非常遙遠的資訊。這是過去的全連接層（參數的數量會過多）和卷積層（接受域很小）都無法辦到的。而且，自注意力機制還有一個特點是很容易提升模型的表現力，因為注意力機制可以讓模型針對不同問題進行特化。

語言處理需要**非常強大的表現力**，而自注意力機制正好就符合這個需求。

### ●········ [ BERT 的特徵 ❷ ] 由前後文脈絡深入理解句子

第二點是推測時會觀察**前後文的脈絡**。在過去一直都知道，可以藉由推測下一個出現的單字來訓練所謂的語言模型，學會有效的特徵。前面介紹的 word2vec 等等就是這樣實作的。

語言模型可以視為一種生成模型，將單字序列的的聯合機率表示為每個單字以先前的單字作為條件來生成的條件機率的乘積。「學習生成模型（對數概度的最大化）」這樣的明確目標，受到研究社群的廣泛支持。

相對的，BERT 可以在推測時觀察前後文的脈絡，無法以生成模型來解釋，而且還是以「把隨機遮住的單字復原」這種人工任務來學習特徵。

**運用前後文資訊**這一點，對於語言理解而言有非常重要的意義。人類在閱讀遇到困難時，也會看看前面、看看後面，或是去讀其他部分。理解文章時並不一定要完全照著由前往後的順序，在各個段落交替著仔細閱讀反而更能加深思考。同樣道理，BERT 的模型可以自由運用前後文的資訊，以自注意力機制逐次改善當前習得的特徵，在所有位置改進對句子整體的理解，藉此讓理解更加深入。

## [ BERT 的特徵 ❸ ] 利用大量的語料庫預先學習

第三點則是使用前所未有的**巨大資料**和**巨大模型**。由於文本資料的總量非常充足，如果不用標記監督學習所需要的標籤，那可說是有無盡的資料可使用。可用於學習的文本量遠遠超過人類一生可以閱讀的文字。前面也有提到，使用 Transformer 的模型可以顯著提升表現力。

要使用這麼大的資料和模型的話，準備好一個方便測試的運算環境就顯得非常重要。近期最先進的模型中，有許多都用了數千個 GPU、訓練數個月來完成。以此預先學習的 BERT 模型，就能解決非常多不同的題目。

另外，很多語言理解的題目都可以視為句子對句子的轉換問題。只要在指令中加入針對特定題目的問題，神經網路就可以改變輸出的結果、以指定的題目做為回應。例如文本情感分析（判斷句子的情緒是正面或負面）、改寫句子、判斷語意相似度、消除單字歧意、回答問題，和原本把各種題目分開處理的做法比起來，大幅改善了準確度。

## GPT-2 / GPT-3

和 BERT 相同，GPT-2[註27] 和 GPT-3[註28] 也**使用大量的語料庫進行預先學習，只需要少量的監督式學習資料就能學會許多功能**。GPT-2/3 使用語言模型（自迴歸模型），以輸入的前後文學習預測下一個單字，再從中得出需要的特徵。

---

**註27** 參考：A. Radford et al.「Language Models are Unsupervised Multitask Learners」（OpenAI Blog, 2019）
**註28** 參考：T. B. Brown et al.「Language Models are Few-Shot Learners」（NeurIPS, 2020）

GPT-3 使用的資料集和模型遠大於過去的任何研究，也投入了大量的運算資源。在 GPT-3 使用的自迴歸模型，其對數損失（Log-Loss，也稱為交叉熵損失）與投入的學習資料量、運算資源量、模型尺寸等會呈現指數關係，而用這些得出的特徵進行的後續訓練，又與其對數損失有強烈相關性[註29]。GPT-3 也確實獲得了過去未曾達到的強大普適能力。

而且，GPT-3 還非常擅長**條件生成**，只需要少量訓練範例，某些情況甚至不需要範例，就可以學會新的項目。除了自然語言處理之外，影像辨識等領域也有一樣的現象。

這些成功都象徵著我們即將迎向一個新的時代，預先訓練可以使用更大的資料集，之後只需要極少量的訓練範例或指令就可以學會新的項目。

## 5.4 本章小結

本章的開頭介紹了神經網路**影像辨識**的重要案例，**AlexNet**、**VGGNet**、**Inception**、**ResNet**、**SENet**。再來以 **Mask R-CNN** 為實際範例，說明了**影像檢測**和**語意分段**。**影像辨識的加速**則是以**分組卷積**、**深度卷積**和**平移**為例來說明。

第 2 節介紹了**語音辨識**的整體流程，實作則是以 **LAS** 作為範例。

第 3 節**自然語言處理**的部分，則是介紹了 **BERT** 的預先學習與 **GPT-3**。

---

[註29] 參考：J. Kaplan et al.「Scaling Laws for Neural Language Models」（arXiv:2001.08361）
參考：T. Henighan et al.「Scaling Laws for AutoRegressive Generative Modeling」（arXiv:2010.14701）

# 附錄 A

# 精選基礎

## 深度學習所需的數學概念

本附錄是在閱讀本書時會派上用場的數學知識。雖然不需要瞭解這些知識也可以讀懂本書，但若能在這些基礎之上閱讀，應該可以理解得更加透徹。

這裡介紹的內容包含線性代數、微分和機率。這 3 者作為處理資料的重要工具，是機器學習和深度學習原理中的重要概念。

**線性代數**是**處理多個變數之間關係**的必要道具。機器學習必須處理從輸入到輸出之間的各種函數，而處理這些函數所需要的就是線性代數。

**微分**是機器學習**進行最佳化的關鍵**，而最佳化又可說是機器學習之中的**學習引擎**。這節會從基礎的微分含義開始說明，延伸到多變數函數、合成函數的微分，以及與線性代數的關係。

**機率**是**用資料做出推測**的必要工具。機率與線性代數、微分是互相獨立的主題，也可以先閱讀機率的部分沒有問題。用訓練資料推測出模型、用輸入推測出輸出結果，在這些推測的過程中，若能明白機率的概念，就能瞭解得更加深入。

# A.1 線性代數

這裡會講解可以表示「多個變數之間的關係」的線性代數。

機器學習或深度學習會使用「函數」來預測答案，函數中會處理由許多值組成的「輸入」。例如影像的輸入就會被視為由許多像素值排列而成。轉換這些輸入的時候，就會用到線性代數。

首先要介紹的是用來表示多個變數的工具：向量、矩陣和張量。

## 純量、向量

**線性代數**（linear algebra）可以處理**多個變數之間的關係**。為此需要先準備多個變數的表示方法。

**純量**（scalar）代表的是單一的值或變數。一般來說，小寫字母 $x$、$y$ 用來表示變數，大寫字母 $M$、$N$ 則是常數。純量可以用來表示溫度、身高這種「單一的量」。

**向量**（vector）是將純量集中排列而成的，以下列方式表示。

$$\mathbf{x} = [x_1, x_2, x_3]$$
$$\mathbf{y} = [y_1, y_2, \ldots, y_n]$$
$$\mathbf{x} = \begin{bmatrix} x_1 \\ x_2 \\ x_3 \end{bmatrix}$$
$$\mathbf{y} = \begin{bmatrix} y_1 \\ y_2 \\ \vdots \\ y_n \end{bmatrix}$$

$n$ 個數組合而成的向量就稱為「$n$ 維向量」，例如 3 個值組成的就是 3 維向量。

另外，對陣列和張量來說，排列數值的「形狀」非常重要，這在後面會再說明。用來表示這個形狀的數列在 NumPy 等函式庫稱為 **shape**。像是 3 維陣列的 shape 就是 (3)。shape 的數列會表示為 tuple 的形式[註1]。後面提到由值組成的形狀時，也會以 Numpy 的 shape 來表示。

為了和純量做出區隔，向量會寫為粗體的 **x**。

向量可以用來集中處理多個純量。例如要表示 3 維空間的座標時，就可以把 3 個純量集中起來表示為 **x**=($x, y, z$)，以向量的方式集中處理 3 個值。這麼一來如果需要把所有值都乘以 3，就可以簡潔地寫為 3**x** 就好。

向量常用來表示座標、方向、力等等，但向量並不是只能用在這些物理量。例如全日本 47 都道府縣的氣溫就可以用 47 維的向量 **x** 來表示，若要計算某日的氣溫 **x**$_1$ 與隔天的氣溫 **x**$_2$ 的差值，就可以簡潔表示為 **x**$_1$-**x**$_2$。

● ──── **行向量與列向量**

向量可以把值排為縱向或橫向，據此分為兩種不同類型。把值排為橫向的稱為**列向量**（row vector），排為縱向的則是**行向量**（column vector）。只處理純量和向量的時候，行向量和列向量並沒有什麼差異，後面說明矩陣和張量的部分才會提到區分兩者的重要性。

在數學和機器學習領域中，只要沒有特別指定，一般來說都是使用「行向量」。本書提到向量時，預設也是指行向量。

## 矩陣

矩陣（matrix）是將值縱向和橫向排列為長方形，表示方式如下。

$$\mathbf{X} = \begin{pmatrix} x_{11} & x_{12} \\ x_{21} & x_{22} \\ x_{31} & x_{32} \end{pmatrix}$$

---

註1　Python 若要以 1 個元素建立 tuple，必須像 (3,) 這樣在後面加上逗號。

矩陣的形狀以列和行來表示。像是上方的矩陣就有「3 列 2 行」，shape 是 (3, 2)。

矩陣也可以看作是同樣尺寸（size）[註2]的多個向量排列而成。舉例來說，上面的矩陣就可由 2 個 shape 為 (3) 的行向量橫向排列組成。

另外，也可以用矩陣整合向量的資訊。以前面提到的日本各地氣溫為例，若蒐集 47 都道府縣連續 365 天的氣溫，那就可以表示為 shape 是 (47, 365) 的矩陣。

矩陣可用 **W**、W 這樣的大寫字母來表示。

## 張量

張量（tensor）是純量、向量、矩陣的廣義概念。

向量是由純量在 1 維的方向排列組成，而矩陣是由相同 shape 的向量並排、擴張到 2 維的方向。同樣的，shape 相同的矩陣也可以並排、擴張到 3 維的方向。

如此反覆操作，就可以把值推展到 4 維、5 維等無限多的維度，這些堆疊起來的值就稱為「張量」。

張量和矩陣一樣，可以用 **X**、X 這樣的大寫字母表示。

### 「$m$ 階」張量

普遍上，把值排列在 $m$ 維方向上組成的張量就稱為「$m$ 階張量」。前面提到的純量、向量、矩陣，在廣義上都屬於張量，純量是「0 階張量」、向量是「1 階張量」、矩陣是「2 階張量」。

$m$ 階張量的 shape 可以設為 (5, 10, ..., 2) 這樣的 $m$ 個值，而 $m$ 階張量的各個元素都可以用 $m$ 個索引來指定。例如 3 階張量的各元素就可以用 **X**[$i, j, k$] 來存取。這裡和程式語言一樣，索引從 0 開始計算。

---

註2　對向量而言，尺寸和 shape 是相同的概念。

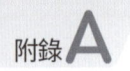

某些程式語言支援**多維陣列**，這和張量的概念是相同的。向量是 1 維陣列、矩陣是 2 維陣列、$m$ 階張量就是 $m$ 維陣列。

在存取元素的索引中，第 $i$ 個索引就稱為「第 $i$ 軸」。前面範例的 3 階張量之中，$i$、$j$、$k$ 就分別是存取第 1 軸、第 2 軸、第 3 軸。

張量的常見範例是數位彩色影像。影像必須記錄每個像素的 3 原色（紅、綠、藍）分別的值，每個顏色值的範圍是 0～255。例如 3 個值是 (255, 255, 255) 會呈現為白色、(255, 0, 0) 會呈現紅色。

假設影像寬度為 $W$ 個像素、高為 $H$ 個像素，那整個影像就能表示成 shape ($W$, $H$, 3) 的 3 階張量。這時第 1 軸就是寬、第 2 軸是高、第 3 軸則是指定顏色。至於 **X**[120, 60, 1] 表示的就是（注意索引是從 0 開始）寬 120+1、高 60+1 的綠色像素值。

Shape 為 ($s_1$, $s_2$, ..., $s_m$) 的 $m$ 階張量，會包含 $s_1 \times s_2 \times ... \times s_m$ 個元素。

## 四則運算

再來說明向量、矩陣、張量的四則運算。向量、矩陣、張量的加法和減法都只能在 shape 相同時進行，定義是將每個元素逐一做加法或減法運算。

例如 shape 同樣為 (3) 的向量加法就如下式定義，減法亦同。

$$[v_1, v_2, v_3] + [v_4, v_5, v_6] = [v_1+v_4, v_2+v_5, v_3+v_6]$$

向量 **x**、**y** 之間的加法記為 **x+y**。

乘法和除法雖然也可以像這樣對元素逐一計算，但一般使用的「矩陣乘法」並不是這樣計算的，後面會再另外說明。把矩陣元素逐一相乘的乘法，可以直接稱為「逐項乘法」，或是用專有名詞「阿達瑪乘法」（Hadamard product）。

向量 A 和向量 B 的阿達瑪乘法會用 ⊙ 或。符號表示為 A⊙B 或 A。B。

## 廣播 (broadcast)

前面提到的加法、減法和逐項乘法，都只定義在 shape 相同的向量、矩陣、張量之間，不過和純量相乘的情況下（$c$ 為純量時的 $c\mathbf{x}$ 或 $c\mathbf{X}$），可以視為把每個元素都乘上純量的值。

NumPy 之中有一項廣播（broadcast）功能，可以在階數不同的張量之間做元素的逐項運算，是經常使用的便利功能。

## 內積

同樣 shape 的向量之間可以進行內積運算。內積（inner product）是元素逐項相乘之後的總和。內積的運算符號是「·」，內積的定義如下（$\mathbf{x}$ 的第 $i$ 個元素記為 $x_i$）。

$$\mathbf{x} \cdot \mathbf{y} = \sum_i x_i y_i$$

內積的結果會是一個純量。另外，內積也可以標示為 $\langle \mathbf{x}, \mathbf{y} \rangle$，向量是行向量的時候也可以標記為 $\mathbf{x}^T \mathbf{y}$（這和接下來介紹的矩陣乘法相同）。

## 矩陣乘法

矩陣 A 和矩陣 B 之間的矩陣乘法（matrix multiplication）定義為將 A 的各列與 B 的各行分別計算內積，用這些內積排列出矩陣。

具體來說，矩陣 A 的第 $i$ 列寫為 A[$i$, :]，矩陣 B 的第 $j$ 行寫為 B[ : , $j$]，若矩陣乘法的計算結果 A B=C，定義 C[$i, j$] = A[$i$, :] · B[ : , $j$]。

# 附錄 A 精選基礎

計算內積的前提是向量的 shape 必須相同，因此矩陣乘法的前置條件是 **A** 各列的 shape 和 **B** 各行的 shape 相同，換言之就是 **A** 的行數和 **B** 的列數相同。

矩陣 **A** 的 shape 是 $(n, m)$、矩陣 **B** 的 shape 是 $(m, k)$ 的時候，才能定義兩者的矩陣乘法，至於計算結果的矩陣 **C** 的 shape 則是 $(n, k)$。

運用矩陣乘法，就可以密集表示矩陣之間大量數值的內積，在神經網路的**全連接層**和**注意力機制**之中就會用到。**卷積層**也可以視為將輸入重組後再做矩陣乘法。

## 線性函數與矩陣乘法

用來表示輸入與輸出之間關係的函數之中，有一種類型的函數被稱為「線性函數」。以下介紹線性函數與其對應矩陣的特點。

假設有一函數 $f$ 以向量 **x** 為輸入，例如將 **x** 的所有元素加總為一個純量的函數，或是將每個元素分別乘 2 得出新的向量的函數。這些函數 $f$ 若滿足以下 2 項條件，就稱為**線性函數**。

$$f(\mathbf{x} + \mathbf{y}) = f(\mathbf{x}) + f(\mathbf{y})$$
$$f(c\mathbf{x}) = cf(\mathbf{x})$$

將輸入值代入線性函數進行的轉換，則稱為**線性變換**。

第一個條件代表的是，將兩個輸入值相加後代入函數所得出的結果，會等於兩個輸入值分別代入函數再將各自的結果相加。

第二個條件代表的是，將向量乘上一個純量 $(c)$ [註3] 之後代入函數的結果，會等於先將向量代入函數再將結果乘上純量。

---

註3　注意，乘上純量是代表每個元素都和該純量相乘。

合併上述的兩個條件並加以延伸，可以說線性函數對任意的純量 $\alpha_i$ 都能成立以下等式。

$$f(\sum_i \alpha_i \mathbf{x}_i) = \sum_i \alpha_i f(\mathbf{x}_i)$$

**線性函數是函數之中非常基本且重要的函數**。世界上許多的現象都符合線性的性質，可以由線性函數來表示。

而且，就算函數不是線性，只要結果值沒有太劇烈的變化，就可以在某個程度上以線性函數來達到線性近似（以泰勒一階展開做泰勒近似）。

再來，以向量做為輸入的任意線性函數 $f$ 都可以對應到一個矩陣 $\mathbf{A}_f$，這個線性函數可以如下表示為矩陣乘法運算。

$$f(\mathbf{x}) = \mathbf{A}_f \mathbf{x}$$

也就是說，線性變換 $f$ 與其對應的矩陣 $\mathbf{A}_f$ 所做的矩陣乘法結果，會呈現一對一的對應關係。

## 矩陣的各種性質

接下來會逐一介紹這些矩陣的性質與定義。

- 方陣
- 轉置
- 單位矩陣
- 反矩陣
- 對稱矩陣
- 正交矩陣
- 奇異值分解
- 特徵值分解

# 附錄 A　精選基礎

## 方陣

行數和列數相同的矩陣，也就是形狀是正方形的矩陣，即稱為方陣或正方矩陣（square matrix）。

## 轉置

某些時候可能會需要將縱向排列的行向量轉換為橫向排列的列向量。像這樣改變向量排列方向的操作就稱為轉置（transpose），可標示為在變數的右上方加上 $T$，例如 $\mathbf{x}^T$。

矩陣也同樣有轉置的定義。矩陣的 shape 原為 $(N, M)$，轉置後則變為 $(M, N)$，原本在第 $i$ 列第 $j$ 行的元素則會移動到第 $j$ 列第 $i$ 行，也就是 $\mathbf{X}[i, j]=\mathbf{X}^T[j, i]$，對於矩陣範圍內的所有 $i$、$j$ 都成立。就像是把矩陣延著對角線翻面一樣。

雖然張量也可以做轉置操作，但沒有詳細規定轉換的順序。例如 3 階張量可以按照第 1 軸、第 3 軸、第 2 軸的順序變換。在 NumPy 就有定義 transpose 函數，如果指定 (0, 2, 1) 為參數（索引從 0 開始），就會照上面所說的順序進行轉置。

## 對角矩陣與單位矩陣

矩陣中在主對角線上的元素 $\mathbf{A}[i, i]$ 稱為**對角元素**（diagonal element），對角元素以外的元素都是 0 的矩陣，稱為**對角矩陣**（diagonal matrix）。如果對角矩陣的對角元素全部都是 1，則稱為**單位矩陣**（identity matrix）

乘法中的數字 1 有**單位元素**（identity element）性質，無論任何數字與其相乘，結果都會等於原本的數字。其他如加法的單位元素就是數字 0。

同樣的，單位矩陣就是矩陣乘法的單位元素，表示的符號為 $\mathbf{I}$。對單位矩陣 $\mathbf{I}$ 和任意方陣 $\mathbf{A}$，都成立 $\mathbf{A}\mathbf{I}=\mathbf{A}$、$\mathbf{I}\mathbf{A}=\mathbf{A}$。

## 反矩陣

在乘法運算中的倒數,指的是與其相乘後會變為 1 的值。例如 3 的倒數就是 1/3,兩者相乘會得出 1。

在矩陣乘法上也可以如此定義倒數,也就是反矩陣(inverse matrix),矩陣 **A** 的反矩陣記為 $\mathbf{A}^{-1}$。反矩陣會滿足以下性質。

$$\mathbf{AA}^{-1} = I$$
$$\mathbf{A}^{-1}\mathbf{A} = I$$

shape 為 (2, 2) 和 (3, 3) 的矩陣有公式可以求出反矩陣,不過更大的矩陣就無法直接求反矩陣了,但還是有演算法可以求出近似值。

### 正則矩陣

另外,並不是每個矩陣都能找到對應的反矩陣。有反矩陣存在的矩陣,稱為可逆矩陣(invertible matrix)、非奇異矩陣(nonsingular matrix)或正則矩陣(regular matrix)。

## 對稱矩陣

若矩陣和其轉置矩陣完全相同,也就是 $\mathbf{A}=\mathbf{A}^T$ 的情況,就稱其為對稱矩陣(symmetric matrix)。

## 正交矩陣

轉置矩陣和反矩陣相同的矩陣稱為正交矩陣(orthogonal matrix),也就是滿足 $\mathbf{A}^T\mathbf{A}=\mathbf{AA}^T=\mathbf{I}$ 的矩陣。

矩陣乘法 **AB=C** 之中,$C(i, j)$ 是 $A$ 的第 $i$ 列和 $B$ 的第 $j$ 行的向量內積。而單位矩陣的對角元素是 1、其他元素是 0。也就是說,正交矩陣的各行(列)與自己的內積是 1、與其他行(列)的內積是 0。

## 奇異值分解

任何矩陣 **A** 都可用正交矩陣 **U**、**V** 和對角矩陣 **S** 分解為 $\mathbf{A}=\mathbf{USV}^T$ 的形式，稱為奇異值分解（singular value decomposition, SVD）。

## 特徵值分解、特徵值、特徵向量

此外，任意的對稱矩陣 **A** 可以用正交矩陣 **U** 分解為 $\mathbf{A}=\mathbf{USU}^T$，稱為**特徵值分解**（eigen value decomposition）。

以此分解得出的 $S$ 的各個對角元素 $s_i$ 稱為矩陣 **A** 的**特徵值**，在 **U** 之中對應的行向量 $\mathbf{u}_i$ 則稱為矩陣 **A** 的**特徵向量**。

## 向量之間的距離、相似度

兩個向量之間的相似程度，可以用**餘弦相似度**（cosine similarity）做為標準。

向量 **u** 與向量 **v** 的餘弦相似度定義如下。

$$\mathrm{sim}(\mathbf{u},\mathbf{v}) = \mathbf{u}^T\mathbf{v}/\|\mathbf{u}\|\,\|\mathbf{v}\|$$

這個值相當於以 **u**、**v** 的夾角 $\theta$ 算出的 $\cos\theta$，無關於向量的長度，當兩向量指向同方向時為 1、互相垂直時為 0、指向反方向時為 -1。

餘弦相似度可以在監督式特徵學習之類的情境用於判斷 2 個輸入的相似程度。

## A.2 微分

接下來說明的是**微分**。這一節會從微分與本書的關係開始說明，再延伸到整體的微分知識。

### 微分與梯度

本書所介紹的神經網路，需要找出可以將訓練誤差等目標函數最小化的參數。

這裡所說的最小化，重點在於找出該把參數往哪個方向移動，才能達成最小化的目標。指出這個方向的線索就是**梯度**（gradient）。當函數的輸入值是純量時，梯度代表的就是「斜率」的概念，而這個概念也可以延伸到以向量做為輸入的函數。

再來，神經網路可以視為一個函數，是一個由許多線性函數、非線性函數交替重覆無數次所堆疊而成的複雜函數。這個函數的微分可以用後面說明的微分公式（**線性性質**、**乘積法則**、**連鎖律**）求出。另外也會介紹**亞可比矩陣**，對應到以向量作為輸入、以向量作為輸出的函數微分；還有**黑塞矩陣**，對應到以向量作為輸入、以純量作為輸出的 2 次微分。

### 微分入門

先從輸入和輸出都是純量的函數 $y=f(x)$ 開始吧。函數 $f(x)$ 的微分（derivative）作為一種資訊，可以用於**描述函數的形狀**。

函數在某個輸入值的微分，可以定義為函數圖形在那一點上的**切線斜率**。

換個方式說，也可以說是函數在輸入值的「瞬間變化率」。

要求出位置 $x$ 的切線，就需要畫一條直線連到距離 $x$ 非常近的另一個點 $x+h$，再計算這條線的斜率 $a$。

$$a = \frac{f(x+h)-f(x)}{(x+h)-x} = \frac{f(x+h)-f(x)}{h}$$

再來，把 $x+h$ 到 $x$ 的距離縮小到極限來計算。極限的符號為 $\lim_{h \to 0}$。

$$f'(x) = \lim_{h \to 0} \frac{f(x+h)-f(x)}{h}$$

這個式子稱為==導函數==（derived function, $f'(x)$），求出導函數的計算就稱為「求導」或是「微分」。微分的符號是 $\frac{d}{dx}$，稱為==微分算符==（differential operator），可以寫成以下形式。

$$f'(x) = \frac{d}{dx}f(x)$$

以微分算符表示的 $\frac{d}{dx}f(x)$ 寫起來比 $f'(x)$ 麻煩許多，因此通常只會在想要清楚標示對哪一個變數做微分的時候才會使用。後面的說明會以 $f'(x)$ 符號為主。

## 微分的公式

許多函數的微分都可以分析求出，就算是相當複雜的函數，也可以用微分的公式化約為簡單的題目。

首先，$f(x)=c$ 常數的微分會是 $f'(x)=0$。從函數的圖形就能看出函數的值是固定的，不管輸入什麼值，斜率都是 0，變化率也都是 0。

再來，輸出和輸入相等的恆等函數（identity function）$f(x)=x$ 的微分為 $f'(x)=1$，因為不管在什麼位置，斜率都是 1（$x$ 增加 $a$ 時函數值也會增加 $a$）。

下一個是 $f(x)=x^n$，這就需要用到前面在求斜率的算式中取極限的計算，代入 $f(x+h)$ 和 $f(x)$ 如下。

$$f(x+h) = x^n + nx^{n-1}h + \mathcal{O}(h^2)$$
$$f(x) = x^n$$

這裡的 $\mathcal{O}(h^2)$ 表示所有包含 $h^2$ 的項。然後把兩式相減，再除以 $h$。

$$\frac{f(x+h)-f(x)}{h} = nx^{n-1} + \mathcal{O}(h)$$

因為 $h$ 趨近於 $0$，$\mathcal{O}(h)$ 項也會趨近於 $0$，最後得出 $f(x)=x^n$ 的微分 $f'(x)=nx^{n-1}$。

## 微分的線性性質

微分具備線性的性質（linearity），也就是線性的兩項條件都成立。

$$(f(x)+g(x))' = f'(x)+g'(x)$$
$$(cf(x))' = cf'(x)$$

這兩項微分公式的證明都很直接。將每一項輸入微分後再相加，會得出相加之後再微分的結果。還有，將輸入乘上常數，微分結果也會乘上相同的常數。

## 乘積法則

函數乘積 $f(x)g(x)$ 的微分可以分解為 $(f(x)g(x))' = f'(x)g(x)+f(x)g'(x)$。

這個乘積法則可以由前面的微分公式導出。

## 連鎖律　合成函數的微分

所謂的合成函數，就是把函數的結果 $y=g(x)$ 代入另一個函數 $f(y)$，也就是 $f(g(x))$。

為了明確表示微分的變數，這裡的微分公式需要以微分算符來表示。

$$\frac{d}{dx}f(g(x)) = \frac{d}{dy}f(y)\frac{d}{dx}g(x)$$

如上式所列，**由多個函數組成的合成函數的導函數**可以表示為**函數各自的導函數的乘積**。這稱為微分的**連鎖律**（chain rule）。要注意的是，原本 $g(x)$ 是在 $f$ 函數之中，但在計算微分時會跑到外面來微分再相乘。

舉例來說，設 $y=g(x)=5x$、$f(y)=3y^2$。這時的 $f(g(x))=3(5x)^2=75x^2$，可得出 $f'(g(x))=150x$。

以連鎖律來計算的話，$\frac{d}{dx}g(x)=5$、$\frac{d}{dy}f(y)=6y$，合成函數可分解為 $\frac{d}{dy}f(y)\frac{d}{dx}g(x) = 6y \times 5 = 30y$，又 $y=5x$，可得出同樣的結果 $150x$。

這個連鎖律公式對神經網路的**誤差反向傳播**而言非常重要。

## 偏微分

前面提到的函數都是輸入 1 個變數、輸出 1 個變數。接下來解說的是輸入多個變數 $x_1, x_2, ..., x_m$、輸出 1 個變數的函數微分。這樣的函數稱為多變數函數（multivariable function）。

在這種情況下，所謂的**偏微分**（partial derivative）就是只注意其中一個變數 $x_i$，將其他變數 $x_j$ $(j \neq i)$ 都視為常數，只對 $x_i$ 微分，表示為 $\frac{\partial}{\partial x_i}f(x_1, x_2, ..., x_m)$。原本微分的符號是 $d$，而偏微分使用的符號是 $\partial$（$d$ 的變體）。也可以寫為 $f'_{x_1}$。

偏微分和微分一樣有線性的性質，乘積法則和連鎖律也都成立。

## 對向量的微分與「梯度」

現在看到輸入多個變數、輸出 1 個變數的函數 y=f(**x**)。把輸入的多個變數表示為向量的話，就可以當作輸入向量、輸出純量的函數。

對輸入向量的每個元素都計算偏微分後，將所有的結果排列為向量，這個向量就稱為函數對輸入 **x** 的「梯度」。

$$\mathbf{v} = \frac{\partial}{\partial \mathbf{x}} f(\mathbf{x})$$

梯度 **v** 的維度會與輸入的向量相同。梯度表示在輸入位置 **x** 的斜率，也就是函數值變化最劇烈的方向。

在輸入和輸出都是純量的情況，可以對微分的結果再做一次微分，得出微分的變化率。這稱為「**2 次微分**」。

同樣的，輸入 n 維向量 **x**、輸出純量 y 的函數，也可以對各個輸入元素做偏微分，然後對得出的梯度再做一次偏微分，如此得出的結果稱為**黑塞矩陣**（Hessian matrix 或 Hessian）。矩陣中第 i 列第 j 行的元素值會是 $\frac{\partial^2 y}{\partial x_i \partial x_j}$。輸入輸出都是純量的函數，可以用 1 次微分判斷輸入位置的切線是否為水平，再用 2 次微分的正負號判斷該點的變化率（1 次微分）是否有變化，結合兩者就能判斷該點是否為函數的最大值或最小值。黑塞矩陣也一樣，可以藉由特徵值的正負號分布來判斷函數在某位置是否為極值。

另一種情況則是輸入 n 維向量 **x**、輸出 m 維向量 **y** 的函數。這種函數也可以得出一個矩陣，第 i 列第 j 行的元素為 $\frac{\partial y_i}{\partial x_j}$，shape 為 (m, n)，稱為**亞可比矩陣**（Jacobian matrix 或 Jacobian）。

亞可比矩陣也可以當作是以 $y_i$ 的梯度排列而成的矩陣。

在本書登場的誤差反向傳播會使用這些微分的公式還有亞可比矩陣（作為向量函數的微分），將複雜函數的微分化為許多零件，各自微分再組合，藉此快速求出微分結果。

# A.3 機率

本節介紹的機率可以將資料的分布和不確定性化為數學式。在處理問題時，也可以用機率工具判斷做出的模型是否完善、某筆資料是否為離群值等等。

## 機率入門

**機率**（probability）可以表示某事件有多少程度的可能性會發生。例如擲出一顆骰子，出現 1 的機率是 1/6。另外，機率不一定是指實際發生的機率，也可以用於表示對於預測結果的信心，或是所擁有的先備知識。例如「這個新的程式只有 5% 的機率可以在執行時完全不出錯」或是「明天的降雨機率是 30%」這樣的說法。

機率可以表示為函數 $P(X)$，此處的輸入 $X$ 稱為**隨機變數**（random variable）。隨機變數代表的是可能會發生的事件，以擲骰子的情況為例，$X$ 就可以是 1, 2, 3, 4, 5, 6 這些數字。

再來，$P(X=x)$ 或是 $P(x)$ 則是指隨機變數 $X$ 的值為 $x$ 的機率。例如「擲骰子出現 1 的機率是 1/6」這句話就可以寫為 $P(1)=1/6$。

機率必須符合兩項條件，所有事件的機率合計為 1，以及所有事件的機率都不小於 0。

$$\sum_{x} P(x) = 1$$

$P(x) \geq 0$（對所有的 $x$）

## 聯合機率

隨機變數並不一定只有一個,也可以設定兩個隨機變數,計算兩個事件同時發生的機率,這就是**聯合機率**(joint probability),記為 $P(X, Y)$。例如 $P(u, v)$ 就是指隨機變數 $X$ 的值是 $u$ 且 $Y$ 的值是 $v$,兩者同時發生的機率。

### 邊際化

聯合機率中的邊際化(marginalization)指的是只關注特定的隨機變數,把其他隨機變數的所有事件全部加總、進而消除。反過來說就是可以無視某些隨機變數。

$$P(x) = \sum_y P(x, y)$$
$$P(y) = \sum_x P(x, y)$$

## 條件機率

條件機率(conditional probability)是指其中一個隨機變數固定後,另一個隨機變數的機率分布,記為 $P(Y|X)$。

例如 $P(y|x)$ 就是在確定 $X=x$ 但不確定 $Y$ 值的情況下,$Y=y$ 的機率。條件機率會相當於兩事件的聯合機率除以已確定條件的發生機率。

$$P(y|x) = P(x, y)/P(x)$$

## 貝氏定理

上面的條件機率公式也可以改為以 $P(y|x), P(x), P(y)$ 這 3 項機率來求出 $P(x|y)$。

$$P(x|y) = P(x,y)/P(y) = P(y|x)P(x)/P(y)$$

這就是貝氏定理（Bayes' theorem），對統計與機器學習領域來說都是非常重要的定理。

以「讀過本書的人是學生的機率」為例來說明吧（以下的機率皆為假設）。

隨機變數 $X$ 代表「是學生」或「不是學生」，$Y$ 代表「讀過」和「未讀過」。

學生之中讀過書的機率是 $P$(讀過|是學生) = 0.05、所有人之中學生的比例是 $P$(是學生) = 0.1、所有人之中讀過書的比例是 $P$(讀過) = 0.01。

如此就能計算 $P$(是學生|讀過) = $P$(讀過|是學生)$P$(是學生)/$P$(讀過) = 0.05×0.1/0.01=0.5。

貝氏定理特別適合用在想要觀察 $y$ 並推測出 $x$ 的情境。像剛才的例子是透過觀察對象是否讀過本書來推測是不是學生。

在這種情況，$P(y|x)$ 稱為**概度**（likelihood），$P(x)$ 稱為**事前機率**，$P(x|y)$ 則稱為**事後機率**。

假設在沒有任何其他觀察的情況下遇到一個人，他是學生的機率是 $P(x)$。這個觀察前的機率就稱為**事前分布**（prior distribution）。

再來，知道這個人讀過本書（或是未曾讀過）之後，再次評估他是學生的機率，機率會產生變化。這個觀察後的機率則稱為**事後分布**（posterior distribution）。

許多工作都會使用貝氏定理來進行推測，例如判斷電子郵件是否為垃圾郵件的演算法就經常會用到簡單貝氏（naive Bayes）法。

在本書登場的貝氏定理，是用於從觀察到的結果中評估模型的訓練誤差。